AF566051

Newen Arndt

Schwimmbäder

Schadenfreies Bauen

Herausgegeben von Dr.-Ing. Ralf Ruhnau
Begründet von Professor Günter Zimmermann

Band 43

Schwimmbäder

Von
Newen Arndt

2., aktualisierte und erweiterte Auflage

Fraunhofer IRB Verlag

Bibliografische Information der Deutschen Nationalbibliothek:
Die Deutsche Nationalbibliothek verzeichnet diese Publikation in der Deutschen Nationalbibliografie; detaillierte bibliografische Daten sind im Internet über www.dnb.de abrufbar.

ISSN: 2367-2048
ISBN (Print): 978-3-7388-0265-8
ISBN (E-Book): 978-3-7388-0266-5

Lektorat: Claudia Neuwald-Burg
Herstellung: Gabriele Wicker
Umschlaggestaltung: Martin Kjer
Satz: Manuela Gantner – Punkt, STRICH.
Druck: Offizin Scheufele Druck und Medien GmbH & Co. KG

Fraunhofer-Informationszentrum Raum und Bau IRB
Nobelstraße 12, 70569 Stuttgart
Telefon +49 711 970-2500
Telefax +49 711 970-2508
irb@irb.fraunhofer.de
www.baufachinformation.de

Fachbuchreihe Schadenfreies Bauen

Bücher über Bauschäden erfordern anders als klassische Baufachbücher eine spezielle Darstellung der Konstruktionen unter dem Gesichtspunkt der Bauschäden und ihrer Vermeidung. Solche Darstellungen sind für den Planer wichtige Hinweise, etwa vergleichbar mit Verkehrsschildern, die den Autofahrer vor Gefahrstellen im Straßenverkehr warnen.

Die Fachbuchreihe SCHADENFREIES BAUEN stellt in vielen Einzelbänden zu bestimmten Bauteilen oder Problemstellungen das gesamte Gebiet der Bauschäden dar. Erfahrene Bausachverständige beschreiben den Stand der Technik zum jeweiligen Thema, zeigen anhand von Schadensfällen typische Fehler auf, die bei der Planung und Ausführung auftreten können, und geben abschließend Hinweise zu deren Sanierung und Vermeidung.

Für die tägliche Arbeit bietet darüber hinaus die Volltextdatenbank SCHADIS die Möglichkeit, die gesamte Fachbuchreihe online als elektronische Bibliothek zu nutzen. Die Suchfunktionen der Datenbank ermöglichen den raschen Zugriff auf relevante Buchkapitel und Abbildungen zu jeder Fragestellung (www.irb.fraunhofer.de/schadis).

Der Herausgeber der Reihe

Dr.-Ing. Ralf Ruhnau ist öffentlich bestellter und vereidigter Sachverständiger für Betontechnologie, insbesondere für Feuchteschäden und Korrosionsschutz, außerdem ö. b. u. v. Sachverständiger für Schäden an Gebäuden. Als Partner der Ingenieurgemeinschaft CRP GmbH, Berlin, und in Fachvorträgen befasst er sich vor allem mit Bausubstanzbeurteilungen sowie bauphysikalischer Beratung für Neubau und Sanierungsvorhaben. Seit 2016 ist er Präsident der Baukammer Berlin. Er war mehrere Jahre als Mitherausgeber der Reihe aktiv und betreut sie seit 2008 alleinverantwortlich.

Der Begründer der Reihe

Professor Günter Zimmermann (†) war von 1968 bis 1997 ö.b.u.v. Sachverständiger für Baumängel und Bauschäden im Hochbau. Er zeichnete 33 Jahre für die BAUSCHÄDEN-SAMMLUNG im Deutschen Architektenblatt verantwortlich. 1992 rief er mit dem Fraunhofer IRB Verlag die Reihe SCHADENFREIES BAUEN ins Leben, die er anschließend mehr als 15 Jahre als Herausgeber betreute. Er ist der Fachwelt durch seine Gutachten, Vortrags- und Seminartätigkeiten und durch viele Veröffentlichungen bekannt.

Vorwort des Herausgebers zur zweiten Auflage

Wasser ist der größte »Schadensverursacher«, gegen den wir im Bauwesen anzukämpfen haben. Sammeln wir das Wasser bewusst in unseren Konstruktionen, den Schwimmbädern, so liegt es auf der Hand, dass hier ein übergroßes Schadenspotenzial lauert. Vielfältige und umfangreiche Schäden – oftmals mit einer kleinen Ursache – sind die alltäglichen Folgen.

Gerade bei der Planung und dem Bau von Schwimmbadanlagen ist ein frühzeitiges und gut koordiniertes Zusammenwirken von architektonischen, baukonstruktiven und gebäudetechnischen Gewerken erforderlich. Herr Dipl.-Ing. N. Arndt hat in der hier vorliegenden vollständig überarbeiteten und erweiterten, zweiten Auflage des Bandes 43 die fachübergreifenden Themen von A wie »Abdichtung« bis Z wie »ZDB-Merkblatt Schwimmbadbau« aufgegriffen und alles, was zur Schadensthematik Schwimmbad gehört, zusammenfassend dargestellt. Der Leser hat damit nicht nur eine Sammlung typischer Schadensfälle vor sich, sondern auch eine umfassende Darstellung einzuhaltender Vorschriften, aktualisierter Richtlinien und Normen, um mangel- und schadenfrei konstruieren zu können.

Dem Autor sei an dieser Stelle besonders gedankt, dass er neben der Tagesarbeit zehn Jahre nach Erscheinen der ersten Auflage des Bandes »Schäden an Schwimmbädern« in der Reihe »Schadenfreies Bauen« die vollständige Überarbeitung und Ergänzung für diese Neuauflage auf sich genommen hat, um dem Leser zu ermöglichen, auch ohne eigenen Schaden klug zu werden.

Berlin im Mai 2019

Ralf Ruhnau

Vorwort des Autors

Bei Schwimmbädern können schon aus kleinen Planungs- oder Ausführungsfehlern große Schäden entstehen. Gleichzeitig sind die technischen Anforderungen an Abdichtung, Feuchte-, Wärme- und Brandschutz, Dauerhaftigkeit und Nachhaltigkeit bei Bädern besonders komplex. Sie müssen bei Neubauten schon im Entwurf, bei Modernisierungen oder Instandsetzungen bereits in der Maßnahmenplanung berücksichtigt werden.

Dieses Buch soll helfen, Fehler im Schwimmbadbau möglichst zu vermeiden. Gegenüber der Erstauflage, die 2009 unter dem Titel „Schäden an Schwimmbädern" erschienen ist, wurde in der vorliegenden Auflage ein Schwerpunkt auf die Planung gelegt. Für bereits aufgetretene Schäden findet der Leser darüber hinaus Hinweise zum Auffinden der Schadensursachen und für die gutachterliche Bewertung. Das Buch spannt einen fachübergreifenden Bogen von der korrekten Beratung über den regelgerechten Entwurf und die integrative Planung hin zu einer fachgerechten Bauausführung.

Mit der zweiten Auflage ist neben einer Erweiterung der Schadensfallbeispiele auch die notwendige Anpassung an die Entwicklung der bautechnischen Regelungen erfolgt. Hierbei sind für eine technische Beurteilung von Bestandsbädern wesentliche historische Umbrüche der Regelungen benannt. Das neue Buch enthält umfangreiche Planungs- und Ausführungshinweise für die Instandsetzung und Modernisierung, die beim alternden Schwimmbadbestand zunehmend an Bedeutung gewinnen. Eine Erweiterung der bauphysikalischen Planungsaspekte zeigt, dass selbst in den von großen Wassermengen beherrschten Schwimmbädern auch der Schutz gegen Feuer wichtig ist. Ein eigenes Kapitel ist erstmals der Nachhaltigkeit beim Schwimmbadbau gewidmet.

Künftig sollte speziell in der Schwimmbadplanung zur gezielten Senkung der Baufehlerrate das Building Information Modeling (BIM) nachdrücklich eingeführt und konsequent umgesetzt werden. Gerade in Schwimmbädern stehen die kompakt aufeinandertreffenden Trag-, Abdichtungs-, Wärme-, Schall- und Brandschutzkonstruktionen sowie technischen Anlagen in enger Wechselbeziehung. Dabei ist häufig auch eine gedanklich dreidimensionale Planung erforderlich. Deshalb ist mit BIM greifbarer, inwieweit die Anlagen technisch realisierbar und handwerklich ausführbar sind als bei herkömmlich zweidimensionalen Bauteildarstellungen. Auch der Verlauf der im Schwimmbadbau in großer Anzahl nötigen technischen Leitungen kann mit BIM deutlich zuverlässiger kollisionsfrei konzipiert werden.

Anhand des Kapitels zu den bauphysikalischen Planungsaspekten zeigt sich die mittlerweile ausgeuferte Menge europäisch technischer Regelwerke deutlich. Auch wenn die Normen zum Teil bereits als Planungshilfe im Sinne einer Anwendungssoftware (App) konzipiert sind, darf die ingenieurgemäße planerische Betrachtungsweise nicht aufgegeben werden, die auf den anerkannten Regeln der Technik, auf Sachverstand und Augenmaß sowie auf bereits bekannten Schadensmechanismen basiert. Dabei müssen bewährte Bauweisen konsequent angewendet, moderne Bauweisen einbezogen und innovative Bauweisen entwickelt werden. Beispielsweise ist als künftige Entwicklung denkbar, dass bei der Erstellung fantasievoller Schwimmbeckenformen ein umgangssprachlich als 3D-Druck bezeichnetes robotergesteuertes schalungsfreies Betonieren nutzbar gemacht wird.

Das vorliegende Buch zeigt einmal mehr, dass der bauliche Erfolg insbesondere in der komplexen Gebäudekategorie Schwimmbäder von der engen gemeinschaftlichen Zusammenarbeit zwischen den entwerfenden oder gesamtplanerischen Architekten sowie den hoch qualifizierten beratenden, planenden oder überwachenden Fachingenieuren bestimmt wird.

Anregungen, Ergänzungen und kritische Hinweise nehme ich gern auf.

Berlin im Mai 2019

Newen Arndt

Inhaltsverzeichnis

tungsbahnen). Eine KMB (im Jahr 2019: PMBC) wurde nach der damaligen KMB-Richtlinie [171] als tauglich für den Einsatz im Grundwasser eingestuft.

Bereits langfristig bewährte wesentliche Entwurfs- bzw. Planungsansätze zur Konstruktion und zum Betrieb von öffentlichen Schwimmbädern (z. B. [166]) werden seit dem Entwurf der DIN EN 15288 im Jahr 2005 [92] sukzessive von der Normung aufgegriffen. Für private Schwimmbäder liegt seit dem Jahr 2015 die DIN EN 16582 [99] vor (Entwurf aus dem Jahr 2013). Seit dem Jahr 2015 existiert im Entwurf auch eine Norm DIN EN 16927 [102] zu Mini-Pools sowie seit dem Jahr 2017 auch der Entwurf einer Norm DIN EN 17125 [103] zu Warmsprudelbecken und Whirlpools zur privaten Nutzung. Zur Wasseraufbereitungstechnik in privaten Schwimmbädern liegt seit 2016 die DIN EN 16713 [100] vor.

Wesentliche Ansätze für eine Rahmen- und Bedarfsplanung wie auch für einen Objektentwurf bzw. eine Objektplanung von Hallen-, Frei- und Naturbädern enthalten die Richtlinien für den Bäderbau des Koordinierungskreises Bäder [213] (z. B. zur Aufteilung der Wasserfläche, zur Bedarfsermittlung und zu Grundstücksflächen).

Zum modernen Schwimmbadbau zählen weit mehr als eine Schwimmbeckenanlage und deren Umfassungskonstruktion. Moderne Schwimm-, Freizeit- und Wellnesseinrichtungen beinhalten neben repräsentativen Empfangsbereichen mit Kassen- und Drehkreuzanlagen beispielsweise auch unterschiedliche Badegenres wie beispielsweise Thermalbad- oder Solebadbereiche (Bild 2).

Bild 2 ▪ Thermalbadbereich (Quelle: PCI Augsburg GmbH, Augsburg [269])

Bild 3 ▪ Dampfsauna (Quelle: PCI Augsburg GmbH, Augsburg [269])

Bild 4 ▪ Ruhebereich eines Wellnessbades (Quelle: PCI Augsburg GmbH, Augsburg [269])

Darüber hinaus werden häufig abwechslungsreiche Saunalandschaften (Bild 3), Solarien, Massage-, Schönheitspflege-, Dienstleistungs- und Restaurationsbereiche sowie spezielle Ruhezonen (Bild 4) integriert.

Regelmäßige Schwimmbadbestandteile sind Umkleide-, Sanitär-, Personal- und Gebäudetechnikbereiche sowie eine Möglichkeit der medizinischen Erstversorgung. Der sogenannte Ergänzungsbereich [213] umfasst auch Fitness- und Lagerräume, auf den Wettkampfsport bezogene Bereiche (z. B. Tribünen, Kampfrichter- und Wettkämpferräume, eventuelle Unterrichts- und Vereinsräume) sowie gegebenenfalls eine Betriebswohnung [213].

In den KOK-Richtlinien [213] werden auch (so wie im Handbuch von Saunus [274]) entscheidende Hinweise für den Entwurf und die Planung der schwimmbadtypischen Gebäudeausstattung (z. B. bezüglich Eingangsbereichen, Zuschaueranlagen und Arbeitsplätzen für Presse, Funk und Fernsehen), der schwimmbadspezifischen technischen Anlagen (z. B. zu Heizung, Raumluft, Bädertechnik und elektrotechnischen Anlagen) sowie Hinweise auf die schwimmbadbezogenen bauphysikalischen und bauchemischen Grundlagen gegeben (z. B. zur Akustik).

Im Wesentlichen gilt der Grundsatz, dass der Schwimmbadentwurf den Anforderungen an die jeweilige Funktion folgen soll. Die Bemessung des Grundrisses bzw. der Kubatur sowie der technischen Gebäudeausrüstung sollen auf die konkreten betrieblichen Anforderungen ausgerichtet sein [156]. Steigendem ökologischen Bewusstsein folgend sind wachsende Anforderungen an die Vielseitigkeit der Nutzungsmöglichkeiten künftig verstärkt mit verschärften energetischen Standards in Einklang zu bringen.

Unter bauphysikalischen Gesichtspunkten des Feuchte- und Tauwasserschutzes hat Kappler in [255] im Jahr 2001 wesentliche Grundsätze des Schwimmbadentwurfs dargelegt. Hiermit erfolgten insbesondere wesentliche Hinweise zur Planung des klimabedingten Feuchteschutzes vor dem Hintergrund der in Schwimmbädern äußerst hohen Beanspruchung aus Temperatur und relativer Luftfeuchte. In diesem Zusammenhang geht Kappler [255] speziell auf die Beckenwasserverdunstung, Möglichkeiten der Luftentfeuchtung sowie diesbezüglich energetische Optimierungen ein.

Klimabedingte Feuchteschäden durch Tauwasserbildung stellen eine der häufigsten Problematiken bei der Schwimmbaderrichtung und -nutzung dar.

Tauwasser im Bauteilinnern bildet sich infolge unzureichend bemessenen Schutzes gegen Diffusion oder Konvektion von Wasserdampf. Häufiger Planungsfehler ist neben rein konzeptionell falscher Anordnung der Diffusionswiderstände eine Vernachlässigung der schwimmbadspezifischen Tatsache, dass die innenklimatischen Bedingungen ganzjährig annähernd gleich sind (keine ausgeprägte Verdunstungsperiode; siehe auch Kapitel 5.6). Sehr häufig wird durch handwerklich herbeigeführte Fehlstellen in der luftdichten Ebene der Gebäudehülle Tauwasserbildung infolge von Luftströmung gefördert.

An den Innenflächen der Gebäudehülle entstehendes Tauwasser ist dagegen auf unzureichende Wärmedämmung und/oder Wärmebrückeneffekte zurückzuführen.

Wesentliche planerische Hinweise zur Tauwasser-, Schimmel- und Wärmebrückenvermeidung wurden in dieser Fachbuchreihe bereits 1996 von Jenisch mit einer Beschreibung der Wechselwirkungen zwischen der Baukonstruktion, den Baustoffen und den Raumklimaten sowie anhand typischer Schadensfälle gegeben (erste Auflage von [250]).

Die Gefahr von Tauwasserbildung infolge eines mangelhaft geplanten bzw. ausgeführten Wärmeschutzes wurde bereits 2004 eindrucksvoll von Bonk/

Anders in der ersten Auflage des Fachbuchs Schäden durch mangelhaften Wärmeschutz [223] anhand eines anschaulichen Schadensfalls am Dach einer Wellness- und Freizeittherme dargelegt. Schon anlässlich der Bausachverständigentage 1993 wurden von Dahmen [351] einschlägige Erfahrungen und Hinweise zur Vermeidung tauwasserbedingter Schäden in Außenwand- und Dachkonstruktionen von Schwimmbädern hervorgehoben.

Tauwasserschäden aufgrund von Mängeln am klimabedingten Feuchteschutz wurden bereits in der ersten Hälfte der 1970er-Jahre erkannt und in Fachartikeln beschrieben.

Beispielsweise stellte Wagner im ersten Band der bereits 1971 im Deutschen Architektenblatt begonnenen BAUSCHÄDEN-SAMMLUNG zwei Schadensfälle vor: Feuchteschäden im Akustikputz infolge von Tauwasserbildung unter einem nicht belüfteten Betonflachdach einer Lehrschwimmhalle sowie an der Unterseite des belüfteten Holzbinderdaches eines privaten Schwimmbades [282], [283].

Auch Kappler beschreibt bereits 1976 in Band 2 und 1981 in Band 4 der Bauschäden-Sammlung Tauwasserschäden an Schwimmhallenflachdächern [254], [256].

Bereits in Band 5 der BAUSCHÄDEN-SAMMLUNG schilderte Cziesielski einen Schadensfall, bei dem Tauwasserbildung an konstruktiv unzureichend ausgebildeten tragenden Holzdachbindern in Verbindung mit ungenügendem Holzschutz die Standsicherheit einer gesamten Schwimmhalle gefährdete [231]. Von Dittrich wurde ein ähnlich gelagerter Schadensfall an einem sieben Jahre später eingeweihten Schwimmbad beschrieben [298] und von Hauser und Otto analysiert [307].

Auch von Zimmermann und Rogier sind in Band 5 der BAUSCHÄDEN-SAMMLUNG zwei Fälle beschrieben, bei denen Feuchteschäden infolge Wasserdampfkonvektion entstanden sind [285], [271].

2.2 Neubau

2.2.1 Baulicher Entwurf

Entscheidendes Entwurfsziel ist eine bedarfsorientierte, wirtschaftliche Trag- bzw. Rohbaukonstruktion unter Berücksichtigung der notwendigen bauphysikalischen Aspekte (Feuchte-, Wärme-, Brand-, Schallschutz und Akustik) sowie unter Integration der gebäudetechnischen Planung.

Vor dem Hintergrund der schwimmbadspezifischen klimatischen Beanspruchungen (z. B. chloridhaltige Atmosphäre) sind insbesondere bei Konstruktionen aus Metall und aus Holz wesentliche Entwurfsgrundsätze zu beachten.

Bei der Schwimmbadplanung stellen insbesondere der Feuchte- und Wärmeschutz sowie die Raumakustik spezifische Entwurfsanforderungen.

Neben medizinischen oder therapeutischen Bädern sind auch öffentliche Bäder barrierefrei bzw. behindertengerecht auszustatten.

Die Auslegung einer Schwimm-, Freizeit- oder Wellnessanlage ist auf die Beziehung zwischen dem Nutzungsangebot und den Nutzern durch besondere Beachtung der vorgesehenen Verbindungswege und der voraussichtlichen Verhaltensweisen abzustimmen [92]. Hierbei sind zur Absicherung einer problemlosen Nutzungsfähigkeit bzw. zum Schutz der Baukonstruktion auch so scheinbar banale Entwurfdetails wie beispielsweise sogenannte »Sauberlaufzonen« einzukalkulieren [237].

Großzügig ausgelegte und mit Abstreifmöglichkeiten versehene Innenfußbodenflächen hinter Eingängen vermeiden beispielsweise einen Schmutzeintrag oder einen Eintrag organischer Bestandteile in den Schwimmbeckenbereich. Bekanntestes Beispiel hierfür ist der Umkleidebereich – als Trennzone zum Barfußbereich. Aber auch zwischen barfuß begangenen Freiflächen (z. B. Saunagarten, Liegewiese) und dem Schwimmbeckenumgang sollten sachgemäße Vorkehrungen getroffen werden (z. B. Duschen am Hauptweg zur Beckenanlage [92]).

Die Eigenschaften von Bodenbelägen in Fluchtwegen sind insbesondere in Schwimmbädern auf eine in Notfällen barfüßige Benutzung auszurichten [92].

In Tribünenbereichen von Sportbädern sollte einer gegebenenfalls aus Zuschauergedränge resultierenden Risikoerhöhung durch tragfähigere Auslegung bzw. vergrößerte Höhe von Absturzsicherungen Rechnung getragen werden.

Spezifische Anforderungen an Betonkonstruktionen in Schwimmbädern lassen sich unter anderem dem Kapitel 3.2.2 (Beckenrohbau) entnehmen.

2.2.2 Tragkonstruktionen aus Metall

Speziell die chloridhaltige Schwimmbadatmosphäre begründet einen hohen korrosiven Angriff. Vorrangiges Ziel bei der Planung von Metallkonstruktionen muss deshalb ein korrosionsschutzgerechtes Konstruieren sein.

Da beschichtete Stähle im Allgemeinen aus gestalterischen und auch aus hygienischen Gründen nicht in Schwimmbädern verwendet werden, ist der

Einsatz vergüteter bzw. veredelter Stähle erforderlich (sogenannte nichtrostende Stähle; siehe auch Kapitel 3.2.2 Edelstahlbecken).

Edelstähle werden prinzipiell aufgrund einer durch Luftsauerstoff entstehenden hauchdünnen, dichten und fest haftenden Oxidschicht gegenüber korrosivem Angriff widerstandsfähig (sogenannte Passivierungsschicht). Diese Schicht wird auch von den meisten Medien nicht angegriffen und bildet sich selbst bei Beschädigung bzw. Verletzung nach.

Geeignete Edelstähle für den Einsatz in chloridhaltiger Atmosphäre sollten einen möglichst hohen Molybdängehalt aufweisen (siehe Kapitel 5.7). Steigender korrosiver Angriff wie beispielsweise hoher Salzgehalt in Meerwasser- oder Solebädern erfordert auch eine höher vergütete Edelstahlsorte.

Bereits planerisch ist eine Entstehung von Bauteilspalten, von interkristallinen Werkstoffrissen sowie die Möglichkeit einer Ionenakkumulation zu verhindern. Beispielsweise können abtrocknende Beläge an nicht ständig oder nur gelegentlich von Beckenwasser benetzten und selten inspizierten Bauteilen im Spritzwasserbereich (z. B. Brücken- oder Startsockelunterseiten) eine Erhöhung der Chloridionenkonzentration und ein Anrosten bewirken.

Zur Vermeidung einer sogenannten Kontaktkorrosion müssen auch Werkstoffkombinationen aus Metallen unterschiedlicher chemischer Wertigkeit vermieden werden.

Allein der Einsatz von Edelstahl ist jedoch kein Garant für eine schadenfreie Stahlkonstruktion.

Bereits 1986 wurde von de Luigi in Band 6 der Bauschäden-Sammlung [263] die Gefahr einer korrosiven Einwirkung hoher Chloridkonzentration auf Edelstahl anhand eines in der Fachwelt weithin bekannten Schadensfalls aufgezeigt (Schwimmbad Uster, Schweiz). In diesem Fall waren Todesopfer infolge des Einsturzes einer hängend montierten Deckenbekleidung zu beklagen. Die Ursache war Spannungsrisskorrosion an den aus Edelstahl der Werkstoffnummer 1.4301 (Handelsbezeichnung: V2A; siehe Kapitel 5.7) bestehenden Befestigungsbügeln der Abhängungskonstruktion. Eine detaillierte Beschreibung des physikalischen Schadensprozesses ist auch von Nürnberger in [267] dargestellt (siehe dort Farbabb. 14.7 und 14.8).

Hansen berichtet in [306] vom Absturz einer abgehängten Unterdecke infolge unsachgerecht gefertigter Befestigungsmittel aus Aluminium (Aluminiumschrauben und -abhänger) sowie eines unzureichenden Korrosionsschutzes der Aluminiumteile.

Eine hohe Verdunstungsrate infolge hoher Lufttemperatur und/oder beträchtlicher Wasserbewegungen (z. B. an Wasserfällen, Kaskaden in modernen

tionelle zimmermannsmäßige Holz-Holz-Verbindungen bei weitgehender Vermeidung eisenmetallischer Verbindungsmittel hergestellt werden; beispielhaft beschrieben in [158] anhand einer Schalenkonstruktion in der chemisch aggressiven Atmosphäre einer etwa 2500 m^2 großen Solebadlandschaft.

2.2.4 Verglasungskonstruktionen

Die Umfassungs- bzw. Gebäudehüllkonstruktion von Schwimmhallen wird häufig als großflächige Verglasung konzipiert. Verglasungskonstruktionen werden aber beispielsweise auch zur Raumteilung, als Brüstung/Absturzsicherung oder Sichtfenster in Schwimmbecken eingesetzt (siehe Kapitel 3.2.2 Schwimmbeckenteile aus Glas).

Die Schadensanfälligkeit von Verglasungskonstruktionen wurde bereits 1976 von Seifert in Band 2 der Bauschäden-Sammlung anhand einer unzureichend bemessenen Schwimmhallenfensterwand dargelegt [279].

Anhand des anschaulichen Schadensfalls einer Schwimmbad-Fensterwand-Anlage wurde die Schadensanfälligkeit von Holz-Glas-Konstruktionen auch bereits 1994 von Klein in [257] beschrieben. Klein weist vor dem Hintergrund schwimmbadspezifischer Beanspruchung auf die Gefahr offener Fugen im Innenbereich, fehlender Glasfalzbelüftungen, unzureichenden konstruktiven Holzschutzes sowie ungeeigneter Holzbeschichtung hin.

Allgemeine Grundlagen zur schadenfreien Planung und Errichtung von Konstruktionen zur großflächigen Gebäudehüllenverglasung wurden auch von Küffner und Lummertzheim in [258] insbesondere unter den Aspekten klimatischer Beanspruchungen sowie der Gefahr von Tauwasser- und Korrosionsschäden dargelegt.

Einschlägige Grundlage für die Konzeption von Fenstern war bis zum Erscheinen der Ausgabe 2014 der DIN 18055 [16] die bereits 1981 herausgegebene Fenster-Norm [15]. Die DIN 18055 aus dem Jahr 2014 ist in Bezug auf die Fenster- und Fenstertürausführung ergänzend zu der bereits im Jahr 2006 erstmals herausgegebenen DIN EN 14351 [86] heranzuziehen. Eine bereits 1966 herausgegebene DIN 18056 für Fensterwände [17] ist zurückgezogen worden, ebenso wie die technischen Richtlinien für linienförmig gelagerte Verglasungen TRLV [154]. Eine aktuelle Bemessung erfolgt auf Basis der DIN 18008 [10]. Eine bis zum Jahr 2005 vorgelegene DIN 18057 [18] für die Konzeption von Betonfensteranlagen ist ebenfalls zurückgezogen worden.

Stählerne Tragkonstruktionen für Verglasungen waren bis zum Erscheinen des Eurocodes 3 [68] nach den Vorgaben der DIN 18800/18801 [41], [42] zu bemessen. Die Normenreihe DIN 18800 [41] sowie die Norm DIN 18801 [42] sind im Jahr 2019 zurückgezogen. Für eine Konzeption von Tragkonstruktionen aus Aluminium lag bis zum Erscheinen des Eurocodes 9 [69] im Jahr 2010 die bereits 1980 erschienene DIN 4113-1 [7] zugrunde.

Allgemeingültige Planungsvorgaben zu Fenstern und Fensterwänden für Hallenbäder enthielt auch die 1987er-Ausgabe der zurückgezogenen Technischen Richtlinie Nr. 16 des Instituts für das Glaserhandwerk [162]. Die wesentlichen spezifischen Planungshinweise wurden jedoch in die verbleibenden Richtlinien des Instituts übernommen (z. B. in [161], [163]).

Zur Bruchsicherung von Verglasungen sind auch die Verformungen der Tragkonstruktion in besonderem Maße zu begrenzen.

Mehrscheiben-Isoliergläser sind mit Blick auf das Zeitstandverhalten zu bemessen.

Der in Schwimmbädern grundsätzlich hohe Feuchtegrad und die grundsätzlich hohe Beanspruchung aus Reinigungsmitteln ist auch bei der Auswahl der Werkstoffe bzw. Produkte für Fensterwände zu berücksichtigen (z. B. Aluminium, Holz, Stahl, Kunststoff, Dichtungsprofile, Vorlegebänder und Dichtstoffe).

Verglasungskonstruktionen in der Gebäudehülle sind in bauphysikalischer Hinsicht luft- und schlagregendicht zu planen und zu konstruieren. Die Konstruktionen müssen eine Tauwasserbildung im Innern und an den Oberflächen der Bauteile zuverlässig verhindern. Im Sinne energetischer Optimierung sollte bei der Neubauplanung eine Tauwasservermeidung durch Bauteilbeheizung vermieden werden.

Zur Verhinderung thermisch bedingter Spannungsschäden sollte auf Verglasungskonstruktionen in der Gebäudehülle kein gezielter Wärmestrom einwirken (z. B. aus Heizungsgebläsen, -konvektoren oder -strahlern). An Verglasungskonstruktionen entlangstreichende Luft wird hingegen häufig planmäßig eingesetzt, um die Innenoberflächen tauwasserfrei zu halten.

Glasflächen sollten grundsätzlich gegen Anprall geschützt sein und keine Verletzungsgefahr durch scharfe Kanten oder Glasbruch erzeugen.

2.2.5 Bauteiloberflächen

Sämtliche Oberflächen in einem Schwimmbad sind mit beanspruchungsgerechten Materialien auszustatten.

Bauteile, mit denen Badegäste oder Patienten in Berührung kommen, dürfen keine verletzungsgefährdenden Oberflächen aufweisen und müssen auch ausreichend widerstandsfähig gegenüber den üblichen Reinigungsverfahren sein.

Eine Minimierung der Verletzungsgefahr soll insbesondere durch die Vorgabe einer absatzfreien Oberflächengestaltung bis in eine Höhe von 2 m erzielt werden, wobei auch sämtliche Bauteilkanten mit einem Radius von r ≥ 3 mm auszurunden sind. Auch eine Vermeidung scheuernder Oberflächen dient dem Schutz vor Verletzungen [92] (Bild 5).

Bauteiloberflächen oberhalb eines beckennahen abgedichteten Bereichs sollten unabhängig vom gewählten Abdichtungsüberstand (siehe Kapitel 3.2.3) aus feuchtebeständigem Werkstoff bestehen oder mit einer entsprechenden Beschichtung versehen werden. Eine entsprechende Festlegung ist auf Basis der tatsächlichen Wasser- bzw. Feuchtebeanspruchung zu treffen. Beispielsweise muss neben Kinderplanschbecken oder Becken mit Badeattraktionen (siehe Kapitel 3.1) mit einer größeren Spritzwasserbeanspruchung gerechnet werden als an vergleichsweise deutlich ruhigeren Liegebecken mit einer geringeren Wasserbewegung [219]. Selbst in nicht direkt wasserbeanspruchten Bereichen müssen Bauteiloberflächen ausreichend beständig gegenüber hoher Luftfeuchte sein. Vor diesem Hintergrund sind für Wände, Stützen, Decken und Unterzüge insbesondere Anstriche und Beschichtungen mit ausreichender Feuchtebeständigkeit und Abriebfestigkeit auszuwählen.

Putze sollten einer der Mörtelgruppen PII/PIII oder CSIII/CSIV entsprechen. Speziell in Dampfbädern werden Putze besonders beansprucht, es sollten deshalb Putze der Mörtelgruppe PIII oder CSIV verwendet oder Polymer-Cement-Concrete (PCC)-Mörtel eingesetzt werden [202] (Bild 6).

Gipsbaustoffe sind selbst im nicht direkt wasserbeanspruchten Bereich zu vermeiden. Obwohl Schwankungen der Luftfeuchte sowie hohe relative Luftfeuchten schadlos von Gips aufgenommen werden können und auch hygrisch bedingte Dehnungen vergleichsweise gering sind, führt eine dauerhaft hohe Beanspruchung zu einem Festigkeitsverlust. Dies ist bereits 1978 von Zimmermann anhand eines anschaulichen Schadensfalls in [287] hervorgehoben worden.

Bild 5 ▪ Sachgemäße Kantenausrundungen an einer Wärmebank mit Metallprofilen (Kanten geschliffen)

Bild 6 ▪ Frisch erstellter Deckenputz in einem Dampfbad (oben) und Kondensat an einer geputzten Dampfbaddecke im laufenden Betrieb (unten)

wird. Eine ausreichende Belüftung ist allgemein nur durch Zwangslüftung realisierbar.

Bauwerksabdichtung

Neben der notwendigen Planung zur Bauwerksabdichtung erdberührter Gebäudeteile nach DIN 18533 [32] oder der Schwimmbecken- und Beckenumgangsabdichtung (siehe Kapitel 3.2.3 bis 3.2.5) kommt in Schwimmbädern auch den Abdichtungen in Nassräumen nach DIN 18534 [33] eine große Bedeutung zu. Muss eine Abdichtung an der Außenseite eines Schwimmbeckens angeordnet werden (z. B. nach DIN 18533 [32]) und ist eine Probebefüllung des Beckens zur Prüfung der Beckenauskleidung vorgesehen, so darf die äußere Abdichtung erst nach erfolgreicher Probefüllung begonnen werden [202].

Hinweise zur Vermeidung von Schäden durch mangelnde Abdichtungen erdberührter Bauteile geben Ruhnau, Platts und Wetzel in [272] anhand anschaulicher Schadensbeispiele.

Möglichkeiten der Fehlervermeidung an Nassraumabdichtungen sind von Cziesielski, Bonk und Göbelsmann in [227] bis [230] auf Grundlage typischer Schadensfälle beschrieben.

Auf den Schwimmbadbau abgestimmte allgemeingültige Planungsvorgaben für die Abdichtung von Nassräumen enthielt das im Jahr 2019 bereits zurückgezogene DGfdB-Merkblatt 24.01 [177]. Eine dortige Vorgabe, Wandabdichtungen mindestens bis 0,3 m über Duschköpfe hinauszuführen, findet sich in der im Jahr 2017 erschienenen Abdichtungsnormung DIN 18534-1 [33] wieder. Danach soll die Abdichtungsschicht noch mindestens 20 cm über die Wasserentnahmestelle bzw. über die Höhe des zu erwartenden Spritzwasserbereichs hochgeführt werden. Insbesondere in Gemeinschaftsduschen von Schwimmbädern und Wellnesseinrichtungen, in denen Deckenbekleidungen keinen deutlich größeren Abstand zu den Duschköpfen aufweisen, sollten auch diese Bekleidungsflächen im Hinblick auf eine langfristig zuverlässige Schadensvermeidung mit einem sachgemäßen Spritzwasserschutz ausgestattet werden.

Feuchtebeanspruchte Fußböden auf Beckenumgängen (vgl. Kapitel 3.2.5), in Duschen, Dampfsaunen etc. sind mit sachgerechtem Gefälle zu den in ausreichender Anzahl und Dimensionierung anzuordnenden Bodenabläufen auszustatten (Bild 7 bis Bild 10). Die Ablaufstrecken des Wassers sollen unter Bodengefällen von etwa 2 bis 5 % möglichst kurz gehalten werden. Auf die Abdichtungsebene gelangendes Wasser muss durch Barrieren an einer Ausbreitung in angrenzende Räume gehindert werden (siehe Kapitel 5.5).

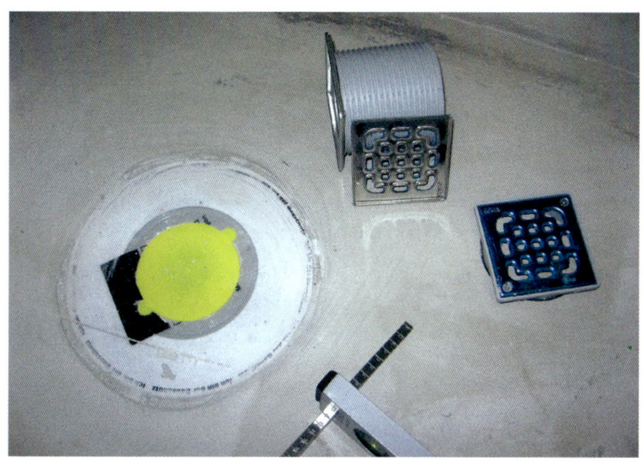

Bild 7 ▪ Bodenablauf in einem Duschbereich mit sachgerechtem Klebeflansch aus Kunststoff für die Aufnahme einer Verbundabdichtung (links im Bild); Messung des Gefälles der Estrichoberfläche im Umkreis des Bodenablaufs mittels Wasserwaage und Messkeil (unten im Bild)

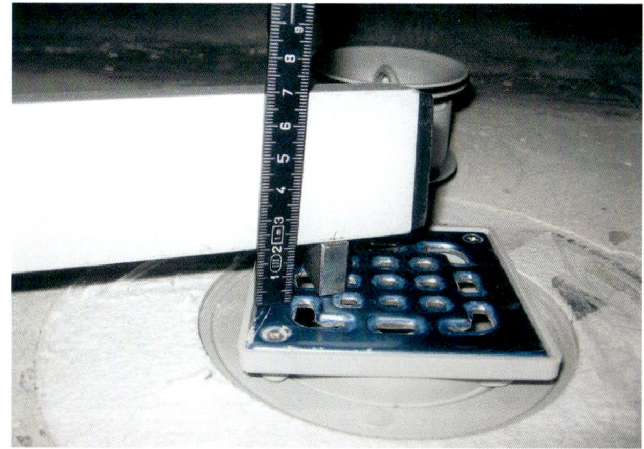

Bild 8 ▪ Ablaufsieb mit sehr geringer Bauhöhe für eine Integration in den geplanten Fliesenbelag – sachgerechte Höhenlage in der mit ausreichendem Gefälle ausgestatteten Estrichoberfläche

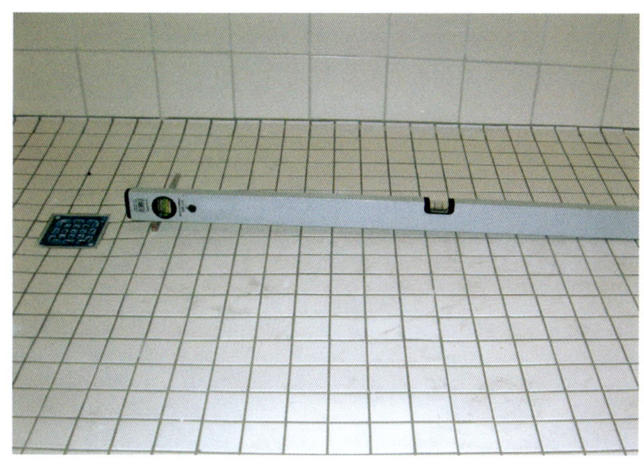

Bild 9 ▪ Fußboden in einem Duschbereich mit ausgeprägtem Gefälle im Umkreis eines Bodenablaufs – Messung mittels Wasserwaage und Messkeil

Bild 10 ▪ Messung des Gefälles der fertigen Fußbodenoberfläche im Umkreis eines Bodenablaufs mittels Wasserwaage und Messkeil

Bild 11 ▪ Verbundabdichtung in einem Nassraum unsachgerecht erst nach dem Einbau einer Türzarge hochgeführt

Bild 12 ▪ Fliesenbelag auf der Verbundabdichtung der Bodenfläche – sichtbares Abdichtungsmaterial im Aufkantungsbereich an der Zargenoberfläche

Bild 13 ▪ Bekleidung der Abdichtungsaufkantung behelfsmäßig mit einem aufgeklebten und oberseitig mit Dichtstoff abgestrichenen Edelstahlblech

Gemäß den ZDB-Merkblättern [202] und [203] sowie der im Jahr 2017 erschienenen DIN 18534-1 [33] sind Verbundabdichtungen (siehe Kapitel 3.2.3) zeitlich vor dem Einbau von Türzargen herzustellen. Anderenfalls ist an den Türlaibungen kein fachgerechtes Hochführen der Abdichtung mehr möglich (Bild 11 bis Bild 13).

Flachdächer baulicher Schwimmbadanlagen lassen sich beispielsweise als Sonnenterrasse, Saunagarten oder Begrünungen nutzen. Allgemeingültige Hinweise zur Konzeption schadenfreier Flachdächer aus wasserundurchlässigem Beton (gleichzeitig Trag- und Abdichtungskonstruktion) gibt Lohmeyer in [260]. Für eine Planung und Ausführung schadenfrei nutzbarer Flachdächer geben Oswald und Rojahn in [268] grundlegende allgemeingültige Hinweise vor dem Hintergrund anschaulicher Schadensbilder.

Schallschutz

Die Notwendigkeit eines Schallschutzes gegenüber der betreffenden Schwimmbadumgebung wird durch das Bundesimmissionsschutzgesetz (BImSchG) [131] sowie die darauf fußenden Landesgesetze und Verordnungen begründet (z. B. TA Lärm [146] und Sportanlagenlärmschutzverordnung [145]). Darüber hinaus ist beim Schwimmbadentwurf in der städtebaulichen Planung die DIN 18005 [9] heranzuziehen.

Unerwünschter Lärm geht bei Schwimmbädern vom Zufahrts- und Parkplatzverkehr, von gebäudetechnischen Einrichtungen und nicht zuletzt vom Badebetrieb selbst aus.

Gemäß VDI 3770 [122] bewegen sich die Lärmemissionen bei Außenbecken zwischen $L_{wAeq} \approx 70$ dB pro Person (z. B. bei Liegewiesen) und $L_{wAeq} \approx 85$ dB pro Person (z.B. bei Springerbecken), wobei auf Badegäste etwa 3 m^2 (z.B. bei Spaßbecken) und etwa 10 m^2 (z.B. bei Springer- oder Schwimmerbecken) entfallen. Hieraus resultieren Emissionswerte von $L''_{WA} \approx 62$ dB (z.B. bei Liegewiesen) und $L''_{WA} \approx 80$ dB (z.B. bei Planschbecken) [213].

Schallleistungspegel von Schwimmbeckenattraktionen (siehe Kapitel 3.1) wie beispielsweise Riesenrutschen oder Wasserpilze können auch 100 dB (A) erreichen [213]. Für detaillierte Berechnungen der Schallausbreitung ist der Teil 2 der DIN ISO 9613 [111] bzw. des Schallschutzes die VDI 2720 [121] heranzuziehen.

Gemäß der TA Lärm [146] sind beispielsweise bei Schwimmbädern in reinen Wohngebieten abhängig von der Tages- bzw. Nachtzeit Immissionsrichtwerte zwischen 35 und 50 dB (A) einzuhalten.

Zum Schutz des Schwimmbadinneren werden Außenwände allgemein mit einem Schallschutz von $R'_w = 45$ dB konzipiert (entspricht $m' = 210$ kg/m^2). Erwogene Schallschutzverglasungen sind wegen gegebenenfalls entstehender Wärmeschutzbeeinträchtigung gewissenhaft in die Planungsüberlegungen einzubeziehen.

Ruhebereiche bzw. -zonen in einer Schwimm-, Freizeit- oder Wellnesseinrichtung bedürfen auch mit Blick auf einen höchstmöglichen Komfort besonderer schallschutztechnischer und akustischer Maßnahmen. Daneben ist auch dem Schutz vor Schallemissionen aus gebäudetechnischen Anlagen besondere Aufmerksamkeit zu schenken. Räume im Gebäudeinneren, in denen es ruhig sein soll, werden wie auch geräuschemittierende Technikräume allgemein mit einem besonderen Schallschutz von $R'_w \geq 52$ dB abgetrennt.

Darüber hinaus sind beispielsweise Ruheräume von Saunaanlagen, die an Badebereiche angrenzen, mit besonders hochwertigen Schallschutzverglasungen auszustatten.

In intensiv genutzten Spaßbädern kann der Schalldruckpegel bereits die Grenze lärmintensiver Arbeitsplätze von $L_{eq} \geq 85$ dB (A) erreichen und auch überschreiten.

Akustik

Die Nachhallzeit in Hallenbädern darf gemäß der DIN EN 15288 [92] die Verständlichkeit von Ansagen nicht beeinträchtigen. Im Allgemeinen wird für das Verstehen von Mitteilungen und den Informationsaustausch zwischen Personen im Frequenzbereich von $f \geq 500$ Hz eine maximale Nachhallzeit von $1{,}5\ s \leq T \leq 2{,}0\ s$ vorausgesetzt ([92], [213]).

Für eine Einhaltung geforderter Nachhallzeiten steigt der Aufwand zur Schallabsorption mit steigendem Hallenvolumen etwa linear an. Bei einem mittleren Schallabsorptionsgrad von $\alpha \approx 0{,}5$ und einer äquivalenten Schallabsorptionsfläche von $A_s \approx 10\ m^2/100\ m^3$ ist eine etwa $20\ m^2$ große Fläche als absorbierende Oberfläche auszubilden [213]. In [264] beschrieben Lutz und Zimmermann 1981 anhand eines anschaulichen Schadensfalls die Auswirkung unzureichender Schallabsorption in einer Schulschwimmhalle und zeigten entsprechende Lösungsmöglichkeiten auf.

Im Frequenzbereich von $500\ Hz \leq f \leq 2\,000\ Hz$ wird ein Schallabsorptionsgrad von $\alpha = 0{,}5$ durch poröse Materialien wie beispielsweise geschäumten Kunststoff, Holz- oder Mineralfaserwerkstoffe erzielt.

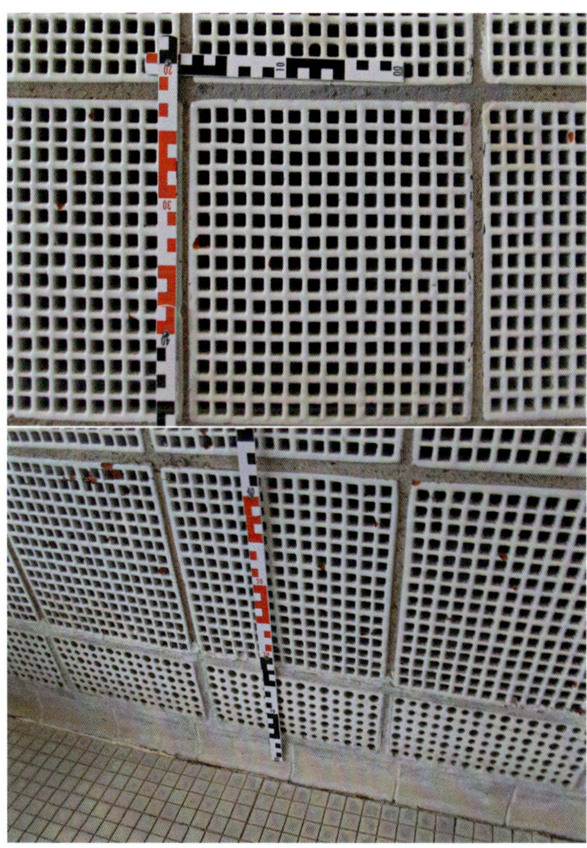

Bild 14 ▪ Althergebrachte Keramikformteile einer Schwimmhallenwandbekleidung zur Dämpfung der Nachhallzeit

Bild 15 ▪ Traditionelle Akustikdeckenkonstruktion

Zur Vermeidung von Interferenzen sollte eine von zwei parallel verlaufenden Bauteil- oder Bauwerksflächen mit schallabsorbierender Oberfläche versehen werden (Bild 14 und Bild 15). Deckenflächen oder -bekleidungen über dem Wasser sollten mit größeren Neigungen als etwa 5° verlaufen und keine schallharte Oberfläche aufweisen.

Ruheräume sollten grundsätzlich mit weitestgehend schallabsorbierenden Bauteiloberflächen ausgestattet werden (z. B. textiler Bodenbelag, Akustikbekleidung, Akustikputz etc.) [213].

Brandschutz

Eine Begrenzung der Brandgefahr aufgrund der Existenz größerer Wasser- bzw. Feuchtemengen trifft in der Gebäudekategorie Schwimmbäder im Wesentlichen nur für die unmittelbaren Becken- und Nassbereiche zu. Im Übrigen handelt es sich auch bei Schwimmbädern um Bauwerksanlagen, für die ein baulicher und organisatorischer Brandschutz gemäß den geltenden bauaufsichtlichen Bestimmungen [148] konzipiert werden muss. Außer den baulichen Anforderungen, beispielsweise an den Feuerwiderstand von Baustoffen, Bauteiloberflächen und tragenden Konstruktionen sind auch organisatorische Anforderungen hinsichtlich Flucht- und Rettungswegen, Brandbekämpfungsvorrichtungen (z. B. Feuerlöscher, Sprinkler) wie auch betriebliche Brandschutzregelungen einzuhalten. Spezifische Hinweise zu brandschutztechnischen Vorgaben in Schwimmbädern enthalten neben den einschlägigen bauaufsichtlichen Vorschriften beispielsweise die Richtlinie der Deutschen Gesellschaft für das Badewesen R 25.11 [183] sowie die Richtlinien für den Bau von Saunaanlagen [196].

Auch in der Gebäudekategorie Schwimmbäder muss der erforderliche Brandschutz durch ein entsprechendes planerisches Konzept nachgewiesen sein und im Zuge der Bauausführung äußerst sorgfältig geprüft werden. Für die bei der Bauausführung eingesetzten Baustoffe, Bauprodukte bzw. Bauarten muss ein bauaufsichtlich geforderter Verwendbarkeitsnachweis vorliegen (z. B. ETA, abZ, ZiE). Gussasphalt, der in Schwimmbädern seit etwa dem Ende der 2010er-Jahre als Bodenbelag eingesetzt wird (siehe Kapitel 3.2.6), kann für den Nachweis von Flucht- und Rettungswegen als schwer entflammbarer Baustoff gemäß DIN 4102 [5] eingestuft werden (Baustoffklasse B1).

Baukonstruktionen im Bereich von Brandabschnitten müssen wegen der Kombination mit dem erforderlichen Feuchteschutz in Schwimmbädern besonders komplexe Anforderungen erfüllen. Die planerisch zu lösenden Detailaufgaben werden zusätzlich erschwert im Fassadenbereich durch Wärmeschutzanforderungen und bei Ruhezonen durch Schallschutzanforderungen, wie beispielsweise in Sauna- oder Wellnesslandschaften.

Verdeutlichen lässt sich dies beispielsweise anhand eines nicht häufig auftretenden, jedoch realistischen Szenarios. Bei einem Umbau einer bereits bestehenden baulichen Anlage verläuft eine Brandabschnittsgrenze unmittelbar durch einen Komplex aus hoch feuchtebeanspruchten Dusch- und Saunaanlagen. Vor dem Hintergrund der innenarchitektonisch vorgesehenen unterbrechungsfreien Begehbarkeit des gesamten Komplexes – z. B. zwischen den Umkleideräumen, den Gemeinschaftsduschen und den Saunen bzw. Schwall-/ Erlebnisduschen – sollen keine Brandschutztüren angeordnet werden, da diese das freiräumliche Gesamtbild stören würden. Ein ausreichender Brandschutz lässt sich insofern lediglich mit Brandschutzschiebe- oder Brandschutzrolltoren realisieren.

Ein Brandschutztor muss in diesem Fall neben einem ausreichenden Feuerwiderstand auch einen ausreichenden Rauchschutz bieten und gleichzeitig selbst ausreichend feuchtebeständig sein. Dabei muss beispielsweise die Metallkonstruktion des Brandschutztores einen ausreichenden Korrosionsschutz aufweisen und ein im Torflügelinnern angeordneter Dämmstoff ausreichend feuchtebeständig sein.

Für eine Brandschutztoranordnung im Bereich direkter Beaufschlagung mit chloridhaltigem Wasser, in chloridhaltiger Atmosphäre oder bei zu erwartender Chemikalienbeanspruchung aus Reinigungs- oder Desinfektionsmitteln ist prinzipiell der Einsatz eines ausreichend legierten Edelstahls (siehe Edelstahlkonstruktionen in Kapitel 3.2.2) oder eine ausreichend widerstandsfähige Korrosionsschutzbeschichtung (üblicherweise ein Duplex-System nach DIN EN ISO 12944 [114]) erforderlich. Entsprechende hinsichtlich des Brandschutzes geprüfte Industrieprodukte mit einem allgemeinen Verwendbarkeitsnachweis sind in der Praxis kaum erhältlich. Deshalb sollte eine Brandabschnittsgrenze nur in einem unumgänglichen Ausnahmefall in die Nähe eines Schwimmbeckens oder in eine Schwimmhalle verlegt werden, da ausreichend korrosionsbeständige, speziell für diesen Einsatzzweck angefertigte Brandschutztüren/-tore formal einer Zulassung im Einzelfall bedürfen.

Ein in Brandschutztüren/-toren in der Regel zum Hitzeschutz angeordneter Mineralfaserdämmstoff kann bei einer durchfeuchtungsbedingten Schädigung im ungünstigen Fall nicht mehr ausreichend wirksam sein. Das entlang einer Brandschutztorunterkante in der Regel für die Rauchdichtheit angeordnete Dichtungsprofil kann Unebenheiten in der Fußbodenoberfläche nur in begrenztem Maß ausgleichen (meist nur wenige Millimeter, je nach Verwendbarkeitsnachweis des jeweiligen Produkts). Dieses Ausgleichspotenzial reicht im ungünstigen Fall nicht aus, wenn z. B. der Fußboden die Brandschutztorebene mit einem Oberflächengefälle quert oder die Hochlinie eines dachförmigen Gefälles rechtwinklig zur Torebene verläuft. Unabhängig davon, dass in diesem Fall die bauaufsichtliche Verwendungszulässigkeit erlischt, entsteht so ein erhebliches Risiko unzureichender Rauchschutzfunktion.

Neben dem Feuchteschutz des Tores muss sichergestellt sein, dass auch die Fußboden- und Wandabdichtungen im Bereich eines Brandschutztores lückenlos durchlaufen. Insbesondere bei Schiebetorkonstruktionen (Bild 16) muss dies bei der Planung der Tragrahmenbefestigung in der Fußboden- und/oder Wandebene berücksichtigt werden. Dort müssen für jeden Einzelfall spezielle wasserdichte Einbindungen der Befestigungsmittel in der Abdichtungsebene konzipiert werden (z. B. analog zum Abschnitt Detailkonstruktionen in Kapitel 3.2.3).

Bild 16 ▪ Brandschutzschiebetor an einer Brandabschnittsgrenze, die durch einen hoch feuchtebeanspruchten Wellnessbereich verläuft

Da insbesondere Schiebetore häufig durch Bekleidungen kaschiert, d.h. in entsprechenden »Parktaschen« angeordnet werden, muss auch eine Entwässerung vorgesehen werden, um in den Türschlitz gelangendes Spritz-, Schlepp- bzw. Reinigungswasser zuverlässig schadenfrei abzuführen. Eine entsprechende Entwässerungsvorrichtung muss auch an die gebäudetechnisch zu konzipierende Fußbodenentwässerung des betreffenden Nassbereichs angeschlossen werden.

Speziell in Wellnessbereichen mit Ruheräumen ist ein besonderes Augenmerk auf den Trittschallschutz zu legen. Wenngleich eine diesbezügliche Anforderung bei einer Barfußbenutzung in der Praxis kaum relevant ist, muss eine Trittschallübertragung auch dann zuverlässig ausgeschlossen werden, wenn Wartungspersonal die Räume mit Schuhwerk begeht. Insofern muss auch bei der Planung von Brandschutzschiebetoren berücksichtigt werden, dass die Befestigungen des Tragrahmens keine ungewollte trittschallübertragende Verbindung zwischen Boden und Wand erzeugen. Im Allgemeinen lässt sich dies durch eine Montage des Rahmens auf der Rohdecke und eine schalltechnische Trennung vom schwimmenden Estrich erzielen.

Brandabschnittsgrenzen sollten keinesfalls in bzw. durch Schwimmbäder oder Wellnesseinrichtungen geplant werden. Sollte dieser entwurfsplanerische Grundsatz in besonderen Fällen – beispielsweise beim Bauen im Bestand – nicht umsetzbar sein, müssen die entwerfenden Architekten eine technische Beratung bei den Fachingenieuren für Brand-, Feuchte- und Schallschutz sowie für Gebäudetechnik einholen. Die Basis einer solchen fachlich erörterten und begleiteten Entwurfsplanung muss eine besonders sorgfältige integrative Fachplanung bilden, die berücksichtigt, welche Industrieproduktlösungen von den Herstellern realisiert werden können. Die handwerklichen Ausführungsunternehmen müssen ihre Werkplanung auf die abgestimmte Ingenieurplanung aufbauen. Damit komplexe Detailkonstruktionen langfristig zuverlässig funktionsfähig sind, muss zudem eine äußerst sorgsame Ausführungsüberwachung erfolgen.

2.2.7 Gebäude-/Schwimmbadtechnik

Zwar existieren bereits erste Bäder mit Passivhausstandard, doch ist der Energiebedarf für die Becken- und Brauchwassererwärmung, die Beheizung (Raumluft, Fußböden, Wärmebänke, Saunen etc.) und Kühlung (z.B. Lebensmittellagerung, Schneeraum) sowie die Raumluftkonditionierung erheblich. Neben einer baulichen Errichtung mit ausreichender Wärmedämmung bietet der Betrieb energieeffizienter haustechnischer bzw. schwimmbadtechnischer Anlagen ein wesentliches Energieeinsparpotenzial.

Bild 19 ▪ Ablagerung in einer Schwallwasserleitung

Wesentliche Hinweise zur fachgerechten Instandhaltung baulicher und technischer Anlagen in Bädern gibt die DGfdB-Richtlinie A 60.07 [187].

Auch eine marktorientierte Anhebung des Nutzungsangebots auf das Niveau anderer regionaler Bäderbetriebe ist ein häufiges Modernisierungsargument.

Die Begriffe Sanierung, Instandsetzung und Modernisierung beschreiben Schrepfer und Gscheidle unter Ansatz bauordnungsrechtlicher und technischer Definitionen treffend in [278].

Während eine Instandsetzung der Wiederherstellung des ursprünglichen Zustandes sowie eine – nicht klar definierte – Sanierung der Mängel- bzw. Schadensbeseitigung zur Erlangung des ursprünglich gewollten Zustandes dient, bewirkt eine Modernisierung eine nachhaltige Gebrauchswerterhöhung [278]. Meist wird durch eine Modernisierung der zum betreffenden Zeitpunkt aktuelle technische, energetische und marktübliche Standard hergestellt [222].

Eine in der Denkmalpflege umstrittene Rekonstruktion von Schwimmbädern, das heißt, die Wiederherstellung einer verloren gegangenen Konstruktion [278], stellt – neben den notwendigen Instandsetzungen von vermehrt in den 1970er-Jahren erbauten Freizeitsportanlagen (Schwimm-, Spaß- und Erlebnisbäder) – eher die Ausnahme dar. Prinzipiell können jedoch nach entsprechend ausgeprägten Schädigungen an beispielsweise denkmalgeschützten historischen Stadtbädern oder Badehäusern aus der Wende vom 19. zum 20. Jahrhundert auch Rekonstruktionsarbeiten notwendig werden.

Bauliche Erweiterungen, Umgestaltungen oder auch Maßnahmen zur Überführung in eine andere Nutzungsart stellen keine Modernisierung dar (z. B. Errichtung eines Saunatrakts, fantasievoll gestaltete Becken anstelle eines Rechteckbeckens, Restaurantbereich anstelle früherer Umkleide- und Wirtschaftsräume).

Für eine Instandsetzung, Sanierung oder Modernisierung lassen sich nicht ohne Weiteres sämtliche technischen Regeln des Neubaus heranziehen. Bereits im Zuge der Maßnahmenplanung sind kritische Untersuchungen hinsichtlich möglicherweise entstehender negativer Wechselwirkungen anzustellen. Aufgrund der in Schwimmbädern spezifischen bauphysikalischen Nutzungsrandbedingungen ist bei jeglichen baulichen Maßnahmen zwingend erforderlich, die sich gegenseitig stark beeinflussenden konstruktiven und bauphysikalischen Aspekte ganzheitlich zu betrachten. Beispielsweise können gedanklich von der Gebäudehülle losgelöste Wärmedämmarbeiten an einem Schwimmhallendach oder die lokal begrenzte Ertüchtigung einer Fassadenverglasung erhebliche Tauwasserprobleme in anderen Teilbereichen nach sich ziehen.

Eine fachgerechte Instandhaltung trägt unter anderem zu einer nachhaltig positiven Auswirkung der baulichen sowie der gebäude- und schwimmbadtechnischen Anlagen auf die Umwelt bei (siehe Kapitel 2.3.2). Hierfür ist in erster Linie eine Zustandserfassung und Bewertung in angemessenen zeitlichen Abständen erforderlich (sogenannte Substanzanalyse). Dem diesbezüglichen Ergebnis folgend müssen die notwendigen Arbeiten zu Instandhaltungs- oder Instandsetzungsmaßnahmen rechtzeitig vorgenommen werden.

Auch jeglicher Sanierungs- oder Modernisierungsplanung an einer bestehenden Schwimmbadanlage muss eine dezidierte Bestandserfassung zugrunde gelegt werden. Anderenfalls hat die Praxis gezeigt, dass mit erheblichen Mängeln, Schäden, Baukostenerhöhungen und Verzögerungen gerechnet werden muss [222]. Zu einer seriösen Bestandsaufnahme zählt unter Berücksichtigung gegebenenfalls bereits vorliegender Planungsunterlagen eine Erfassung bzw. Dokumentation von Mängeln und Schäden, eine darauf basierende Substanzbeurteilung sowie eine zielgerichtete Auswertung von Bestandsunterlagen [222] (z. B. Prüfung von Art und Funktionsfähigkeit der Abdichtungen, Prüfung des Wärmeschutzes und der Energieeffizienz der gebäudetechnischen Anlagen etc.). Allgemeingültige detaillierte Vorgehensweisen zur sachgemäßen Bestandserfassung bzw. Substanzuntersuchung sind in [222] und [278] anschaulich dargestellt. Eine fachgerechte Bestandserfassung beinhaltet unter anderem ein maßstäbliches, technisches und verformungsgerechtes Aufmaß, eine Schadenskartierung sowie eine Ermittlung von Schadensursachen. Zu einer fachgerechten Maßnahmenplanung im Bestand zählt auch die Planung von Maßnahmen zum Schutz der vorhandenen Substanz.

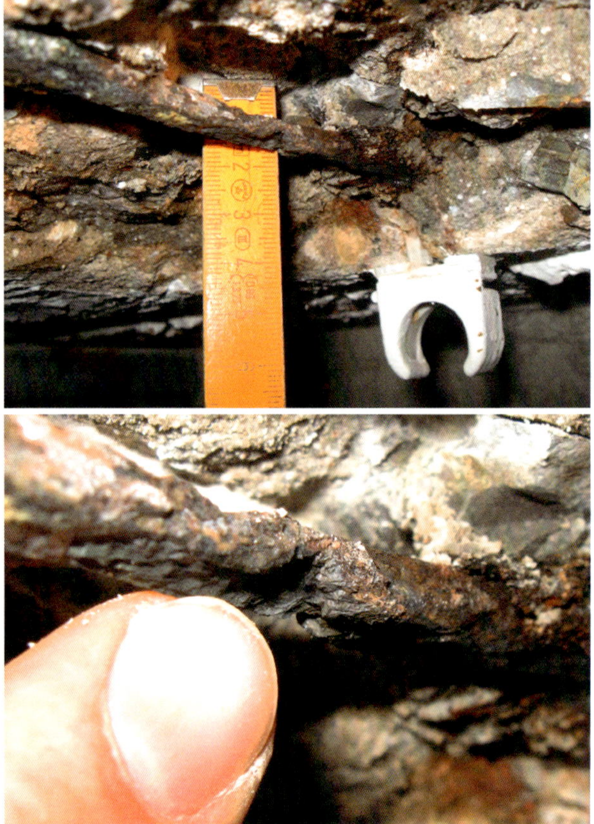

Bild 20 ▪ Anzeichen für eine chloridinduziert korrodierte Stelle eines Betonbewehrungsstabs an der Unterseite eines durchfeuchteten Beckenumgangs

Zu Substanzuntersuchungen zählen unter anderem notwendige Material- bzw. Baustoffprüfungen. Beispielsweise besteht bei Stahlbetonbauteilen infolge lang anhaltender Einwirkung einer chloridhaltigen Atmosphäre bzw. chloridhaltiger Wassermilieus das Risiko einer chloridinduzierten Bewehrungsstahlkorrosion (Bild 20).

Praxiserfahrungen haben jedoch gezeigt, dass selbst an Stellen, an die Spritzwasser aus dem Schwimmbecken gelangt ist, nicht zwangsläufig eine chloridinduzierte Bewehrungskorrosion auftritt. Vor Beginn von Betoninstandsetzungsarbeiten müssen dennoch zuverlässige Untersuchungen zum Ausmaß aktiver Korrosion (auch zerstörungsfrei mittels Potenzialfeld- bzw. Potenzialdifferenzmessmethode) zur Betondeckung (zerstörungsfrei nach dem Prinzip der elektromagnetischen Induktion oder durch stichpunktartiges Freilegen/anhand von Bohrkernen) und zum Karbonatisierungsfortschritt (anhand von Materialproben) erfolgen (Bild 21 und Bild 22).

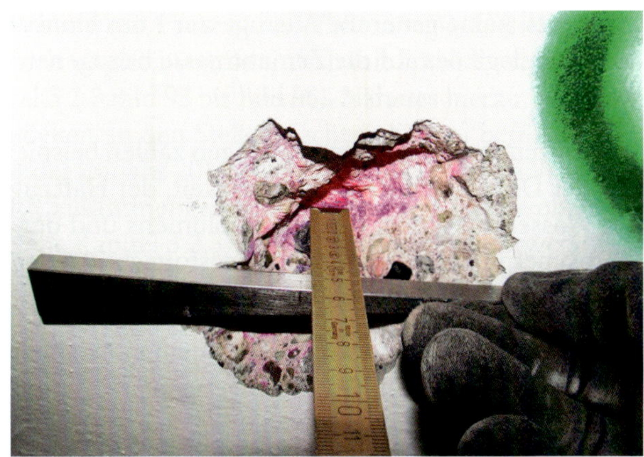

Bild 21 ▪ Punktuelle Ermittlung der Karbonatisierungstiefe an einer Beckenumgangsseite im Rahmen einer größeren Stichprobe

Bild 22 ▪ Beispiel eines Bewehrungsstabs an der Unterseite einer durchfeuchteten Beckenkopfkonstruktion, der im karbonatisierten Beton lag und bei einer Stichprobenprüfung freigelegt wurde

Hinweise zur näheren Einschätzung schädigender Auswirkung von Chloridgehalten in Beton wurden bereits 1995 von Nürnberger ([267], dort Kapitel 5.6.3) dargelegt. Auch Grübl, Weigler und Sieghart beschrieben 2001 in [259] (dort Kapitel 7.11.4.3) ausführlich die Grundlagen für eine Beurteilung der chloridinduzierten Korrosionsgefahr.

2008 wurden auch von Schöppel in [359] Erkenntnisse zu den Grundlagen einer dezidierten Beurteilung der Korrosionsgefährdung durch Chloridbeanspruchung dargelegt, die noch immer aktuell sind. Hierbei wurde deutlich hervorgehoben, dass lediglich der Gehalt freier, im Porenwasser gelöster Chloride ausschlaggebende Bedeutung für eine Bewehrungsstahlkorrosion besitzt. Entscheidend für die tatsächliche Korrosionsbeanspruchung sind dabei die im Einzelfall vorherrschenden Umgebungsrandbedingungen sowie die Betoneigenschaften (z. B. Porosität, Karbonatisierungsgrad und Zuschlaggemisch). Entgegen weit verbreiteter Auffassung haben Untersuchungen gezeigt, dass

Bild 27 ▪ Der stehen gebliebene Fliesenrand wurde auf dem zu erzeugenden Anarbeitungsstreifen vorsichtig zertrümmert und von der Abdichtungsoberfläche gelöst.

Bild 28 ▪ Handwerklich vorsichtiges Befreien des Anarbeitungsstreifens von den Verlegemörtelrückständen mit besonders niedertourig eingestellter Fräse

Bild 29 ▪ Unterfüllen eines losen Randes des Anarbeitungsstreifens mit flüssigem Epoxidharz

Bild 30 ▪ Einstreichen des Anarbeitungsstreifens und des Abdichtungsuntergrundes mit einem flüssigen Epoxidharz

Bild 31 ▪ Einstreuen von Quarzsand in die frische Epoxidharzgrundierung

Der ergänzende Abdichtungsstoff ist lückenlos dicht bis an den freiliegenden Rand des Anarbeitungsstreifens aufzubringen. Dabei müssen die Verarbeitungsvorgaben der Herstellerfirma des verwendeten Abdichtungsstoffs eingehalten werden. Bahnenförmiger Abdichtungsstoff muss passgerecht so zugeschnitten werden, dass die verfügbare Übergreifungsbreite des Anarbeitungsstreifens konsequent ausgenutzt wird. Bahnenmaterial ist in der Fläche und entlang den Rändern dicht auf den Untergrund anzudrücken. An den Bahnenübergreifungen und -rändern soll zum Zeichen dichter Verklebung ein Kleberwulst austreten (Bild 32). Insbesondere durch das Andrücken der Bahnenränder (Bild 33) wird vermieden, dass nach dem Aufbringen der Fliesen Fehlstellen in der Untergrundhaftung verbleiben, an denen – selbst wenn dort keine Undichtigkeit besteht – aufgrund unterwandernden Wassers Fliesenablösungen beginnen können. Nicht zuverlässig zu reinigende Spalten, wie beispielsweise unter sich ablösenden Fliesen, sind im Schwimmbadbereich aus hygienischer Sicht grundsätzlich unerwünscht.

Nachdem die Abdichtungsschicht wieder lückenlos hergestellt ist, können im direkten Verbund dazu ergänzende Fliesen im Floating-Buttering-Verfahren (siehe Kapitel 3.2.6) verlegt werden (Bild 34). Um die betreffenden Reparaturstellen weitestgehend unsichtbar erscheinen zu lassen, sollten zurückgelegte Chargen des bauzeitlich verwendeten Fliesenmaterials und Verfugungsmörtels bzw. bemusterte und sorgfältig ausgewählte Materialien eingesetzt werden.

Bild 32 ▪ Konsequente Ausnutzung der Übergreifungsbreite auf dem Anarbeitungsstreifen durch dichtes Andrücken von Bahnenwerkstoff mit austretender Kleberwulst

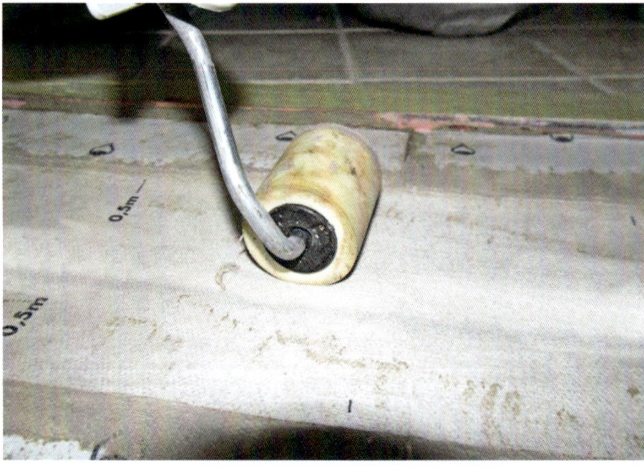

Bild 33 ▪ Konsequent dichte Verklebung durch Andrücken von Bahnenwerkstoff mit einer Gummirolle

Bild 34 ▪ Wiederherstellung des Fliesenbelags weitgehend hohlraumfrei durch vollflächiges Auftragen des Verlegemörtels auf der Fliesenrückseite (links) und Aufkämmen auf den Untergrund (rechts)

Die punktuelle oder kleinflächige Reparatur einer abdichtenden Beschichtung bzw. Schwimmbeckenauskleidung aus Polyurea (PUA; siehe Kapitel 3.2.3 und 3.2.5) bzw. einer AIV auf der Basis von PUA stellt im laufenden Schwimmbadbetrieb häufig keinen angemessenen Aufwand dar, da hierfür eine umfangreiche Gemischaufbereitungs- und Spritzapparatur bereitgestellt werden muss und in der Regel auch keine filigrane Applikation realisierbar ist. Vorübergehend muss dann bis zur nächsten Erneuerung eine Ausbesserung mit einem Stoff auf EP-Basis erfolgen [219].

Eine Instandhaltung ausreichend fest haftender Fliesenbeläge kann auch durch Überarbeitung der Fliesenfugen erfolgen. Die mindestens 3 mm tief auszukratzenden Fugen werden dabei mit einem geeigneten Sanierungsmörtel ausgespritzt (Bild 35).

Bild 36 ▪ Außenschwimmbecken bei einer Modernisierung unter einem Wetterschutzdach

Bild 37 ▪ Lochkorrosion an einem Beckenrand

Aufgrund der hygienischen Anforderungen in Schwimmbädern müssen bei einer Fugendichtstofferneuerung vor dem Wiederverschließen der alte Dichtstoff restlos entfernt und der Verfugungsgrund sorgsam gereinigt und desinfiziert werden, um eine Ausbreitung von Mikroorganismen sicher zu vermeiden.

Auch Edelstahlbecken oder Edelstahlauskleidungen bedürfen eines fachgerechten Unterhalts. Neben einer edelstahlspezifischen Reinigung und Pflege (siehe Kapitel 3.4) müssen in regelmäßigen, angemessenen Abständen handnahe Inspektionen durchgeführt werden, auf deren Basis eine sachgemäße Instandhaltung erfolgt. Danach müssen in der Regel korrodierte Stellen überarbeitet werden, die an Ablagerungen bzw. Belägen auftreten, an denen eine Chloridionenakkumulation stattfindet. Zwar ist Edelstahl mit passender Legierung gegenüber Korrosion sehr widerstandsfähig, jedoch herrscht in Schwimmbädern aufgrund der hohen chemischen Beanspruchungen, insbesondere im gechlorten Wasser, ein sehr korrosives Milieu vor. Korrosionsproduktablagerungen (Rost) treten oberflächlich auf und lassen sich durch vorsichtiges Beizen oder Schleifen beseitigen. Da die Stahloberfläche an den Überarbeitungsstellen abstumpft, müssen die Arbeiten maßvoll durchgeführt werden. Ein sich klar abzeichnender Krater oder ein Loch im Edelstahl stellt ein typisches Merkmal einer chloridinduzierten Korrosion dar (Bild 37).

Krater oder Löcher im Edelstahlblech oder in Schweißnähten der Edelstahlwanne müssen für den Erhalt zuverlässiger Dichtigkeit der Beckenkonstruktion durch punktuelles Schweißen aufgefüllt oder fachgerecht mit Reparaturblech verschlossen werden (Bild 38).

Auch Schweißnahtkavernen erzeugen infolge einer sich dort einstellenden Chloridionenakkumulation, wie in Bauteilspalten, ein besonders korrosives Milieu. Kavernen in Schweißnähten werden häufig von Korrosionsproduktfahnen gekennzeichnet, die scheinbar unbegründet aus der Bauteiloberfläche hervortreten. Die Kavernen lassen sich in der Regel nur durch eine tiefergehende visuelle Untersuchung erkennen (Bild 39) und müssen zur zuverlässigen Unterbindung einer Beckenundichtigkeit ebenfalls durch Nachschweißen verschlossen werden.

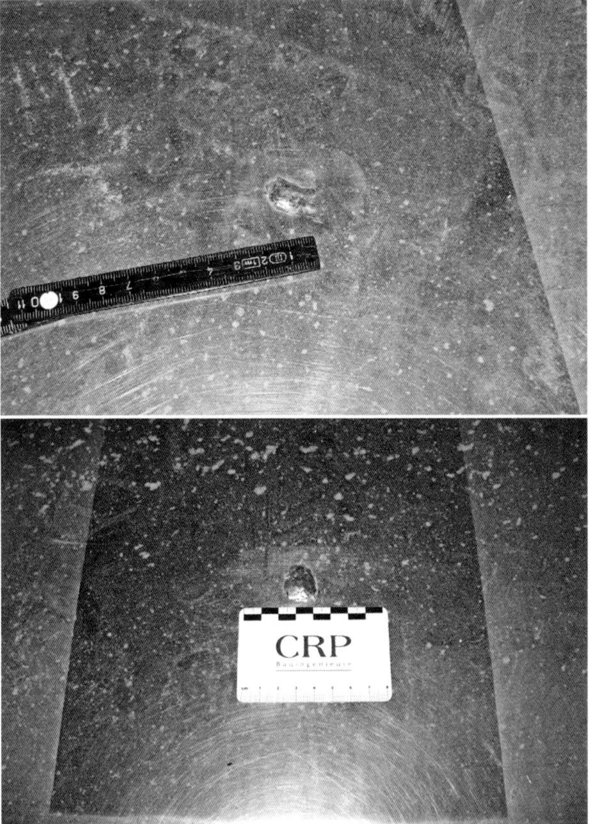

Bild 38 ▪ Mit Schweißpunkten verschlossene Chloridkorrosionsstellen in einer Beckenbodenfläche

Metallbauteile, die von chloridinduzierter Korrosion betroffen sind, können mit einem fachgerechten Korrosionsschutz beschichtet werden. Das setzt allerdings voraus, dass sie für das Erscheinungsbild des Schwimmbads nicht relevant sind und ihre Substanz noch nicht so weit geschädigt ist, dass eine Metallbearbeitung nötig ist (Bild 40).

Bild 39 ▪ Aus einer Schweißnaht hervortretende Korrosionsproduktfahne (links) infolge einer Schweißnahtkaverne (rechts: etwa 100-fache Vergrößerung)

Bild 40 ▪ Chloridinduzierte Korrosionskrater infolge Kondensat an der Unterseite einer metallenen Klappe über einem oben offenen Schwallwassertank

Bild 41 ▪ Ausgeprägte Sinterablagerungen an einer Kernbohröffnung eines mit Edelstahl ausgekleideten Betonbeckens nach längerfristiger Undichtigkeit der Metallwanne

Bei einer häufig zur Beckenmodernisierung eingesetzten Edelstahlauskleidung, bei der eine ursprüngliche massive Beckenrohbaubaukonstruktion erhalten wird, einer sogenannten Wanne-in-Wanne-Konstruktion, sind die Außenseiten der metallenen Wanne für eine visuelle Revision verdeckt. Sofern sich eine Undichtigkeit in der Metallwanne nicht visuell bei handnaher Inspektion erkennen lässt, weist allenfalls eine Durchfeuchtung an der Außenseite der Massivkonstruktion darauf hin. Der Durchfeuchtungsgrund lässt sich bei einer Becken-in-Becken-Konstruktion nur mit erhöhtem Aufwand lokalisieren. Selbst eine oder mehrere Öffnungen in der Massivkonstruktion können nur die Existenz einer Undichtigkeit der Metallwanne belegen, lassen jedoch über den Zwischenraum zwischen den beiden Wannen kaum eine zuverlässige Leckortung zu (Bild 41 und Bild 42). Im ungünstigen Fall gelangt über einen längeren Zeitraum unbemerkt eine größere Beckenwassermenge in das Erdreich und stellt dort eine ökologische Belastung dar.

Mikrorisse in oder entlang von Schweißnähten, in denen Beckenundichtigkeiten bestehen oder ein entsprechendes Risiko liegt, sind visuell häufig nicht zu erkennen. Sie können mit einem Farbeindringverfahren zuverlässig detektiert werden. Dabei wird in einem ersten Schritt eine hochviskose rötliche Flüssigkeit aufgebracht. Die Flüssigkeit dringt in die Mikrorisse ein. Der Überschuss wird nach einem entsprechenden Zeitraum wieder von der Metalloberfläche entfernt. In einem zweiten Schritt wird eine Indikatorflüssigkeit aufgebracht. Vorhandene Risse zeichnen sich nun deutlich ab (Bild 43). Im Allgemeinen wird eine rötliche Flüssigkeit verwendet, weshalb das Verfahren umgangssprachlich als Rot-Weiß-Prüfung bezeichnet wird.

Im Instandsetzungs- oder Modernisierungsfall entspricht es heute dem Stand der Technik, bei massiven Schwimmbeckenkonstruktionen einen maroden Schwimmbeckenkopf abzutrennen und durch eine Edelstahlkonstruktion zu ersetzen. Dabei muss der neue Beckenkopf zuverlässig dicht mit der bestehenden Beckenabdichtung bzw. einer WU-Beton-Beckenkonstruktion verbunden werden. In der Regel erfolgt dies analog zu einem unterwanderungssicheren Abdichtungsanschluss an eine Betonkonstruktion (siehe Kapitel 3.2.3) oder analog zu einem Abdichtungsanschluss an ein Edelstahlbecken (siehe Kapitel 3.2.5) [219].

Bild 42 ▪ Roststellen an der Außenseite der Metallwanne

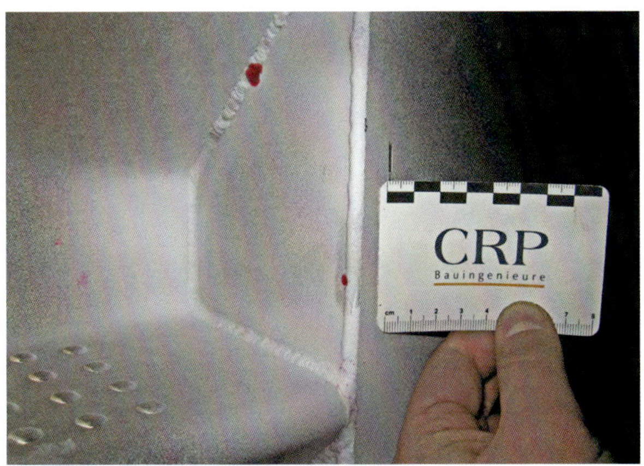

Bild 43 ▪ Schweißnahtundichtigkeiten zeichnen sich bei der sogenannten Rot-Weiß-Prüfung anhand rötlicher Verfärbung deutlich ab.

Für eine nachhaltige Beseitigung von Korrosionsschäden an Edelstahlbecken bzw. -ausstattungen (siehe auch Kapitel 5.7) sind beim Fehlen entsprechender Bestandsunterlagen Laboruntersuchungen hinsichtlich der vorliegenden Edelstahlgüte notwendig und es müssen Informationen zur Badewasseraufbereitung bzw. zu den Wasserparametern eingeholt werden.

Häufig ziehen erfolglose Instandsetzungsversuche wiederholt Sanierungsarbeiten nach sich, wie dies beispielsweise allgemeingültig von Reul in [270] anschaulich dargestellt wird.

Aus bauaufsichtlicher Sicht ist bei einer Absturzhöhe von mehr als einem Meter eine Absturzsicherung anzuordnen. Bei Arbeiten auf dem Umgang eines entleerten Beckens müssen insofern entsprechend sachgemäße Maßnahmen ergriffen werden (Bild 44). Sind Arbeiten an den Konstruktionen oberhalb des Beckens durchzuführen, kann zur Absturzsicherung auch ein Raumgerüst im Becken errichtet und so eine tragfähige Arbeitsebene geschaffen werden. Das Raumgerüst kann beispielsweise in Höhe des Beckenumgangs abgebohlt und als Arbeitsbühne für ein Rollgerüst genutzt werden. Es kann auch den Beckenumgang bis zur notwendigen Arbeitshöhe überragen und so direkten Zugang zum Arbeitsbereich gewähren, wobei dann Absturzsicherungen entlang des Beckenrandes am Gerüst montiert werden können.

Gemäß den Sicherheitsregeln für den Betrieb von Bädern [166] müssen Absturzsicherungen bei Arbeiten am Rand entleerter Becken mit einer Tiefe von mehr als 2 m verwendet werden. Dies kann bei Inspektions-/Instandhaltungsarbeiten beispielsweise auch durch das Anlegen eines Tragegeschirrs und Anseilen realisiert werden.

Bild 44 ▪ Geländer als sachgemäße Absturzsicherung entlang des Randes eines leeren Beckens während der Bauphase

2.3.2 Nachhaltigkeit

Um die Nachhaltigkeit von Schwimmbädern zu bewerten, muss wie bei jeder anderen Gebäudekategorie, der gesamte Lebenszyklus betrachtet werden: von der Errichtungsphase, über die Nutzungsphase bis hin zur Rückbau- bzw. Entsorgungsphase.

Für eine positiv nachhaltige Wirkung eines Schwimmbads auf seine Umwelt ist neben einem möglichst effizienten Energieverbrauch in der Nutzungsphase (Energetik) auch ein weitgehend geringer Energieverbrauch in der Errichtungsphase von Bedeutung, der zu einem großen Teil von der Herstellungs-, Transport- und Verarbeitungsweise der eingesetzten Baustoffe abhängt. Darüber hinaus sollten Baustoffe weitestgehend, im günstigsten Fall vollständig, wiederverwertbar und im Übrigen auf ökologischem Weg leicht entsorgbar sein. Auch sollte die Umwelt durch den Schwimmbadbetrieb möglichst wenig beeinträchtigt werden (z. B. durch belastetes Abwasser, Lärm u. Ä.). Es müssen auch Mängel oder Schäden an den baulichen, den gebäude- und den schwimmbadtechnischen Anlagen vermieden werden, aus denen negative Umwelteinflüsse hervorgehen können, wie beispielsweise infolge von Energieverlusten oder austretenden ökologisch bedenklichen Substanzen.

Energetik

Eine möglichst hohe Energieeffizienz ist insbesondere bei der Bauwerkskategorie Schwimmbäder der wesentliche Faktor im Hinblick auf eine positiv nachhaltige ökologische Wirkung. Da Schwimmbäder allgemein große Energieverbraucher sind, fällt bei steigenden Umweltschutzanforderungen ein stetig wachsender Aufwand zur Energieeinsparung bzw. Energieverbrauchsminimierung an. Der Schwimmbeckenbetrieb verbraucht in Schwimmbädern nach wie vor einen hohen Energieanteil, bei dem es noch Optimierungspotenzial gibt. Neben der ohnehin notwendigen energieeffizienten Auslegung neuer gebäude- bzw. schwimmbadtechnischer Anlagen liegen auch in der Modernisierung bestehender Anlagen große Energieeinsparmöglichkeiten. Ein bislang weniger häufig berücksichtigter Effekt ist, dass technische Anlagen, die von Beginn an mit einer höheren als der erforderlichen Leistung ausgelegt werden (z. B. Pumpen zum Antrieb des Aufbereitungskreislaufs; vgl. Kapitel 3.3), im laufenden Betrieb aufgrund ihrer Teillastnutzung weniger Energie verbrauchen als geringer dimensionierte und in der Nutzung voll ausgelastete Anlagen [363].

Schwimmbeckenspezifische Energieverluste etwa durch Beckenwasserverdunstung und Beckenwasserwärmeabgabe lassen sich mit den heutigen technischen Möglichkeiten jedoch noch nicht vollständig eindämmen. Dem gegenüber lassen sich bei entsprechender Modernisierung der Gebäudehülle große verbrauchsreduzierende Potenziale nutzen. Insbesondere die Gebäudehülle von Schwimmhallen weist in der Regel eine große durchgehende Dachfläche auf, die sich in den meisten Fällen mit einem vertretbaren wirtschaftlichen Aufwand wärmeschutztechnisch gut aufwerten ließe. An Schwimmhallen häufig großflächig verglaste Fassaden lassen sich sowohl zur Heizenergieeinsparung für den winterlichen Wärmeschutz als auch für eine Energieeinsparung zur technischen Klimatisierung im Sinne des sommerlichen Wärmeschutzes in angemessener Weise ertüchtigen, indem hochwertige Verglasungen angeordnet werden und begleitend Wärmedämmmaßnahmen an den Fassadenprofilen erfolgen. Allgemein bekannt ist, dass sich bei der Konditionierung der Schwimmhallenluft (Entfeuchtung/Klimatisierung) eine größere Primärenergiemenge einsparen lässt. Mit einem anfänglich größeren Aufwand kann der Energieverbrauch langfristig gesehen optimiert und so zu einer positiv nachhaltigen Wirkung des Schwimmbads beigetragen werden.

Bis zum Jahr 2019 ist an bislang noch vereinzelten Bauprojekten bereits eindrucksvoll demonstriert worden, dass eine energieverbrauchsoptimierte Auslegung auch bei größeren Schwimmbadkomplexen bis hin zu einem Niedrig- bzw. Passivhausstandard technisch realisierbar sind.

Zu Beginn der 2010er-Jahre wurde in Bamberg eine erste große städtische Schwimmbadanlage mit einem Passivhausstandard in Betrieb genommen. In diesem Zusammenhang wurde beispielsweise das im Jahr 2019 dem anerkannten Stand der Technik entsprechende Beckenkopfsystem mit der sogenannten Bamberger Rinne vorgestellt [296] (siehe Kapitel 3.2.4), das als eine von vielen Detailkonstruktionen zu einer insgesamt sehr ökologischen Energiebilanz beiträgt. Die Bamberger Rinne trägt unter anderem zu einer Ressourcen- und Energieeinsparung bei, indem die Beckenwasserverdunstung eingegrenzt wird. Der Badewasserkreislauf verliert dadurch weniger Wasser. Es muss nur eine geringere Verlustmenge aus dem öffentlichen Netz nachgespeist werden. Insofern wird auch ein Energieanteil für die Aufbereitung des nachgeführten Wassers vor der Einspeisung in den Aufbereitungskreislauf eingespart. Eine geringere Beckenwasserverdunstungsrate bedingt auch eine Energieeinsparung an der Entfeuchtungsanlage zur Konditionierung der Schwimmhallenluft.

Im Jahr 2016 berichtete Jacob-Freitag ebenfalls von einem Hallenbad, bei dem die Realisierbarkeit eines Passivhausstandards demonstriert wurde [311].

Baustoffe

Wie jedes Gebäude muss auch ein Schwimmbad zum Ende seines Lebenszyklus abgerissen bzw. zurückgebaut und entsorgt werden (Bild 45). Ein zumindest teilweiser Rückbau erfolgt häufig bei wirtschaftlich erwogenen Modernisierungen (Bild 46). Zum Teil werden veraltete und unwirtschaftlich gewordene Schwimmbäder ersatzlos abgerissen. In einigen Fälle erfolgt ein Abbruch erst nach längerem nicht genutzten Leerstand, bei dem durch die Nichtnutzung entstandene Schäden bereits negative Auswirkungen auf die Umwelt ausgelöst haben.

Für eine baustoffbedingt positiv nachhaltige Wirkung sollten bereits bei der Entwurfs- und Ausführungsplanung nachhaltige Bauarten gewählt sowie Baustoffe mit geringem Ressourcenverbrauch und kurzem Transportweg eingesetzt werden.

Bild 45 ▪ Gebäuderückbau

Bild 46 ▪ Rückbau einer Schwimmbeckenauskleidung im Zuge einer Modernisierung: Anschließend muss der anfallende Schutt fachgerecht wiederverwertet oder entsorgt werden.

Allgemein werden zum Bau der Gebäudekategorie Schwimmbäder überwiegend übliche Baustoffe wie Beton, Mörtel, Ziegel, Metall, Keramik, Glas etc. eingesetzt, deren Ökobilanz keinen prinzipiellen Unterschied zu anderen Gebäudekategorien begründet. Dem gegenüber erfolgt in Schwimmbädern in der Regel ein umfangreicherer Einsatz von Kunststoffen, beispielsweise für Klebeverbindungen, für Abdichtungsschichten, für schwimmbadspezifische Ausstattungen (Badeattraktionen, Sportzubehör, Umkleidetrennwände etc.) sowie für Becken- und Fliesenbelagseinbauteile (z. B. Entwässerungsleitungen/-formteile, Rinnenabdeckroste, Fugenprofile etc.).

Mit den hauptsächlichen Abdichtungsbauarten im modernen Schwimmbadbau, den Abdichtungen im Verbund mit Fliesen und Platten (AIV) werden Verbundwerkstoffe bzw. -materialien geschaffen, die sich nicht auf einfache Weise wieder klar voneinander trennen lassen. Beispielsweise wird bei einer AIV durch eine Grundierung aus Polyurethan oder Epoxidharz ein fester Verbund zwischen der Abdichtungsschicht (z. B. Polyurethan-Spachtelmasse, Polyethylen-Folie) und dem Untergrund (häufig Beton, meist eine Mörtelspachtelung) sowie zwischen der Abdichtungsschicht und dem Verlegemörtel bzw. Kleber des Fliesen- oder Plattenbelags geschaffen. Auch für die wasserdichte Einbindung von Einbauteilen in die Beckenabdichtung (siehe Kapitel 3.2.3) sowie bei der sogenannten kapillarbrechenden Verfugung entlang des Übergangs zwischen Beckenrand und Beckenumgang (siehe Kapitel 3.2.4 und Kapitel 3.2.5) wird in hohem Maß Epoxidharz eingesetzt. Zudem werden im modernen Schwimmbadbau Mörtel mit Kunststoffbindemitteln verwendet oder den Mörteln werden Kunststoffzusätze zur Verbesserung der Verarbeitungsgeschmeidigkeit oder zur Erlangung einer höheren Dichtigkeit beigefügt (z. B. Polymerdispersionen). Bei der Beckenauskleidung oder beim Belag eines Beckenumgangs werden, besonders wenn höhere chemische Beanspruchungen aus Schwefel- oder Solewasser bzw. aus Reinigungs- oder Desinfektionsmitteln erwartet werden, häufig widerstandsfähigere Verlege- und Verfugungsmörtel mit Epoxidharz als Bindemittel angewendet. Darüber hinaus verbleiben häufig auch aufgrund von Verarbeitungsfehlern nicht ausgehärtete Reaktionsharzkomponenten in der Baukonstruktion. Diese bleiben dann selbst bis zu einer baulichen Überarbeitung (Sanierung, Instandsetzung oder Modernisierung), im ungünstigen Fall bis zum Rückbau in den Schwimmbadkonstruktionen und belasten die Umwelt.

Das Aufkommen von Bauteilen im Verbund mit Kunststoff ist spezifisch für die Gebäudekategorie Schwimmbäder und muss bei der Betrachtung der Nachhaltigkeit auch entsprechend berücksichtigt werden. Rein mengenmäßig fallen diese Baustoffe gemessen am Schwimmbadanteil des Gesamtgebäudebestands sowie am Kunststoffanteil jedes einzelnen Schwimmbadbaus nicht stark ins Gewicht. Ausreichend abgebundene Kunststoffe und mit Kunststoff gebundene oder vergütete Mörtel werden als unbedenklich in Bezug auf die Beeinflussung der Umwelt erachtet (z. B. [233], [234] und [235]). Abbruchmaterial aus kunststoffmodifizierten mineralischen Mörteln gilt nach [235] als geringfügig mit organischen Stoffen durchsetzter bzw. »unbelasteter« Bauschutt, der gemäß der Bundesimmissonsschutz-Verordnung als künstliches Gestein bezeichnet werden kann. Die beispielsweise in Wasser suspendierten Polymerteilchen einer zur Mörtelvergütung eingesetzten Dispersion sind nach [235] chemisch inert (nicht reaktiv) und besitzen nach den in Deutschland geltenden Umweltstandards keine toxische Wirkung. In Bezug auf eine Abbaubarkeit der im Jahr 2019 kontrovers diskutierten mikroskopischen Kunststoffteilchen, beispielsweise auch Abbauprodukte von Kunststofffasern, wie Polypropylen (PP) oder PE (z. B. für AIV auf Basis von Bahnenmaterial), bleiben die künftigen Erfahrungswerte abzuwarten. Mörtel mit einem geringen Polymeranteil, wie beispielsweise Betoninstandsetzungsprodukte, Kleber und Spachtelmassen, können nach [235] bei der Entsorgung wie unvergütete Zementmörtel behandelt werden, wohingegen z. B. elastische Dichtungsschlämmen mit hohem Polymeranteil in der Regel auf besondere Weise entsorgt werden müssen.

Seit dem Beginn der 2010er-Jahre ist zu beobachten, dass von der Idee eines tatsächlich realisierbaren Materialkreislaufs abgewichen wird. Vielmehr setzt sich die Auffassung durch, dass Kunststoffe von vornherein vermieden werden sollen. Braungart beschreibt in [349] unter einem gedanklichen Cradle-to-Cradle-Ansatz darüber hinausgehend sogar, dass nicht nur eine Abfallvermeidung das Ziel positiv nachhaltiger Wirkung sein sollte. Vielmehr sollten künftig Stoffe entwickelt werden, die positiv fördernd auf die Umwelt einwirken. Da ein vollständiger Verzicht auf Kunststoffe in der aktuellen Praxis noch nicht möglich ist, müssen bei der Entwurfs- und Fachplanung Kunststoffe zunächst dort vermieden werden, wo bereits praxistaugliche Alternativen existieren. Beispielsweise können an vielen Stellen anstelle von EP-Verfugungsmörteln entsprechende zementäre Mörtel mit besonders dichtem Gefüge und ebenfalls hoher mechanischer und chemischer Beständigkeit eingesetzt werden. Anstelle von lösemittelhaltigen Klebstoffen stellt die Baustoffindustrie zunehmend auch lösemittelfreie Klebstoffe zur Verfügung.

Allgemein werden neben den bekannten und bewährten Kunststoffen auch im Bauwesen Kunststoffe noch weiter erforscht. Speziell aus abdichtungstechnischer Sicht ist der Weg von den althergebrachten bitumenbasierten Abdichtungswerkstoffen hin zu solchen aus Kunststoff grundsätzlich richtig. Der Fokus der künftigen Kunststoffentwicklung muss auf eine noch höhere Umweltverträglichkeit bzw. darüber hinaus auf eine sogar nachhaltig positive Baustoffauswirkung gelegt werden. Bis entsprechende Produkte verfügbar sind und als anerkannter Stand der Technik auf der Baustelle zum Einsatz

Bild 47 ▪ Wettkampfschwimmbecken in einem großstädtischen Bad (Stadtbad Schöneberg in Berlin; Quelle: AGROB BUCHTAL [236])

Bild 48 ▪ Prunkvoll ausgestattetes Hotelbad (Quelle: AGROB BUCHTAL GmbH, Schwarzenfeld [236])

Bild 49 ▪ Liegebecken (Quelle: AGROB BUCHTAL GmbH, Schwarzenfeld [236])

Bild 50 ▪ Allgemein als »Whirlpool« bezeichnetes Warmsprudelbecken (Quelle: AGROB BUCHTAL GmbH, Schwarzenfeld [236])

Bild 51 ▪ Kneipp-Becken (Quelle: AGROB BUCHTAL GmbH, Schwarzenfeld [236])

Im privaten Bereich etablieren sich neben beispielsweise weit verbreiteten Gartenpools zunehmend auch Garten-Schwimmteiche [220]. Diese lassen sich mit einem vergleichsweise geringen Aufwand errichten und besitzen das Erscheinungsbild eines natürlichen Teiches, wobei ein Zugang über ein strandartiges Ufer, eine Steganlage oder eine Natursteintreppenanlage erfolgen kann.

Wesentliche Entwurfs- bzw. Planungshinweise zur Gestaltung und Ausstattung von Beckenbereichen enthalten die KOK-Richtlinien [213].

Neben den grundlegenden Unfallverhütungsvorschriften in der DGUV-Vorschrift 1 in Verbindung mit der DGUV-Regel 100-001 [164] müssen bei einem Beckenentwurf auch die schwimmbadspezifischen Sicherheitsvorschriften der DGUV-Regel 107-001 Betrieb von Bädern [166] zugrunde gelegt werden, nach denen beispielsweise Schwimmhallen eine Beleuchtung von mindestens 200 Lux sowie Sicherheitsleuchten an den Beckenumgängen aufweisen [166] müssen.

So dürfen beispielsweise Beckentiefewechsel nicht als stufenförmige Absätze ausgebildet werden. Der Beckenboden darf dort auch einen Neigungswinkel von 30° nicht übersteigen. Sämtliche Wassertiefen müssen deutlich erkennbar gekennzeichnet sein. Nichtschwimmerbecken dürfen nur eine Tiefe von 1,35 m aufweisen [166].

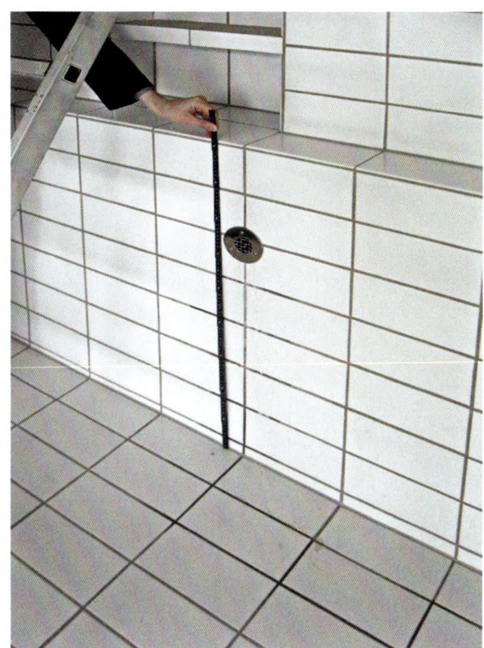

Bild 52 ▪ Raststufe in einem Schwimmerbecken

In Schwimmer- und Springerbecken muss in 1,2 bis 1,35 m Tiefe eine Raststufe mit einer Auftrittsbreite von mindestens 10 cm und bei vorstehenden Raststufen höchstens 15 cm angeordnet werden (Bild 52). Bei Wellenbecken muss diese Stufe nach oben hin angeschrägt sein [166].

Kanten unter der Wasseroberfläche, die für einen Beckennutzer unerwartet sein können, wie beispielsweise dem Antritt von Treppen, die aus dem Wasser herausführen, müssen optisch deutlich markiert und dürfen nicht verletzungsgefährdend sein (Bild 53). Dies gilt aber auch für die Oberkanten von Becken mit hoch liegendem Wasserspiegel (siehe Kapitel 3.2.4). Beispielsweise ist an der Kante des Systems »Finnischer Beckenkopf« (siehe ebenfalls Kapitel 3.2.4) eine mindestens 2,5 cm breite vertikale und horizontale optische Hervorhebung notwendig [166].

Besondere Sicherheitsvorschriften enthält [166] auch für die Gestaltung notwendiger Öffnungen im Beckenbereich. Beispielsweise darf der lichte Abstand der Gitterstäbe bei Austrittsöffnungen von Wellenbecken nicht veränderbar sein und 12 cm nicht überschreiten.

Bild 53 ▪ Durch eine Kontrastfarbe optisch gekennzeichnete Stufenkante unter Wasser

Die Ausstattung der Schwimmbeckenbereiche unterliegt der Normung. Wesentliche Regelwerke sind hierbei die DIN EN 13451 SCHWIMMBADGERÄTE [80], die DIN 7939 SCHWIMMSPORTGERÄTE [8] sowie die DIN EN 1069 WASSERRUTSCHEN [63].

Ein vergleichsweise unscheinbares und lange Zeit wenig beachtetes Sicherheitsdefizit besteht im Ansaugverhalten von Beckenabläufen unterhalb des Wasserspiegels. Eine diesbezügliche Prüfmethode ist in Teil 3 der DIN EN 13451 [80] beschrieben (sogenannte Haarfangprüfung). Noch mehrere Jahre nach Erscheinen der Norm [80] im Jahr 2001 besaßen nur wenige anerkannte Prüfstellen Einrichtungen zur Haarfangprüfung. Nach Bekanntwerden von Unfällen, bei denen langhaarige Badegäste an Wasserabläufen angesaugt wurden und tödlich verunglückt sind, wurden auf Bemühen verantwortungsbewusster Industrievertreter die Aktivitäten zur Haarfangprüfung intensiviert [313].

Die einschlägigen baulichen und sicherheitstechnischen Entwurfs- und Gestaltungsregeln ([8], [63], [80], [164], [166] und [213]) werden fortlaufend in die aktuelle Normung übernommen. Seit Vorliegen des Entwurfs der DIN EN 15288 [92] im August 2005 erfolgt eine aktuelle begriffliche Bestimmung (siehe Kapitel 3.2.1) und es liegen grundlegende Entwurfshinweise zur baulichen und betrieblichen Nutzungssicherheit vor.

Mit Blick auf die Sicherheit von Spitzensportlern werden für bauliche und technische Einrichtungen sportlich genutzter Becken (z. B. Schwimm-, Spring-, Wasserballwettkampfbecken für Olympische Spiele, Weltmeisterschaften etc.) die Mindestanforderungen des Dachverbandes der nationalen Sportverbände, der Fédération Internationale de Natation, als verbindlich angesehen (FINA-Regeln [205]). Dort sind beispielsweise Beckenabmessungen, Wassertiefen, Startsockelhöhen, Bahnenbreiten und Orientierungsmarkierungen vorgegeben. Beispielsweise erfordert auch die Notwendigkeit hochgradig genauer und verlässlicher Wettkampfmessungen sehr enge Grenzen baulicher Maßtoleranzen [205].

Zur notwendigen Ausstattung von Schwimmbecken zählen Zugangsmöglichkeiten wie Beckentreppen und -leitern nebst entsprechenden Sicherheitseinrichtungen (z. B. Haltestangen, Absturzsicherungen, Geländer).

Zwischen Innen- und Außenbereich mittels Kanal verbundener Becken ist in der Regel auf geeignete konstruktive Weise ein Luftaustausch zu verhindern (z. B. durch einen Vorhang aus PVC-Lamellen). Der Kanal ist auch für den Betriebsruhezeitraum mit einem ausreichenden Einbruchschutz auszustatten (z. B. Gittertor).

Im Weiteren existiert für die Schwimmbeckenausstattung eine nahezu unüberschaubare Vielfalt. Über die üblichen Ausstattungsdetails im Sportbereich hinaus wie beispielsweise Startsockel, Sprungturmanlagen, Trennleinen etc. lassen sich Sportbecken auch mit Trainer- bzw. Schiedsrichterhochsitzen, Wasserballtoren, Siegerpodesten usw. ausrüsten.

Außer mit Behindertenlifts werden medizinische Becken auch häufig mit speziellen Vorrichtungen für Wasser- bzw. Unterwassergymnastik ausgestattet wie beispielsweise mit vom Beckenumgang in den Beckengrundriss ragenden Gymnastikstangen.

Für die Ausstattung von Freizeitanlagen existieren mannigfaltige Badeattraktionen.

Die Bandbreite der bekanntesten Attraktionsart, der Rutsche, reicht von der kleinen Kinderrutsche über einfache Rutschenanlagen bis zu ausgedehnten Rutschlandschaften mit mehreren Rutschbahnen. Zu den bekannteren Wasserattraktionen zählen beispielsweise auch Strömungs- und Wellenanlagen, Wasserschleier, Wasserfälle, Wasserigel sowie Schwall-, Brause- und Regenschaueranlagen.

Gegebenenfalls weniger bekannte Schwimmbeckenattraktionen sind beispielsweise im Wasser aufgestellte Karussells oder Spielbojen und Kletternetze.

Bild 54 ▪ Als Badeattraktion über einen Schwimmkanal geführte Brücke (Quelle: AGROB BUCHTAL GmbH, Schwarzenfeld [236])

Häufig werden auch attraktive steg- bzw. brückenartige Übergänge über Schwimmkanälen (Bild 54) sowie Unterwassermöblierungen installiert (z. B. Unterwasserbänke, Unterwasserbarhocker oder Unterwasserliegen; vgl. Bild 49).

Wesentliche Hinweise für den Bau und Betrieb von Wasserattraktionen in Schwimmbädern enthält unter anderem die DGfdB-Richtlinie R 65.07 [189].

Der Energieverbrauch von Badeattraktionen lässt sich durch zeitliche Intervallsteuerung (z. B. bei Wellen- und Strömungsanlagen), aber auch durch ein manuell vom Badegast auszulösendes Anforderungssignal verringern (z. B. über spezielle Druckschalter im Unterwasser- bzw. Dauernassbereich).

3.2 Beckenkonstruktion

3.2.1 Konstruktionsgrundsätze

Schadensgefahren im Beckenbereich werden verstärkt seit Mitte der 1970er-Jahre in einschlägigen Fachartikeln fortwährend bekannt gemacht (z. B. in [291] und [326]). Hierzu zählen beispielsweise Feuchteschäden infolge unzulänglicher Beckenkopfabdichtung. Auch Ablösungen der Beckenauskleidung infolge unzulänglicher Untergrundhaftung sind häufige Schadensursachen (z. B. auf Bitumenwerkstoff oder wegen rückwärtiger Mosaikverklebung). Oft entstehen auch Risse in Keramikbelägen aufgrund unzureichend berücksichtigter Untergrundverformungen.

Schwimmbecken setzen sich im Wesentlichen aus einer Rohbaukonstruktion (siehe Kapitel 3.2.2), einem wirksamen Feuchteschutz (siehe Kapitel 3.2.3 bis

3.2.5) sowie einer Auskleidung zusammen (siehe Kapitel 3.2.6 und 3.2.7). Weitere wesentliche Bestandteile sind der Beckenkopf (siehe Kapitel 3.2.4) sowie der Beckenumgang – der das Schwimmbecken umgebende Fußboden (siehe Kapitel 3.2.5 bis 3.2.7).

In der Fachwelt haben sich für ein und dasselbe Bauteil unterschiedliche, teils nicht ganz dem technischen Sinn gerecht werdende Bauteilbezeichnungen etabliert.

Beispielsweise wird die Sohle eines Schwimmbeckens, das heißt die nach unten begrenzende Behälterfläche, von der – stark an die menschliche Anatomie erinnernden – Bezeichnung »Beckenboden« geprägt. Diese Bezeichnung findet sich seit August 2005 auch in der Schwimmbad-Normung wieder [92]. Im DGfdB-Merkblatt 25.08 [181] von 2005 werden die Begriffe »Sohle« und »Boden« in ein und demselben Kontext verwendet.

Die Schwierigkeit einer technisch treffenden Begriffsdefinition wird auch an dem allgemein als »Beckenkopf« bezeichneten oberen »Beckenrand« deutlich. In der Schwimmbad-Normung [92] wird der Beckenrand im Kontext mit der Nutzungssicherheit auch als »Beckenkante« benannt.

Die physikalische Eigenschaft von Epoxidharzmaterial, die Kapillarität porenreicher Baustoffe wie Beton oder Mörtel zu unterbrechen, wird in der Fachsprache als »kapillarbrechend« bezeichnet. Diese Eigenschaft lässt sich technisch prägnant auch als flüssigkeitssperrend bzw. abdichtend bezeichnen, z. B. als Dichtstreifen oder Dichtflansch aus Epoxidharzmaterial (siehe Kapitel 3.2.3 und 3.2.4).

Konträr diskutiert wird in der Fachwelt nach wie vor der Begriff »Wartungsfuge« (siehe Kapitel 3.2.8). Auch dieser in der Praxis häufig missverstandene Begriff ist Bestandteil der Normung [56].

Eine angemessene Liberalität gegenüber den in der Fachsprache voneinander abweichenden und nicht immer präzisen Begriffen ist zumindest wegen des möglichen Zurückführens auf korrekte technische Inhalte geboten. Über diese Inhalte besteht im Wesentlichen auch Einigkeit. Beispielsweise ist es in den meisten Fällen unerheblich, ob ein Startsockel an Wettkampfschwimmbecken auch Startblock oder Startbock genannt wird.

Dennoch sollten eine Entwicklung treffender Bezeichnungen und eine darauf aufbauende Festlegung einheitlicher Begriffsdefinitionen Teil der Normungsarbeit sein.

Entscheidende Grundlage jeder baukonstruktiven Schwimmbeckenplanung sind die im zukünftigen Betriebszustand vorherrschenden Beanspruchungen durch das Badewasser sowie die Reinigungs- und Desinfektionsmethoden (siehe Kapitel 3.3 und 3.4).

Ausschlaggebende Bedeutung kommt dabei den aggressiv auf Baustoffe wirkenden Eigenschaften zu. Beispielsweise müssen die in Thermalbädern vorherrschenden hohen Temperaturen Berücksichtigung finden. In Meerwasser- oder Solebädern besitzt das Beckenwasser einen vergleichsweise hohen Salzgehalt. Obwohl aggressive Reinigungschemikalien nur sehr maßvoll eingesetzt werden dürfen, müssen auch diesbezügliche Beanspruchungen kalkuliert werden (z. B. Kalkbeseitigung mit säurehaltigen Reinigern). Der zur Desinfektion notwendige Chloridgehalt lässt eine korrosiv auf Metalle wirkende Atmosphäre entstehen.

Wesentliche Beurteilungsgrundlage für die erforderliche Resistenz der erwogenen Baustoffe sind die sich wechselseitig beeinflussenden Badewasserparameter pH-Wert, Kalziumgehalt und Säurekapazität.

Bislang war zwar bereits eine Einschätzung möglich, inwieweit die in Wechselbeziehung stehenden Einflussgrößen aggressiv auf beispielsweise hydraulische Baustoffe wirken. Diesbezüglich fehlte jedoch ein leicht verständlicher bzw. auf einfache Weise anzuwendender Bewertungsmaßstab. Aktueller Stand einer Beurteilung der Wasseraggressivität gegenüber zementgebundenen Baustoffen ist das sogenannte Kalkindexverfahren nach Felixberger [364] (siehe auch Kapitel 3.2.6).

Der Kalkindex (KI_F) fasst die drei genannten Wasserparameter zu einem einzelnen Entscheidungsparameter zusammen. Sofern der KI_F größer als 0 ist, können einfache zementäre Produkte eingesetzt werden. Bei einem negativen KI_F sind resistentere Baustoffe einzusetzen.

Auf Grundlage der genannten Beckenwasserparameter sowie weiterer Einflussfaktoren (Magnesium-, Sulfat- und Ammoniumkonzentration) lassen sich unter Verwendung einer eigens entwickelten Software [364] – Hintergrund ist auch die DIN 4030 [4] – sehr schnell Empfehlungen zu ausreichend resistenten Abdichtungs- und Auskleidungsmaterialien aussprechen (Bild 55).

Grundsätzlich ist im Zuge einer Schwimmbeckenplanung auch integrativ eine Planung der mit dem Becken in Verbindung stehenden schwimmbadtechnischen Anlagen durchzuführen. Hierzu zählen beispielsweise die Wasseraufbereitungsanlage (siehe Kapitel 3.3) sowie die Beheizungs-, Audio- oder Beleuchtungsanlage (z. B. gem. [75]). Einer schwimmbadtechnischen Planung unterliegen beispielsweise auch Antriebe für Wasserströmungen oder Strahldüsen. Nicht zuletzt muss insbesondere im Hinblick auf einen ökologisch nachhaltigen Betrieb auch eine energetische Optimierung Ziel der schwimmbadtechnischen Planung sein.

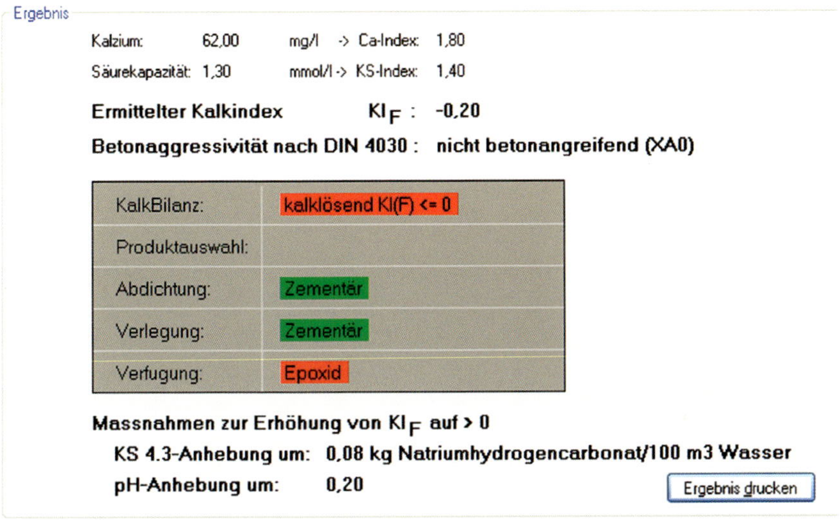

Ergebnis

Kalzium: 62,00 mg/l -> Ca-Index: 1,80

Säurekapazität: 1,30 mmol/l -> KS-Index: 1,40

Ermittelter Kalkindex KI_F : -0,20

Betonaggressivität nach DIN 4030 : nicht betonangreifend (XA0)

KalkBilanz:	kalklösend KI(F) <= 0
Produktauswahl:	
Abdichtung:	Zementär
Verlegung:	Zementär
Verfugung:	Epoxid

Massnahmen zur Erhöhung von KI_F auf > 0

KS 4.3-Anhebung um: 0,08 kg Natriumhydrogencarbonat/100 m3 Wasser

pH-Anhebung um: 0,20

Ergebnis drucken

Bild 55 ▪ Ergebnisansicht einer Diagnosesoftware zur Beurteilung der Kalkaggressivität von Wasser mit dem Kalkindex nach Felixberger (KI_F) [364]

Detaillierte Entwurfs- und Planungsansätze zu schwimmbadtechnischen Anlagen enthalten die KOK-Richtlinien [213] und das Handbuch von Saunus [274]. Die Planung schwimmbadtechnischer Anlagen fällt in das Sachgebiet der qualifizierten Haustechnikplanung, wobei zur Wahrung eines hohen Qualitätsniveaus zertifizierte Unternehmen zu bevorzugen sind (siehe Kapitel 4). Beispielsweise besteht bei Edelstahlbecken allgemein die Notwendigkeit einer Ausstattung mit Potenzialausgleich nach Teil 702 der DIN VDE 0100 [120], die unter anderem auch dem Abfließen etwaiger galvanisch entstehender Ströme dient [363].

Daneben enthalten die einschlägigen Unfallverhütungsvorschriften [166] schwimmbadspezifisch sicherheitsrelevante Planungsvorgaben (z. B. Notausschalter für Wellenbecken).

Die Schwimmbeckengeometrie ist bereits mit Blick auf eine hygienisch einwandfreie Nutzbarkeit zu entwerfen. Zur Vermeidung von Ablagerungen und daraufhin gegebenenfalls entstehendem Mikrobenbefall ist besonderes Augenmerk auf eine Vermeidung von Bereichen mit geringer Wasserdurchströmung bzw. von Zonen mit stehendem Beckenwasser zu richten (sogenannte Totzonen). Hierbei muss neben der Beckengeometrie auch die Positionierung von Zu- und Abflüssen für eine weitestgehend ausgeprägte Wasserströmung an sämtlichen Auskleidungsoberflächen sorgen (sogenannte Beckenhydraulik; Bild 56).

Bild 56 ▪ Charakterisierung der von der Beckenhydraulik abhängigen Wasserströmungen zur Vermeidung von Totzonen (stark vereinfachte schematische Darstellung)

Die Hydraulik im fertigen Becken kann – speziell auch bei der Notwendigkeit einer Beurteilung hinsichtlich bemängelter Totzonen – anhand eines Färbetests geprüft werden, der mit dem Erscheinen der Ausgabe August 2005 der DIN EN 15288 [92] in die Schwimmbad-Normung aufgenommen wurde.

Bei Beckenbauvorhaben im Außenbereich sollten sachgemäße Vorkehrungen gegen Witterungseinwirkungen insbesondere dann ergriffen werden, wenn Baustoffe eingesetzt werden, die zur Erlangung zuverlässiger Funktionsfähigkeit für ihren Trocknungs- bzw. Abbindeprozess eine begrenzte Untergrund- und/oder Bauteilfeuchte benötigen. Zu sachgemäßen Schutzvorkehrungen zählen beispielsweise ein Wetterschutzdach oder eine Einhausung in Kombination mit einem Heizgebläse. Gleiches gilt auch für Innenbecken in noch nicht gegenüber der Witterung abgeschlossenen Rohbauten, in denen beispielsweise das Dach noch keine Notabdichtung besitzt oder in den Außenwänden noch keine Verglasungen eingebaut sind.

3.2.2 Beckenrohbau

Moderne Schwimmbecken werden noch häufig monolithisch aus Stahlbeton hergestellt. Daneben setzen sich auch mehrteilige Stahlbetonbecken oder Becken aus Betonfertigteilen allmählich durch.

Gängige Praxis bei der Gestaltung fantasievoller Badelandschaften ist auch die Herstellung weitläufiger Beckenkonstruktionen aus Edelstahlblechen bzw. Edelstahlbauteilen.

Kleinere Becken wie beispielsweise Außenbecken im privaten Bereich bestehen häufig aus Kunststoff.

Becken aus Mauerwerk, aus verzinktem Stahl oder aus Aluminium zählen nicht zum aktuellen Schwimmbadbau.

Vor der Beckenerrichtung muss die Standsicherheit der vorgesehenen Konstruktionen anhand einer Statischen Berechnung nachgewiesen werden (u. a. auch in [202] gefordert). Dabei müssen beispielsweise auch die bei Wellenbecken, Strömungskanälen u. Ä. auftretenden dynamischen Beanspruchungen zugrunde gelegt werden. Wellenerzeugungsanlagen dürfen nur angeordnet werden, wenn sie einen Verwendbarkeitsnachweis auf der Grundlage einer Herstellerprüfung besitzen.

Stahlbetonbecken

Wände, Boden und lastabtragende Bauteile sind tragwerksplanerisch im Rahmen der baulichen Gesamtanlage zu entwerfen und zu bemessen, und es ist in diesem Zusammenhang auch die entsprechende Standsicherheit des Schwimmbeckens allein bzw. des Gebäudetragwerks nachzuweisen.

Wesentliche statische Ansätze sind das Beckeneigengewicht einschließlich Befüllung, der hydrostatische Druck, unter Umständen Auftrieb durch Grundwasser sowie thermische und schwindbedingte Verformungen. Bei der Berechnung von Erddruck sind gegebenenfalls besondere Verkehrslasten an den Rändern von Außenbecken zu berücksichtigen.

Ein einzelnes Stahlbetonbecken im Außenbereich kann seine Lasten direkt über den Beckenboden oder darunter angeordnete Gründungsbauteile in den Baugrund abgeben.

Häufig werden jedoch Beckenanlagen (z. B. Wettkampfbecken, ausgedehnte Badelandschaft oder Badeattraktionen) mittels Stahlbeton- oder Stahlstützen auf einer durchgehenden tragenden Ebene in die bauliche Gesamtanlage integriert. Beispielsweise kann eine Badelandschaft auf der Bodenplatte einer weitläufig überdachten Freizeitanlage gegründet sein. Ebenso besteht die Möglichkeit der Anordnung eines Schwimmbades im obersten Geschoss bzw. auf der Dachdecke eines Hotel-, Einkaufs- oder Wohnkomplexes.

Mögliche Gründungssituationen sind beispielsweise in den KOK-Richtlinien [213] beschrieben.

Eine Stahlbetonbemessung erfolgte bis zum Erscheinen des Eurocodes 2 [67] im Jahr 2005 und mit einer entsprechenden Übergangsfrist nach den Vorgaben der DIN 1045-1 [1]. Ergänzend liegen für die Betonausführung im Jahr 2019 neben der DIN EN 13670 [81] noch die DIN 1045, Teile 2 bis 4 [2] vor.

Beispielsweise sind Beckenbauteile von Solebädern bezüglich Bewehrungskorrosion vor dem Hintergrund der Expositionsklasse XD2 (Deicing Salt) gegen eine Beanspruchung durch Chlorideinwirkung zu konstruieren, sofern keine hautförmigen Abdichtungen vorgesehen sind.

Im Hinblick auf eine Vermeidung von Gefügeveränderungen und mikroskopischen Rissen im Metall sollten Edelstahlbleche möglichst nicht durch Abkanten verarbeitet werden [363].

Auch bei einem Kontakt zwischen zwei unterschiedlichen Edelstahlgüten (voneinander abweichende Legierungen) und der Existenz eines Elektrolyten besteht ein Risiko der sogenannten Kontaktkorrosion aufgrund des sich einstellenden elektrochemischen Spannungspotenzials. Sofern an ein und demselben Becken Bauteile unterschiedlicher Edelstahlgüte miteinander kombiniert werden sollen, ist für eine Bewertung des Schadensrisikos die Einholung einer metallurgischen Beratung äußerst ratsam.

Bauteilspalten müssen aus Korrosionsschutzgründen grundsätzlich vermieden werden, sodass sich bei Existenz eines Elektrolyten prinzipiell auch eine Verbindung von Edelstahlbauteilen unterschiedlicher chemischer Wertigkeit mittels nicht leitender Zwischenlage, wie beispielsweise einer Kunststofffolie, verbietet.

Kunststoffbecken

Becken aus Kunststoff bestehen in der Regel aus Polyvinylchlorid (PVC) oder glasfaserverstärktem Kunststoff (GFK) und werden meist aus einem Stück oder in Segmenten vorgefertigt.

Bei einem Einsatz im privaten Bereich sind die Tragfähigkeitsanforderungen an die Beckenkonstruktion meist niedrig. Die Standsicherheit muss jedoch auch bei Kunststoffbecken gegeben sein. Sofern kein entsprechendes Herstellerzertifikat (z. B. ein allgemeines bauaufsichtliches Prüfzeugnis – abP) und auch keine prüffähige Typenstatik vorliegt, sind auf den konkreten Anwendungsfall ausgerichtete Standsicherheitsnachweise zu erbringen und zur Prüfung einzureichen. Entscheidende technische Regeln für private Schwimmbäder enthält die DIN EN 16582 [99], für Mini-Pools die DIN EN 16927 [102] sowie für Warmsprudelbecken bzw. Whirlpools die DIN EN 17125 [103].

Die beabsichtigten Kunststoffe müssen grundsätzlich eine entsprechende Alterungsbeständigkeit, beispielsweise hinsichtlich UV-Beanspruchung oder Versprödung, aufweisen. Auch gegen wechselnde Temperaturen sowie chemisch aggressive Wässer und Reinigungsmittel muss entsprechende Beständigkeit gegeben sein. Speziell PVC-Becken besitzen meist eine vergleichsweise geringe Oberflächenhärte gegenüber mechanischen Beanspruchungen (z. B. Verkratzung, Hochdruckreinigung).

Eine Gesundheitsgefahr durch die in Kontakt mit dem Badewasser eingesetzten Kunststoffe muss ausgeschlossen werden [213], [274]. Als unbedenklich können Kunststoffe angesehen werden, die der KTW-Leitlinie des Umweltbundesamtes (UBA) [144], ehemals KTW-Empfehlungen des 1994 aufgelösten Bundesgesundheitsamts – BGA [142] entsprechen. Neben der KTW-Leitlinie [144] aus dem Jahr 2008 wurden zur Beurteilung in der Vergangenheit in der Fachwelt auch häufig die KSW-Empfehlungen des BGA [141] herangezogen.

Für eine problemlose Funktionsfähigkeit von Kunststoffkonstruktionen ist insbesondere der Ausbildung von Elementfugen, Durchdringungen und Einbauten Aufmerksamkeit zu widmen [274].

Schwimmbeckenteile aus Glas

Häufig werden in Beckenwänden Sichtfenster als Beckenattraktion, zur Inspektion oder auch zur Beobachtung oder Dokumentation beim sportlichen Training angeordnet (Bild 58). Bei Therapiebecken dienen verglaste Beckenwände zur Optimierung des visuellen Kontakts zwischen den Patienten und dem medizinischen Personal.

Wesentliche Grundlage zur Bemessung von Glaskonstruktionen sind hydrostatische, dynamische sowie thermische Beanspruchungen. Auch lastbedingte Verformungen der Tragkonstruktion sind bei der Glasbemessung zu berücksichtigen. Besonderes Augenmerk ist auf die Funktionsfähigkeit und Dauerhaftigkeit der Glashalterungen und Anlagedichtungen zu richten. Eine Bemessung der Verglasungen in Deutschland erfolgte bis zum Erscheinen der Normenreihe DIN 18008 [10] zumindest in Teilen in Anlehnung an die Technischen Richtlinien für linienförmig gelagerte Verglasungen (TRLV) [154] und gegebenenfalls an die mittlerweile zurückgezogenen Technischen Richtlinien für absturzsichernde Verglasungen (TRAV) [153].

Bild 58 ▪ Beckenfenster in einem Sportbecken

Bis zum Erscheinen der MBO [148] aus dem Jahr 2016 mussten die zum Einsatz kommenden Gläser in erster Linie Abschnitt 11 in Teil 1 der Bauregelliste A sowie Abschnitt 1.11 in Teil 1 der Bauregelliste B [150] entsprechen. Im Jahr 2019 verweist diesbezüglich die MVV TB [151] darauf, dass Glaskonstruktionen der genannten Normenreihe DIN 18008 [10] entsprechen müssen (lfd. Nr. A 1.2.7 der MVV TB [151]). Ergänzend weist die Anlage A 1.2.7/1 der MVV TB [151] auf technische Besonderheiten bei der Ausführung von Glasbauteilen und Glaskonstruktionen nach einer ETA auf der Grundlage einer ETAG oder nach harmonisierten europäischen Normen hin. Bei nicht geregelten Gläsern bzw. Verglasungen, die auch keinen Verwendbarkeitsnachweis besitzen, sind Zustimmungen im Einzelfall (ZiE) bei der obersten Bauaufsichtsbehörde einzuholen (im Falle ausländischer Bauvorhaben bei der entsprechenden nationalen Landesbehörde).

3.2.3 Beckenabdichtung

Den Landesbauordnungen [148] zufolge sind bauliche Anlagen so zu gestalten, dass keine Gefahren oder unzumutbare Belästigungen durch Wasser bzw. Feuchtigkeit entstehen. Dabei sind auch die Grundanforderungen an Bauwerke gemäß Anhang I der BauPVO [137] zu beachten.

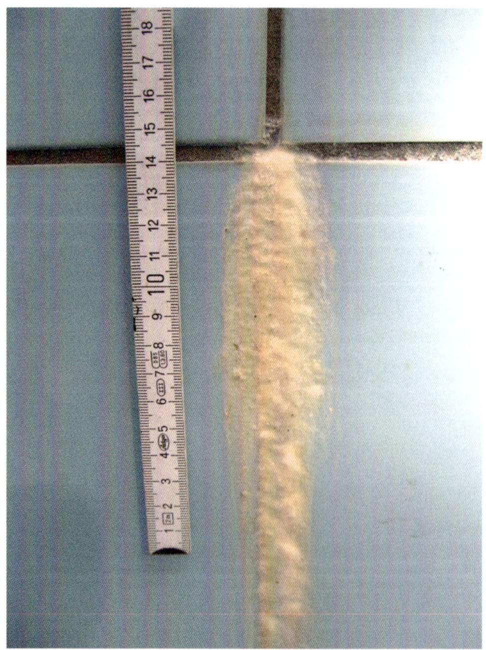

Bild 59 ▪ Ausblutung an einer Beckenwand

Sofern keine wasserdichte Rohbaukonstruktion (z. B. wasserundurchlässige Betonkonstruktion, Metall- oder Kunststoffbecken) beabsichtigt bzw. hergestellt worden ist, sind Becken und deren Umgänge (siehe Kapitel 3.2.5) zur Vermeidung von Wasserverlust und von Feuchteschäden mit einem fachgerechten hautförmigen Feuchteschutz zu versehen.

Auch bei wasserundurchlässigen Betonkonstruktionen oder bei an sich wasserdichten Metall- oder Kunststoffbecken kann eine Abdichtung sinnvoll sein, da sie beispielsweise als elastische Schicht zwischen dem Beton und der Beckenauskleidung (siehe Kapitel 3.2.6) schädigende Auswirkungen von Untergrundverformungen mindert (z. B. Restschwinden). Abdichtungen stellen auch Schutzschichten gegenüber betonangreifendem Badewasser dar (z. B. bei Schwefel-, Meer- oder Solewasser). Selbst bei einem anzustrebenden neutralen Beckenwasser (idealer pH-Wert etwa 7,2 bis 7,4) kann ein leicht saures Milieu zum Auslösen von alkalischem Bindemittel führen. Gemäß DIN 19643 [43] sind pH-Werte bis herab zu 6,5 zulässig. Dies kann bei Verwendung hydraulischer Verlege- und Verfugungsmörtel sowie in der Wassereindringzone des WU-Betons zu Schäden führen. Zum Beginn der 1980er-Jahre wurde in diesem Zusammenhang mehrfach über sogenannte Ausblutungserscheinungen berichtet [305], [325] (Bild 59). Derartige Phänomene sind im modernen Schwimmbeckenbau unter anderem auch aufgrund der Verwendung kunststoffmodifizierter Mörtel für Ausgleichsputze und Ausgleichsestriche – z. B. ECC-Mörtel (Epoxy-modified Cement Concrete) oder PCC-Mörtel (Polymer Cement Concrete bzw. Polymer-modified Cement Concrete) – mittlerweile seltener anzutreffen. Eine davor schützende Abdichtung ist somit, wenn auch in einem Teil der Anwendungsfälle noch empfehlenswert, nicht mehr zwangsläufig erforderlich.

Bitumen- oder Kunststoffbahnabdichtungen (im Wesentlichen im Bestand)

Diese aufgrund von Einpress- bzw. Schutzschichten nicht in direktem Verbund mit Fliesen- oder Plattenbelägen stehenden Abdichtungsbauarten sind im aktuellen Schwimmbadbau nicht mehr gebräuchlich, im Bestand jedoch noch anzutreffen.

Ursprünglich wurden derartige Abdichtungen für Schwimmbecken beispielsweise gemäß DIN 18195-7 aus dem Jahr 1989 [22] aus aufgeklebten bzw. aufgeschweißten Bitumenbahnen in Verbindung mit Metallbändern bzw. in Verbindung mit PIB-Bahnen (Polyisobuthylen), weichmacherhaltigen PVC-Bahnen (Polyvinylchlorid) oder ECB-Bahnen (Ethylencopolimerisatbitumen) hergestellt. Reine Kunststoffbahnenabdichtungen ließen sich auf der Basis der DIN 18195-7 [22] aus dem Jahr 1989 mit einlagig lose verlegten ECB- oder PVC-P-Bahnen realisieren.

Auf der Grundlage der DIN 18195-7:2009-07 [22] waren Beckenabdichtungen aus zweilagig aufgeklebten Dachabdichtungs- oder Schweißbahnen aus Polymerbitumen (PYE), aus einer Kombination von kaltselbstklebenden PYE-Bahnen mit Verstärkungseinlage (KSP) und PYE-Schweißbahnen oder aus einer Kombination von Bitumenbahnen mit Glas- oder Polyestervlies und PYE-Bahnen gemäß DIN 18195-2:2009-04 [22] herzustellen. Kunststoffabdichtungen nach DIN 18195-7:2009-07 waren als einlagig lose verlegte oder selbstklebende ECB-, PVC-P- oder EPDM-Bahnenlage, als einlagig lose verlegte PIB-, EVA- (Ethylen-Vinylacetat) oder FPO-Bahnenlage (Flexibles Polyolefin) oder als Kombination aus einlagiger PVC-P-Bahnanlage im Flämmverfahren auf einer PYE-Bahnenlage gemäß DIN 18195-2:2009-04 herstellbar.

Die Anwendung europäischer Bahnenprodukte nach harmonisierten europäischen Produktnormen wird in Deutschland seit dem Jahr 2007 durch den Teil 202 der Anwendungsnorm DIN V 20000 [45] geregelt. Diese Vornorm wurde 2016 durch die DIN SPEC 20000 [46] ersetzt, die ebenfalls den Status einer Vornorm besitzt. Diese berücksichtigt die Änderungen in den bis dahin erarbeiteten Entwürfen zur Neugliederung der Normung zur Bauwerksabdichtung, der DIN 18531 bis -35 ([31] bis [34]), die im Jahr 2017 erschienen und vollständig neu gegliedert worden ist. Die Anwendungsnorm [46] stellt zum Teil über die harmonisierten europäischen Regeln hinausgehende Produktanforderungen. Die Bahnen sollen dem Leistungsprofil der Anwendungsnorm [46] entsprechen und als Konformitätsnachweis in Bezug auf die jeweilige Produktnorm eine CE-Kennzeichnung aufweisen (siehe beispielhaft CE-Zeichen für ein Mörtelprodukt zur Fliesenverlegung in Bild 134 in Kapitel 3.2.6).

Mit dem Erscheinen der neuen Normung zur Bauwerksabdichtung ([31] bis [34]) ist die DIN 18195 aus dem Jahr 2009 (gemeinsam mit den damit verbundenen Normen) durch die auch insbesondere zur Schwimmbeckenabdichtung gültige Normenreihe DIN 18535 [34] (ebenfalls gemeinsam mit den damit verbundenen Normen) ersetzt worden. In der neuen Normenreihe erfolgte unter anderem auch eine Anpassung an die europäische Produktnormung in Verbindung mit der deutschen Anwendungsnormung [46]. Auch auf Basis der DIN 18535, Teile 1 bis 3 [34] wären Schwimmbeckenabdichtungen prinzipiell mit Bitumen- und Kunststoffbahnen realisierbar, die jedoch in der modernen Schwimmbadbaupraxis keine Relevanz mehr besitzen (siehe nachfolgender Abschnitt zu Verbundabdichtungen). Wesentlicher Nachteil von Beckenabdichtungen aus Bitumen- oder Kunststoffbahnen war nach der bis zum Jahr 2017 gültigen DIN 18195-10 [22] und nach der grundlegenden Abdichtungsliteratur [226] die Notwendigkeit einer aufwendigen Abdichtungseinbettung zwischen dem Abdichtungsuntergrund und einer massiven Schutzschicht (z. B. Mauerwerk, Beton).

Die Abdichtungsausführung in Schwimmbecken folgte bis zum Erscheinen der DIN 18535 [34] den Regeln für Abdichtungen gegen drückendes Wasser nach DIN 18195-6 aus dem Jahr 2011 [22].

Die in hohem Maß von nichtdrückendem Wasser beanspruchten Beckenumgänge (siehe hierzu auch Kapitel 3.2.5) wurden bis zum Erscheinen der Normen für Abdichtungen in Innenräumen DIN 18534, Teile 1 bis 6 [33] im Jahr 2017 mit Abdichtungen nach DIN 18195-5 [22] versehen. Schon vor der Behälterabdichtungsnormung [34] war in DIN 18195-5:2011-12 gegenüber der vorangegangenen Ausgabe aus dem Jahr 2000 eine Anpassung an die europäischen Produktnormen in Verbindung mit der Anwendungsnorm DIN SPEC 20000-202 [46] vorgenommen worden. Wenngleich auch nach der aktuellen DIN 18534 [33] Umgangsabdichtungen mit Bitumen- oder Kunststoffbahnen realisierbar wären, besitzen diese auch für Beckenumgänge in der Praxis keine Relevanz mehr (siehe nachfolgender Abschnitt zu Verbundabdichtungen).

Aufgrund der thermisch vergleichsweise empfindlichen Bitumenwerkstoffe sind Abdichtungskonstruktionen bei Beckenumgängen auf Heizestrichen nicht uneingeschränkt realisierbar. Dort sind Werkstoffe einzusetzen, deren Erweichungspunkt deutlich über der planmäßigen Temperaturbeanspruchung liegt.

Für das Verarbeiten der Abdichtungsstoffe in Becken und Beckenumgängen galt bis zum Erscheinen von DIN 18534 [33] und DIN 18535 [34] die DIN 18195-3 [22] aus dem Jahr 2011.

Abdichtungen im Verbund mit Fliesen- und Plattenbelägen (AIV) im modernen Schwimmbadbau

AIV auf der Basis von flüssig zu verarbeitenden Abdichtungsstoffen sind in Deutschland bereits seit 1999 durch Aufnahme in die damalige Bauregelliste [150] bauaufsichtlich geregelt [232]. Entsprechende Erfahrungen zur Planung und Ausführung von Verbundabdichtungen spiegelten sich bereits in dem 1988 herausgegebenen ZDB-Merkblatt Verbundabdichtungen [204] sowie in den von Mitte bis Ende der 1990er-Jahre erschienenen einschlägigen Fachartikeln wider (z. B. in [317] und [329]). Bereits in dem im Oktober 2005 erschienenen ZDB-Merkblatt Schwimmbadbau [202] wurde klar zum Ausdruck gebracht, dass AIV-F in Schwimmbädern den anerkannten Regeln der Technik entsprechen. AIV-F fanden dann mit der Aufnahme in den Entwurf der DIN 18195-7 [24] auch Eingang in die Normung. Im Manuskript zum Entwurf der DIN 18195-7 [24] von November 2006 war die Aufnahme von rissüberbrückenden und flexiblen Dichtungsschlämmen (u. a. im Verbund mit Fliesenbelägen), Flüssigkunststoffen sowie Reaktionsharzen im Verbund mit

Über die europäischen technischen Regelungen hinausgehend sind in Deutschland Konstruktionsregeln für AIV-F in Schwimmbecken in die DIN 18535 [34] aufgenommen worden (insbesondere aus der DIN 18195-7 [22] sowie den bislang maßgebenden ZDB-Merkblättern Verbundabdichtungen [203] und Schwimmbadbau [202]). Die Norm [34] fordert als Verwendbarkeitsnachweis ein abP auf Basis der Prüfgrundsätze für AIV-F [214].

AIV-B für Schwimmbecken lassen sich in Deutschland auf der Grundlage eines abP nach den Prüfgrundsätzen für AIV-B [214] erstellen. Wenngleich es sich hierbei um eine – zumindest in der Schwimmbeckensanierung, -instandsetzung und -modernisierung schon verbreitete – vergleichsweise deutlich jüngere Bauart als die der AIV-F handelt, befinden sich AIV-B im Jahr 2019 zum Teil noch in der Phase der Praxisbewährung. AIV-B können jedoch auf dieser Basis bereits als anerkannter Stand der Technik angesehen werden. Speziell eine AIV-B aus sehr robusten Butylkautschukbahnen gewährt bei fachgerechter Ausführung ein hohes Sicherheitsniveau.

Verbundabdichtungen auf der Basis plattenförmiger Abdichtungsstoffe sind im Schwimmbeckenbau ebenfalls mit abP realisierbar, besitzen im Jahr 2019 jedoch keine Praxisrelevanz.

AIV auf der Grundlage eines abP erhalten als Konformitätsnachweis eine Ü-Kennzeichnung entsprechend den mit dem abP ausgewiesenen Maßgaben (Bild 60).

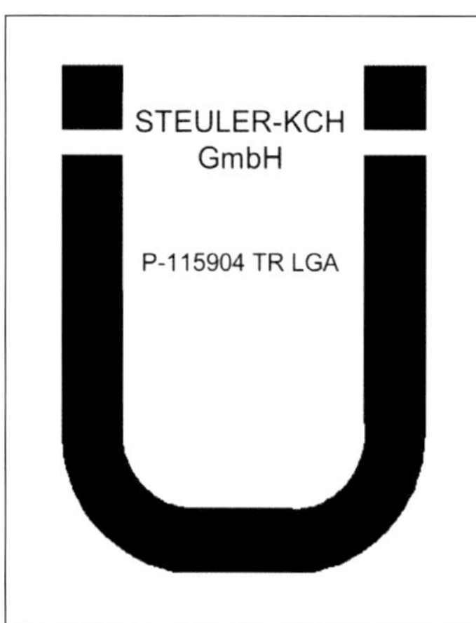

Bild 60 ▪ Beispiel für eine Ü-Kennzeichnung eines AIV-Produkts nach abP (Quelle: STEULER-KCH GmbH [281])

Für AIV-F in Schwimmbecken stellt DIN 18535 [34] die anerkannten Regeln der Technik in Deutschland dar.

Eine AIV-B in Schwimmbecken ist demgegenüber im Jahr 2019 in Deutschland eine dem Stand der Technik entsprechende, vergleichsweise jüngere Abdichtungsbauart mit steigender Bekanntheit. Die Funktionsfähigkeit einer AIV-B lässt sich auf Basis der Prüfgrundsätze für AIV-B beurteilen und durch ein entsprechendes Prüfzeugnis belegen. Sie sollte jedoch nach wie vor als von den anerkannten Regeln der Technik abweichende Sonderkonstruktion vereinbart und strikt nach den abP-Vorgaben ausgeführt werden.

Auf der Grundlage der im Jahr 2019 bestehenden Situation der europäischen und in Deutschland gültigen technischen Regelungen werden AIV für Schwimmbecken in den praktischen Anwendungsfällen in Deutschland hauptsächlich auf der Grundlage der DIN 18535 (für AIV-F; [34]) oder auf der Grundlage eines abPs gemäß den PG AIV-B [214] erstellt. Näheres zur aktuellen Situation der europäischen technischen Regelungen bzw. der technischen Regelungen in Deutschland zu den AIV in Schwimmbecken ist beispielsweise in [219] zusammengestellt.

Da die AIV der Bauaufsicht unterliegen, dürfen selbst bei Zustimmung des Bauherrn keine Produkte ohne abP/ETA bzw. Ü-/CE-Kennzeichnung eingesetzt werden, die die Brauchbarkeit für den Anwendungsfall Schwimmbecken belegen (bzw. auch den Anwendungsfall eines hoch beanspruchten Nassraums nach Kapitel 2.2.6 und 3.2.5).

Da AIV in einer Werkstoffkombination aus Abdichtungsmaterial und Fliesenverlegemörtel eingesetzt werden, muss für die Erlangung eines abPs auch eine Prüfung der betreffenden Materialkombination erfolgen (sogenannte Abdichtung-Kleber-Kombination). Der Fliesenmörtel ist dabei nach DIN EN 12004 [72] zu prüfen, mit einer CE-Kennzeichnung zu versehen und im abP namentlich zu benennen (siehe beispielhaft CE-Kennzeichen für ein Mörtelprodukt zur Fliesenverlegung in Bild 134 in Kapitel 3.2.6).

Ein besonderer Schadensfall [323] zeigte jedoch, dass auch eine Prüfung nach den entsprechenden Prüfgrundsätzen und die diesbezügliche Bescheinigung im abP kein uneingeschränkter Garant für die zuverlässige Funktionsfähigkeit des Abdichtungsmaterials sein muss. In dem beschriebenen Fall war einem Abdichtungsprodukt mit Polyurethan (PU bzw. PUR) im abP »Kalkwasserbeständigkeit« attestiert worden. Infolge lang anhaltender Einwirkung hochalkalischen Betons war diese Abdichtung jedoch verseift und es war ein vollständiger Austausch der gesamten Beckenauskleidung notwendig.

Bei der Auswahl des Abdichtungsmaterials muss beachtet werden, dass die Dichtungsschicht und das im Becken anstehende Wasser eine erhebliche ser (z. B. in häuslichen Bädern) und keinesfalls im bauaufsichtlich geregelten Bereich einsetzen.

Das zur Auskleidung einfacher Pools bekannt gewordene Polyurea (PUA; siehe Kapitel 3.2.6), wird im Heißspritzverfahren auf einer Grundierung in der Regel in einem Arbeitsgang aufgebracht. Es kann bei entsprechendem Verwendbarkeitsnachweis (in Deutschland allgemein abP) als AIV-F eingesetzt werden.

Für die Verarbeitung einer AIV-F in Schwimmbecken sind die technischen Regeln der DIN 18535 [34] anzuwenden, die auch im zutreffenden Umfang für die Verarbeitung von AIV-B zugrunde gelegt werden sollten. Darüber hinaus sind für AIV-B die produktspezifischen Verarbeitungsvorschriften einzuhalten (in Deutschland gemäß abP auf Basis der PG AIV-B [214]). Auch zu den Planungs- und Ausführungsgrundsätzen einer AIV in Schwimmbecken ist Näheres in [219] zusammengestellt.

Bild 61 ▪ Auftragen eines Abdichtungsstoffs für eine AIV-F durch Spachteln (Quelle: Sopro Bauchemie GmbH, Wiesbaden [280])

Stoffe für AIV-F sind unter Beachtung der Verarbeitungsregeln des jeweiligen Produktherstellers hinsichtlich Grundierung, Schichtanzahl, Schichtdicke, Durchhärtung etc. durch Spachteln, Streichen, Rollen oder Spritzen nach Norm [34] in mindestens zwei Arbeitsgängen aufzubringen (Bild 61 bis Bild 63). Vor dem Aufbringen einer weiteren Schicht muss die vorangegangene Lage ausreichend erhärtet sein. Näheres zur Grundierungs- und Abdichtungsstoffapplikation und zu den bei der AIV-F zu berücksichtigenden Zuschlagsmengen sowie zur zulässigen Schichtdickenunterschreitung ist in [219] zusammengestellt. Dort sind auch nähere Hinweise zu den planerischen Entscheidungskriterien für eine AIV-F nach Teil 1 der DIN 18535 [34] zusammengetragen. Kontrollen oder Prüfungen der Abdichtungsschichtdicke mit den durch die DIN EN ISO 2808 [106] gegebenen Verfahren (Bild 64 und Bild 65) erfolgen für AIV-F gemäß dem Beiblatt 2 der im Jahr 2017 im Zusammenhang mit der neuen Abdichtungsnormung ([31] bis [34]) erschienen DIN 18195 [23].

Bild 62 ▪ Auftragen der Grundierung für eine AIV-F durch Rollen (Quelle: Sopro Bauchemie GmbH, Wiesbaden [280])

Bild 63 ▪ Auftragen eines Abdichtungsstoffs zu AIV-F im Spritzverfahren (Quelle: Sopro Bauchemie GmbH, Wiesbaden [280])

Bild 64 ▪ Kontrolle der Nassschichtdicke im mechanischen Verfahren mit einem Messkamm an einer Abdichtung aus CM-Werkstoff nach Beiblatt 2 der DIN 18195 [23]

Bild 65 ▪ Prüfung der Trockenschichtdicke an einer erhärteten Abdichtungsschicht aus CM-Werkstoff mit einer digital anzeigenden Schieblehre (überschlägig in Anlehnung an Beiblatt 2 der DIN 18195 [23]; Quelle: Sopro Bauchemie GmbH, Wiesbaden [280])

In AIV-F werden im Allgemeinen gemäß den systemspezifischen Ausführungsvorgaben (nach abP/ETA) an rechtwinkligen Ecken und Kanten, über Fugen sowie an Durchdringungen und Einbauteilen den Herstellervorgaben entsprechende Verstärkungs- bzw. Dichtbandeinlagen integriert (Bild 66).

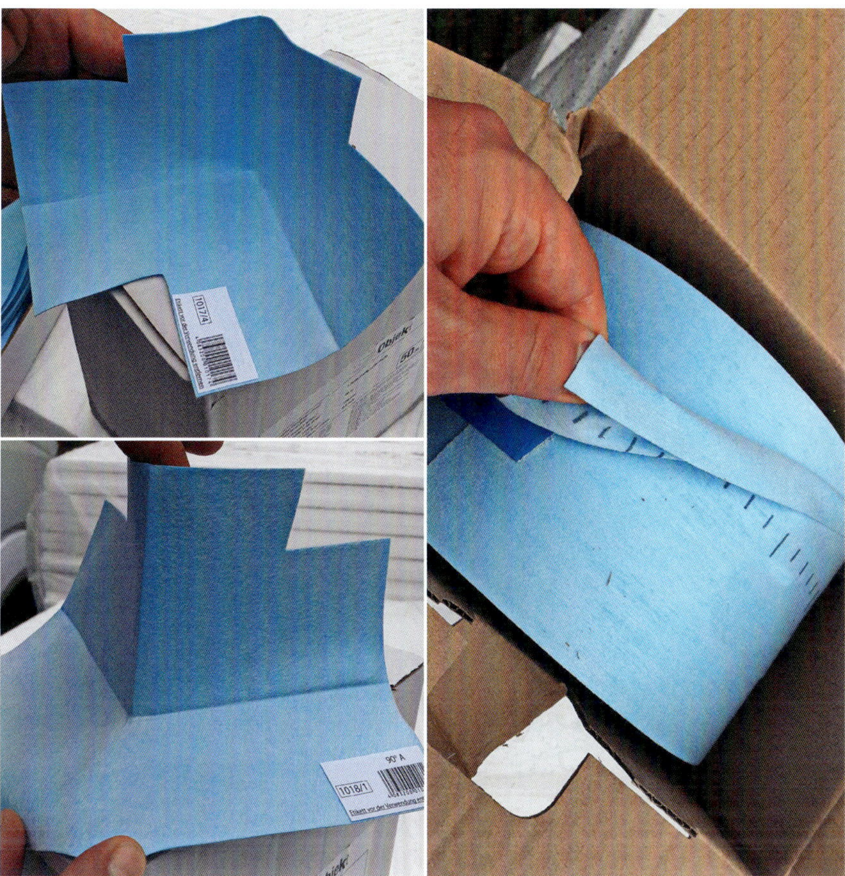

Bild 66 ▪ Eckformteile und Dichtband für eine AIV-F

Besondere Ansprüche an die AIV stellen fantasievoll geformte Schwimm- und Badebecken mit nicht rechtwinklig verlaufenden Flächenrichtungswechseln, an denen beispielsweise die in Bild 66 und Bild 75 gezeigten 90°-Eckformteile nur in engen Grenzen bzw. nicht anwendbar sind. Detaillierte Hinweise zur Ausführung von AIV an Ecken und Kanten sind in [219] zu finden. Dort sind auch eingehende Hinweise zur Ausführung von Dichtbändern entlang bogenförmig verlaufender Kehlen oder Kanten sowie AIV-Ausführung entlang von Abdichtungsan- bzw. Abdichtungsabschlüssen gegeben. Die Abdichtung muss gemäß DIN 18535 [34] zumindest 15 cm über den höchsten Wasserstand hochgeführt werden. Die Oberkanten von AIV-Flächen müssen gegenüber schwappendem oder spritzendem Badewasser sowie gegen eventuell unter einer Beckenabdeckung anfallendem Kondenswasser hinterlauf- bzw. hinterwanderungssicher ausgebildet werden. Auch für den Fall, dass nur eine

Teilflächenabdichtung erfolgen soll, muss auch der in der Fläche entstehende Abdichtungsrand zuverlässig gegen ein Wasserunterwandern gesichert werden. Dies kann beispielsweise der Fall sein, wenn eine über die Umgangsfuge geführte Abdichtung auf einem Beckenkopf (siehe Kapitel 3.2.4 und Kapitel 3.2.5) aus WU-Beton enden soll. Wie auch an Durchdringungen muss der Abdichtungsrand zur Verhinderung einer Wasserunterwanderung auf einen Dichtstreifen aus Epoxidharzmaterial geführt werden. Alternativ dazu kann der Abdichtungsrand auch schräg oder senkrecht in den Beton eingelassen werden (Bild 67). Letzteres muss bereits bei der Planung der Bewehrungsführung berücksichtigt werden.

Insbesondere bei AIV-F mit RM-Abdichtungsstoffen können Verarbeitungsfehler weitreichende und folgenschwere Schäden nach sich ziehen. Detaillierte Hinweise zu den Eigenschaften, zur Verarbeitung, zur Lagerung und zur Entsorgung von Epoxidharz enthält beispielsweise der Sachstandsbericht der Deutschen Bauchemie [233]. Eine weitgehend sichere Fehlervermeidung bei der Epoxidharzverarbeitung wird durch dezidierte Ausführungsvorschriften gegenüber dem handwerklichen Verarbeiter erzielt (z. B. Verarbeitungsart, Mischanweisung [360]). Bei der Kontrolle der handwerklichen Ausführung sind ein besonderes Augenmerk auf das fehlerfreie Anmischen der Komponenten sowie auf eine Verarbeitung unter geeigneten klimatischen Bedingungen zu richten (Feuchte, Temperatur). Häufige Fehler sind das Vertauschen der Komponenten sowie das Anmischen mit einem Stab von Hand, mit zu großen Mischwerkzeugen, mit ungeeigneten Drehzahlen oder in Mischgebinden mit ungeeigneter Größe. Sachgerechte Verarbeitungshilfen sind Rührwerke mit stufenloser Drehzahlregelung, Mischstationen (bei größeren Mengen), Zwangsmischer (bei großen Mengen und geeignetem Material), Arbeitspackungen mit bereits abgestimmtem Harz/Härter-Verhältnis, Großgebinde mit Zapfhahn und Durchflussmesser, Fasspumpen mit Durchflussmesser sowie Fasskipper ([360], Bild 68 bis Bild 70).

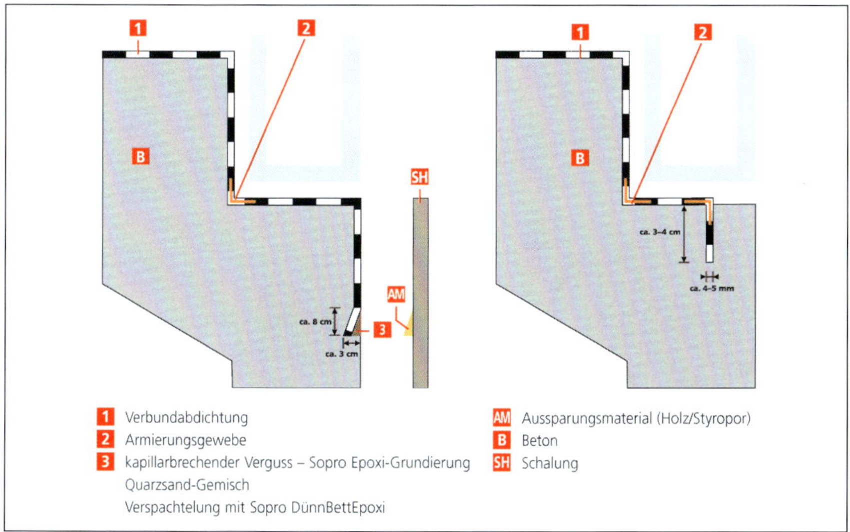

Bild 67 ▪ Gegen Unterwanderung gesicherte Verwahrung von AIV-Abschlüssen (Quelle: Sopro Bauchemie GmbH, Wiesbaden [280])

Bild 68 ▪ Mischen der abgemessenen Komponenten eines EP-Mörtelprodukts mit einem elektrischen Rührwerkzeug

Da Epoxidharzkomponenten gesundheitsgefährdend sind, ist die Einhaltung der gesetzlichen Arbeitsschutz-, Immissionsschutz- und Abfallbestimmungen, der gesetzlichen Bestimmungen zum Umgang mit Chemikalien sowie der berufsgenossenschaftlichen Bestimmungen sicherzustellen (z. B. Chemikaliengesetz [128], Gefahrstoffverordnung [139], BGR 227 [159] u. v. m.).

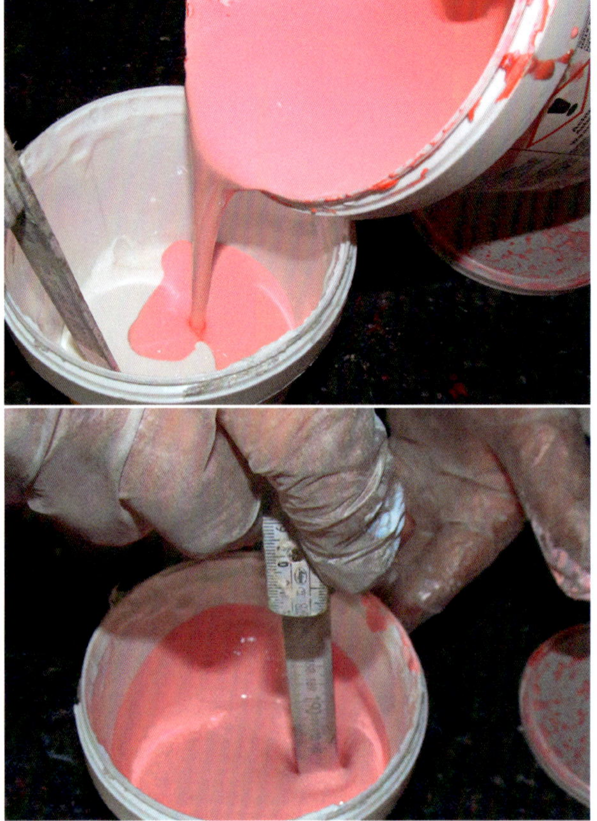

Bild 69 ▪ Mischen abgemessener Komponentenmengen eines flüssigen Reaktionsharz-Voranstrichprodukts durch manuelles Verrühren

Eine gegenüber den AIV-F vergleichsweise jüngere Bauart sind AIV auf der Basis von Abdichtungsbahnen (AIV-B). Diese AIV-B werden im Jahr 2019 hauptsächlich auf der Basis von Kunststoff- oder Butylkautschukbahnen erstellt. Letztere Bahnenform wird häufig auch als Gummierung bezeichnet und ist aus dem Bereich des Säureschutzbaus hervorgegangen. Die zur AIV-B eingesetzten Kunststoffbahnen bestehen beispielsweise aus einer Trägerschicht aus Polyethylen (PE), PU oder PVC, auf die beidseitig ein Vlies aus Polypropylen (PP) aufkaschiert ist. Sie weisen im Allgemeinen eine Dicke von d ≈ 0,2 mm auf. Butylkautschukbahnen besitzen dem gegenüber allgemein eine vergleichsweise deutlich größere Dicke von d ≈ 2 mm.

AIV-B sollten – soweit zutreffend – nach den gleichen Grundsätzen geplant und ausgeführt werden, wie die AIV-F. Sie müssen in Deutschland auf der Grundlage der PG AIV-B [214] geprüft und eines danach erteilten Verwendbarkeitsnachweises ausgeführt werden.

Bild 70 ▪ Mischen der von der Produktherstellerfirma mit dem Materialgebinde portionierten Komponente eines flüssigen Epoxidharzes durch einfaches Ineinandergießen

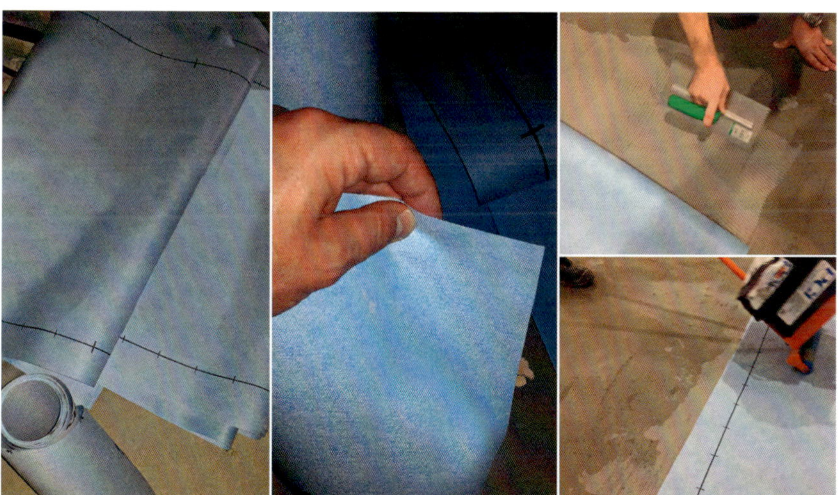

Bild 71 ▪ Ausführung der Kunststoffbahnenlage für eine AIV-B auf einem Beckenboden (links: Bahnenmaterial; rechts: flächige Verarbeitung)

Die Kunststoffbahnen werden mit einem entsprechenden Klebemörtel und die Butylkautschukbahnen mit einem Elastomerkleber vollflächig auf dem Untergrund sowie entlang den Bahnenübergreifungen verklebt (Bild 71 bis Bild 74).

Bild 72 ▪ Ausgeführte Kunststoffbahnenlage für eine AIV-B an einer Beckenwand mit Raststufe

Bild 73 ▪ Verlegen von Butylkautschukbahnen für eine AIV-B auf einem Schwimmbeckenboden (oben) und an einer Schwimmbeckenwand (unten; Quelle: STEULER-KCH GmbH [281], Siershahn)

Bild 74 ▪ Auskleidung eines Schwimmbeckens (oben) und eines Badebeckens mit Unterwassersitzmöglichkeit (unten) mit Butylkautschukbahnen für eine AIV-B (Quelle: STEULER-KCH GmbH, Siershahn [281])

Vor dem Hintergrund der vergleichsweise größeren Widerstandsfähigkeit der Butylkautschukbahnen können diese vorzugsweise für Schwimmbecken mit höherer chemischer Beanspruchung vorgesehen werden (z. B. in Schwefel- oder Solebädern). Sie gleichen zudem auch aufgrund ihrer ausgeprägten Elastizität größere Untergrundverformungen gut aus (z. B. aus Schwinden oder thermischen Dehnungen). AIV-B auf der Grundlage von Butylkautschukbahnen sind demnach sehr empfehlenswert.

Auch bei AIV-B aus Kunststoffbahnen werden im Allgemeinen an rechtwinkligen Ecken und Kanten, über Fugen sowie an Durchdringungen und Einbauteilen den Herstellervorgaben entsprechende Verstärkungs- bzw. Dichtbandeinlagen integriert (Bild 75).

Bild 75 ▪ Eckformteile und Dichtband für eine AIV-B auf der Basis von Kunststoffbahnen

Die gegenüber Kunststoffbahnen vergleichsweise größere Schichtdicke der Butylkautschukbahnen muss bereits bei der Planung des Aufbaus der Beckenauskleidung berücksichtigt werden. Dies betrifft insbesondere die Abmessungen der Fliesen, Platten und keramischen Formteile [219].

Auf den Kunststoffbahnen darf in der Regel keine Epoxidharzanwendung erfolgen, da Epoxidharz diese Bahnenart aufgrund seiner exothermen Erhärtungsreaktion schädigen kann.

Hinweise zu den AIV-B sind in [219] zusammengestellt.

AIV müssen analog zur Haftfestigkeit der Fliesen- und Plattenbeläge in Schwimmbecken (siehe Kapitel 3.2.6) eine Haftzugfestigkeit zum Abdichtungsuntergrund von $\sigma_{HZ} \geq 0{,}5$ N/mm^2 aufweisen. Eine Schwimmbeckenabdichtung darf beispielsweise bei einem zum Erdreich hin nicht abgedichteten Becken im entleerten Zustand nicht von außen einwirkendem Wasser abgedrückt werden. Eine Prüfung der erzielbaren Abdichtungshaftfestigkeit ist im Jahr 2019 in der Regel Grundlage für die Erteilung eines abP/einer ETA. Der Abdichtungsuntergrund (z. B. Spachtelung, Ausgleichsputz/-estrich) muss eine dementsprechende Abreißfestigkeit besitzen, die bei begründetem Zweifel durch entsprechende Haftzugversuche am Abdichtungsuntergrund belegt werden muss. Nötigenfalls muss der Untergrund vor dem Beginn der Abdichtungsarbeiten ertüchtigt werden.

Sachgerechte Abdichtungsuntergründe in den schwimmbadspezifischen Bereichen sind hydraulisch erhärtende Baustoffe (Beton, Zement- und Kalkzementputz sowie Zementestrich). Ungeeignete Untergründe sind sämtliche feuchteempfindlichen und saugenden Materialien, wie beispielsweise Porenbeton, Calciumsulfatestrich oder Gipsbaustoffe (z. B. Gipsputz, Gipswandbau-, Gipskarton- und Gipsfaserplatten).

Von Jäger und Zimmermann wurde bereits 1988 in [288] mit einem Schadensfall aufgezeigt, dass speziell Polystyrol kein geeigneter Untergrund zur Abdichtung mit Reaktionsharzprodukten ist, sofern durch den Abdichtungshersteller nicht ausdrücklich entsprechende Unbedenklichkeit belegt werden kann.

Untergründe von Verbundabdichtungen müssen ausreichend tragfähig, frei von trennenden Anhaftungen (z. B. Staub, Fett etc.) und frei von größeren Rissen sein.

Beckenauskleidungs- und Umgangsflächen unterliegen hohen Anforderungen an die Ebenheit. Da mit dem Abdichtungsmaterial selbst sowie bei der Fliesenverlegung im Dünnbett keine größeren Unebenheiten egalisierbar sind, darf bereits der Abdichtungsuntergrund keine größere Unebenheit aufweisen (Bild 76 und Bild 77). Diesbezüglich gelten die Toleranzanforderungen der DIN 18202 [25] als Mindestanforderungen. Das ZDB-Merkblatt Schwimmbadbau [202] legt als Grenzwert die Ebenheitsabweichungen in Zeile 6 der Tabelle 3 der Norm [25] fest. Nötigenfalls müssen planerisch strengere Ebenheitsanforderungen vereinbart werden.

Sofern Ausgleichsschichten aufgetragen werden, muss deren Haftzugfestigkeit mindestens der des Abdichtungsmaterials bzw. Fliesenbelags entsprechen.

Lunker, Kiesnester oder Fehlstellen in der Rohbaukonstruktion (Bild 78 bis Bild 80) müssen vor dem Aufbringen des Abdichtungsmaterials nach den technischen Regeln der Instandsetzungsrichtlinie [172] verschlossen werden.

Bild 76 ▪ Rohbau einer Beckentreppe aus Beton

Bild 77 ▪ Detail aus Bild 76; unzulässig große Erhebungen im Abdichtungsuntergrund

Bild 78 ▪ Detail aus Bild 76; Kiesnest im Abdichtungsuntergrund

Bild 79 ▪ Detail aus Bild 76; Fehlstelle im Abdichtungsuntergrund

In Bezug auf Risse sind Abdichtungsuntergründe für die Bemessung von AIV-F in Schwimmbecken gemäß der DIN 18535 [34] in die beiden Rissklassen für Behälter R0-B (keine Neurissbildung oder Rissbreitenänderung) und R1-B (Neurissbildung oder Rissbreitenänderung bis zu einem Wert von w ≤ 0,2 mm) zu unterteilen. Bei einer Überschreitung dieses Maßes müssen die Risse noch vor dem Aufbringen der AIV-F sachgemäß verschlossen werden, z. B. durch Spachteln (Bild 80). Die DIN 18535 [34] weist insbesondere auf die Notwendigkeit gesamtplanerischer Betrachtungen hin. Das ist bezüglich der Abdichtungsplanung so zu verstehen, dass die Rissbreitenbegrenzung als abdichtungsplanerische Maßgabe bereits tragwerksplanerisch bei der Behälterrohbaukonzeption bestimmt werden muss [219] (vgl. Kapitel 3.2.2).

Wie auch über Risse mit größerer Breite dürfen AIV auch nicht ohne Weiteres über Bauwerksfugen geführt werden, die eine größere Breite aufweisen und zwischen deren Flanken auch Relativbewegungen zu erwarten sind. Im Hinblick auf eine zuverlässige Dichtigkeit sollten insofern Bauwerksfugen wie auch tragende Bauteile, nicht in Schwimmbecken angeordnet werden. An Schwimmkanälen häufig nicht vermeidbare Bauteilfugen müssen besonders sorgfältig geplant und ausgeführt werden. Näheres zur AIV-Planung und -Ausführung an Bauwerks-/Bauteilfugen ist in [219] zusammengefasst.

Bild 85 ▪ Schichtaufbau eines elektrisch nach DIN 55670 prüfbaren AIV-F-Systems mit Kupferbandeinlage (oben) und Dichtigkeitsprüfung mittels elektrischem System (unten) (Quelle: Schomburg GmbH, Detmold [276])

Bild 86 ▪ Dichtigkeitsprüfung an einer Butylkautschukauskleidung für eine AIV-B mittels sogenannter Funkenprüfung (Quelle: STEULER-KCH GmbH, Siershahn [281])

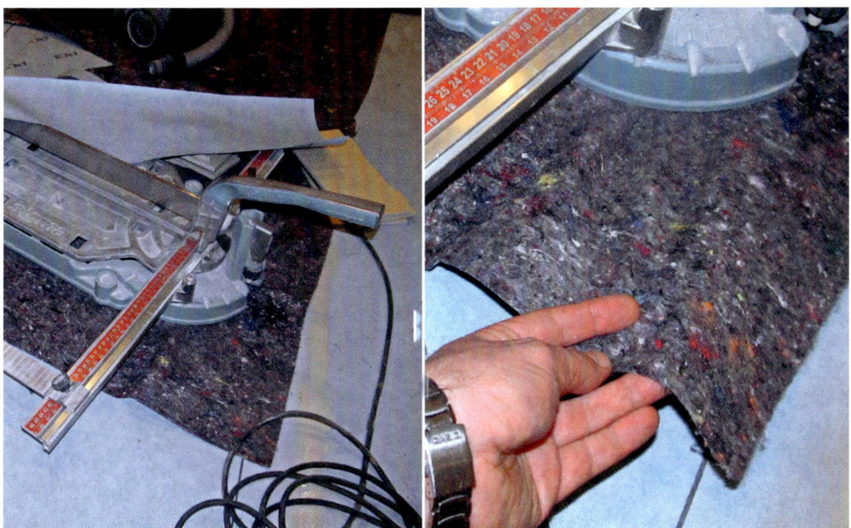

Bild 87 ▪ Während der Fliesenbelagsarbeiten angeordnete Schutzlage auf einer Kunststoffbahnenlage

Vor Beginn der Fliesen- bzw. Plattenbelagsarbeiten muss die Abdichtungsschicht sehr sorgsam geschützt werden. Besonders die auf den vergleichsweise dünnen Kunststoffbahnen basierenden AIV-B sind gegenüber den Beanspruchungen aus dem Baustellenbetrieb besonders empfindlich. Sie müssen insofern bis zur Fertigstellung ihrer endgültigen Schutzschicht – bei AIV gleichzeitig auch der Nutzschicht, den Fliesen-/Plattenbelägen (vgl. Kapitel 3.2.6) – vorübergehend mit sachgemäßen Schutzlagen, beispielsweise nach DIN 18535-1 [34], bedeckt werden (Bild 87).

Bei Becken und Beckenumgängen im Außenbereich sind zum Schutz der Abdichtung gegenüber witterungsbedingten Einflüssen aus Feuchte oder zu starker Austrocknung sachgemäße Schutzvorrichtungen anzuordnen, wie beispielsweise ein Wetterschutzdach oder eine Einhausung (vgl. Kapitel 2.3.1).

Detailkonstruktionen für Schwimmbeckenabdichtungen

Neben der sorgfältigen Detailausführung an Bauteilecken und entlang von Bauteilkehlen und -kanten müssen insbesondere bei den im modernen Schwimmbeckenbau üblichen AIV die Einbindungen der vielfältigen Einbauteile in die Beckenabdichtung besonders sorgfältig geplant und ausgeführt werden. Das betrifft beispielsweise Wasserzuführungen (Einströmdüsen, Druckstrahler, Gegenstrom- und Massagedüsen etc.), Wasserabläufe (Boden- und Rinnenabläufe etc.) sowie Gehäuse für Unterwasserbeleuchtungen und

-lautsprecher. Auch in den Boden und in die Wände integrierte Verglasungen sowie mechanische Befestigungen von Geländern, Leitern, Startsockeln, Badeattraktionen etc. sind auf sachgerechte Weise in die Dichtebene einzubinden (Bild 88 bis Bild 90). Die Abdichtungsebene darf dabei keine mechanische Halterungsfunktion übernehmen. Die einzubindenden Bauteile müssen für sich selbst in der Baukonstruktion ausreichend fixiert werden. Sämtliche Einbauteile müssen auch für sich selbst wasserdicht sein. Eine nähere Auflistung typischer Schwimmbeckeneinbauteile findet sich in [219].

In althergebrachte Bitumenbahnabdichtungen mussten Einbauteile vergleichsweise aufwendig mittels Fest- und Losflansch-Konstruktionen eingebunden werden (nach DIN 18195-9 [22]). Beispielhafte Darstellungen und auch exemplarische Schadensfälle hierzu werden an unterschiedlichen Stellen entsprechender Fachveröffentlichungen aufgezeigt (z. B. in [274] und [341]).

Die im Jahr 2017 neu erschienene DIN 18535 [34] führt in Bezug auf Einbauteile in AIV einige ursprünglich an anderweitigen Literaturstellen aufgeführte anerkannte Regeln der Technik zusammen. Unter anderem wird dort auch darauf hingewiesen, dass ein Entwässerungsablauf am tiefst gelegenen Punkt eines Beckenbodens anzuordnen ist. Eine dichte Einbindung von Einbauteilen in die Abdichtungsebene erfolgt nach der Norm [34] mittels Flanschkonstruktionen. Das war bislang vom ZDB-Merkblatt Schwimmbadbau [202] vorgegeben.

Dabei werden die einzubindenden Bauteile entweder bereits werksseitig von der Herstellerfirma mit angearbeiteten Metall- oder Kunststoffflanschen oder nachträglich in einer Werkstatt bzw. auf der Baustelle mit Flanschen aus Metall, Kunststoff, Epoxidharz (EP) oder EP-Mörtel ausgestattet, an die die Abdichtung angebunden werden kann. Die Abdichtungsanbindung erfolgt

- durch Verklebung auf der Flanschfläche (sogenannte Klebflanschverbindung),
- durch Verschraubung zwischen einem Fest- und einem Losflansch (sogenannte Schraubflanschverbindung) oder
- durch eine Kombination aus Verklebung und Verschraubung.

Derartige Detaillösungen werden in der Fachliteratur bereits seit den 1980er-Jahren wiederkehrend beschrieben (z. B. in [334]). Kontinuierlich voranschreitende innovative Entwicklungen bewirken eine stetig wachsende Vielfalt industrieller Systeme mit einer bei sorgfältiger handwerklicher Verarbeitung zuverlässigen Funktionsfähigkeit [327].

Bild 88 ▪ Übliche wasserdicht in die Beckenwandung einzubindende Einbauteile – Unterwasserleuchte (oben links), Messwasserdüse (oben rechts), Gegenstromanlage (unten links) und Ansaugung für eine Badeattraktion (unten rechts)

Bild 89 ▪ In einem Beckenkopf fest wasserdicht eingebundener Geländerfuß (oben); mittels wasserdicht eingebundener Steckhülsen montierte Startsockel und Anschlagvorrichtung (unten)

Bild 90 ▪ Wasserdicht in eine Wettkampfbeckenwand eingebundenes Unterwasserfenster

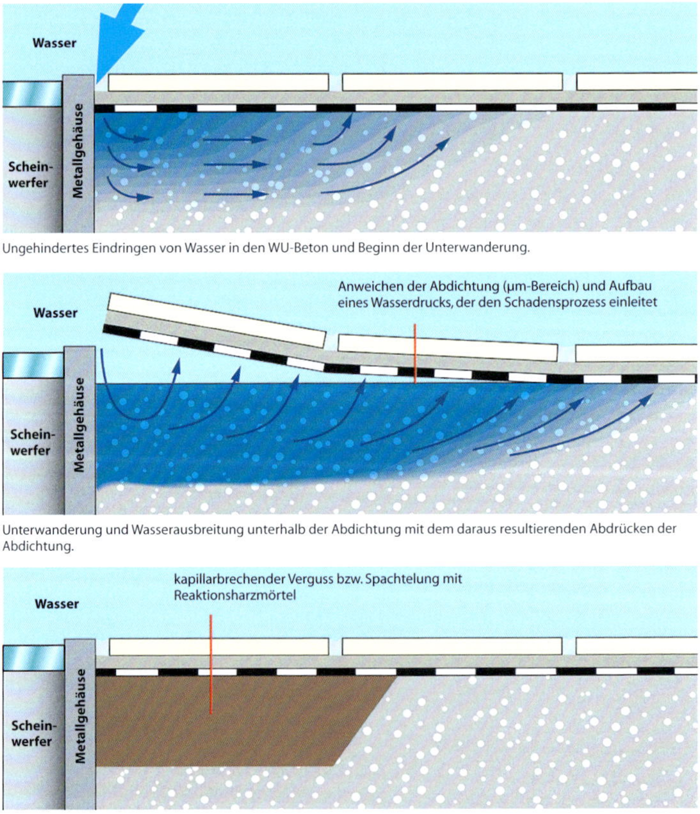

Wasser

Schein-
werfer

Metallgehäuse

Ungehindertes Eindringen von Wasser in den WU-Beton und Beginn der Unterwanderung.

Wasser

Anweichen der Abdichtung (µm-Bereich) und Aufbau eines Wasserdrucks, der den Schadensprozess einleitet

Schein-
werfer

Metallgehäuse

Unterwanderung und Wasserausbreitung unterhalb der Abdichtung mit dem daraus resultierenden Abdrücken der Abdichtung.

Wasser

kapillarbrechender Verguss bzw. Spachtelung mit Reaktionsharzmörtel

Schein-
werfer

Metallgehäuse

Durch die kapillarbrechende Verfüllung ist kein Eindringen von Wasser in den WU-Beton möglich und somit eine Unterwanderung ausgeschlossen.

Bild 91 ▪ Prinzipdarstellung der Unterwanderung am Rand eines ohne Flansch in eine AIV eingebundenen Einbauteils. Die dritte Abbildung stellt das Wirkprinzip eines nachträglichen EP-Dichtflansches schematisch dar. (Quelle: Sopro Bauchemie GmbH, Wiesbaden [280])

Eine detaillierte Darstellung, wie Einbauteile mittels Flanschkonstruktionen eingebunden werden können, enthält beispielsweise [219], Kapitel 7.5.3. Dort sind insbesondere auch die nachträglich anzuarbeitenden Flansche aus Epoxidharz oder Epoxidharzmörtel detailliert beschrieben. Nachträgliche Flansche werden speziell bei Sanierungen, Instandsetzungen oder Modernisierungen an Bauteilen angeordnet, die bis dahin noch keinen Flansch besitzen. Dies betrifft z. B. bereits ohne Flansch eingebaute oder industriell ohne Flansch gelieferte Rohre, Geländerpfosten oder Scheinwerfergehäuse. Besonderes Augenmerk liegt dabei neben der notwendigen dichten Bauteileinbindung auch auf einer Vermeidung großflächiger Ablösungen, die bei einer Wasserunterwanderung des Abdichtungs- bzw. Fliesenrandes entstehen könnten, der das Einbauteil umgibt (Bild 91 und Bild 92). Bei einer WU-Betonkonstruktion ohne hautförmige Abdichtungsschicht muss die Dicke und Breite des nachträglich anzuarbeitenden Flansches größer als die Wassereindringtiefe des Betons sein.

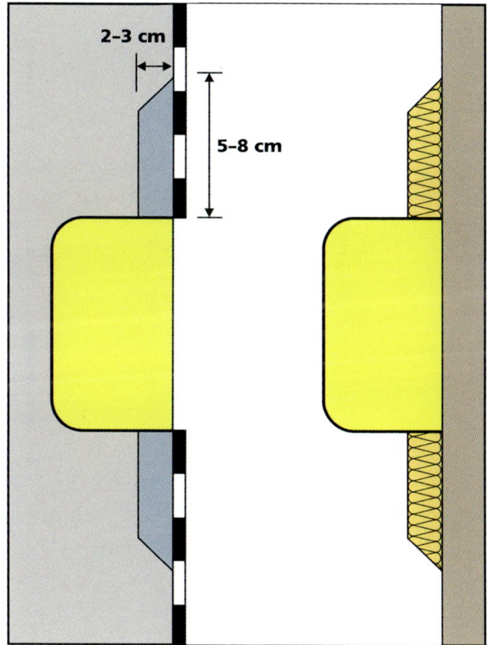

Bild 92 ▪ Prinzipdarstellung eines nachträglich an ein Scheinwerfergehäuse angearbeiteten Dichtflansches aus EP-Mörtel (Quelle: Sopro Bauchemie GmbH, Wiesbaden [280])

Bild 93 ▪ Holzplatte als Schalungsdetail zur Herstellung einer Aussparung für das Einbringen eines nachträglich anzuarbeitenden EP-Dichtflansches (Quelle: Sopro Bauchemie GmbH, Wiesbaden [280])

Bild 94 ▪ An einem einbetonierten Scheinwerfergehäuse umlaufend freigestemmte Betonnut zur Aufnahme eines nachträglichen EP-Dichtflansches (Quelle: Sopro Bauchemie GmbH, Wiesbaden [280])

Bei einer ausreichend eben geschalten Betonkonstruktion ist die für den nachträglichen Dichtflansch notwendige Aussparung entweder im Voraus durch Einlegen einer rechteckigen oder kreisförmigen Platte aus Holzwerkstoff oder Polystyrol zu erzeugen oder im Nachhinein durch Stemmen herauszuarbeiten (Bild 93 und Bild 94). Bei Ausgleichsputzen oder -estrichen sind passgerechte und bis in den Betonuntergrund reichende Aussparungen herzustellen.

Nachträgliche Flansche aus EP bzw. EP-Mörtel werden durch Vergießen (Bild 95) oder durch Verspachteln hergestellt (Bild 96).

Bild 95 ▪ Herstellen eines nachträglichen Dichtflansches an einer Einströmdüse durch Vergießen mit EP (Quelle: PCI Augsburg GmbH, Augsburg [269])

Bild 96 ▪ Am Gehäuse eines Unterwasserscheinwerfers nachträglich mit EP-Mörtel angespachtelter Dichtflansch (Quelle: Sopro Bauchemie GmbH, Wiesbaden [280])

Wie bei der allgemeinen Vorbereitung von Abdichtungsuntergründen müssen auch Dichtflansche von trennenden Substanzen befreit, mechanisch aufgeraut bzw. mit einem Kontaktmittel beschichtet und gegebenenfalls mit Quarzsand abgestreut werden.

Sofern ein Bauteil erst nach der Fertigstellung der AIV maßgenau montiert werden kann, muss die Dicke der Dichtungsebene im Untergrund des zu befestigenden Teils konstruktiv so weit erhöht werden, dass sie von den

Befestigungsmitteln (im Allgemeinen Dübeln) nicht perforiert wird. Im Jahr 2019 entspricht es hierfür dem Stand der Technik, im Abdichtungsuntergrund eine Montagefläche aus einem wasserundurchlässigen, kapillardichten EP-Mörtel oder einem entsprechenden EP-Verguss herzustellen (sogenannter Dichtblock), an dem ein Bauteil beispielsweise mittels Kopfplattenanschluss verschraubt werden kann (Bild 97 und Bild 98). Derartige Befestigungskonstruktionen müssen auf Basis der in den Dichtblock und weiter in die tragende Rohbaukonstruktion zu übertragenden Lasten detailliert geplant und sorgfältig ausgeführt werden. In [219] finden sich Hinweise zur Konzeption einer nachträglichen Bauteilmontage an einem Dichtblock. Dort werden auch die Grenze der Realisierbarkeit dieser Bauart sowie eine darüber hinausgehende alternative Konstruktionsmöglichkeit beschrieben.

Bild 97 ▪ Mittels Kopfplatte nachträglich an einer Beckenwand montierter Handlauf

Bild 98 ▪ Nachträglich mittels Kopfplatte an einer Beckentreppe montiertes Geländer

3.2.4 Beckenkopf

Der obere Schwimmbeckenrand hat neben der rein geometrischen Begrenzungsfunktion in der Regel auch technische Aufgaben zu erfüllen.

In dem als Beckenkopf bezeichneten System sind meist eine Überlaufrinne nebst Abläufen zur Wasseraufbereitung (siehe Kapitel 3.3) und eine ausgeformte Kante integriert, an der sich die Badegäste festhalten können (sogenannte Griffkante bzw. Handfasse, siehe Beispiel in Bild 99).

Der Beckenkopf dient auch als tragendes Bauteil für Startsockel, Geländerholme, Beckenleitern und vieles mehr [213] (vgl. Bild 89, Bild 97 und Bild 98 in Kapitel 3.2.3).

Darüber hinaus besitzt der Beckenkopf in der Regel ein statisch tragendes Auflager für den Beckenumgang (siehe Kapitel 3.2.5).

In der Praxis wird der Kopf von Beckenwänden, an denen kein Beckenumgang angeordnet ist, häufig nicht mit einer Überlaufrinne ausgestattet (z. B. an Schwimmkanälen, in Schwimmgrotten oder bei direkt an Wände grenzenden Becken). Zur Vermeidung des sich aufgrund von Ablagerungen an einer Beckenwand abzeichnenden Wasserspiegels (sogenannter Speckrand) und eines insofern erhöhten Reinigungsaufwands sollten Becken jedoch grundsätzlich mit umfassenden Überlaufrinnen ausgestattet werden.

Dezidierte Entwurfs- bzw. Gestaltungsvorgaben für den Beckenkopf und die dortige Wasserführung, z. B. maßliche Festlegungen zur Handfasse, enthalten die KOK-Richtlinien [213].

Bild 99 ▪ Handfasse an einem Beckenkopf nach dem System »Finnland« mit strandartigem Übergang (siehe Bild 104)

Speziell in kleineren Schwimmbädern und in Gartenpools werden anstelle einer Überlaufrinne im Beckenkopf sogenannte Skimmer angeordnet. Hierbei handelt es sich um Einzelwasserabläufe, die mit Schwimmerklappen versehen und in gewünschter Wasserspiegelhöhe angeordnet werden. Die Schwimmerklappen sind an der Unterkante gelenkig befestigt und an der Oberkante mit einem Schwimmkörper versehen. An den Klappen stellt sich ein Gleichgewichtszustand ein zwischen dem Wasserdruck, der das Öffnen der Klappen bewirkt, und dem Auftrieb, der das Schließen der Klappen hervorruft. Dieses Gleichgewicht sorgt für eine spezifische Klappenstellung, die in gewisser Schwankungsbreite einen nahezu gleichmäßigen Wasserüberlauf gewährleistet (Bild 100 und Bild 101).

Beckenkopfsysteme werden gemäß der Lagebeziehung des Wasserspiegels zur Beckenoberkante in zwei wesentliche Arten unterteilt.

Bildet die Beckenoberkante gleichzeitig die Überlaufkante, so handelt es sich um einen Beckenkopf mit hoch liegendem Wasserspiegel (Bild 102).

Befindet sich die Überlaufkante unterhalb der Beckenoberkante oder sind Skimmer installiert, wird das System als Beckenkopf mit tief liegendem Wasserspiegel bezeichnet (Bild 103). Ein tief liegender Wasserspiegel wird nach architektonischen Gesichtspunkten insbesondere für die Erzielung eines bis zum Beckenrand ungestört durchlaufenden Beckenumgangs gewählt. Dabei entfällt insbesondere auch der häufig aus architektonischer Sicht unerwünschte Rost zur Rinnenabdeckung. Dem gegenüber bestehen bereits vielfältige Möglichkeiten zur architektonisch anspruchsvollen Ausgestaltung offener Überlaufrinnen bzw. zur Anordnung von Rinnenabdeckungen mit minimierten Öffnungsanteilen, sogenannten geschlossenen Rinnenabdeckungen (siehe hierzu auch die Ausführungen am Kapitelende).

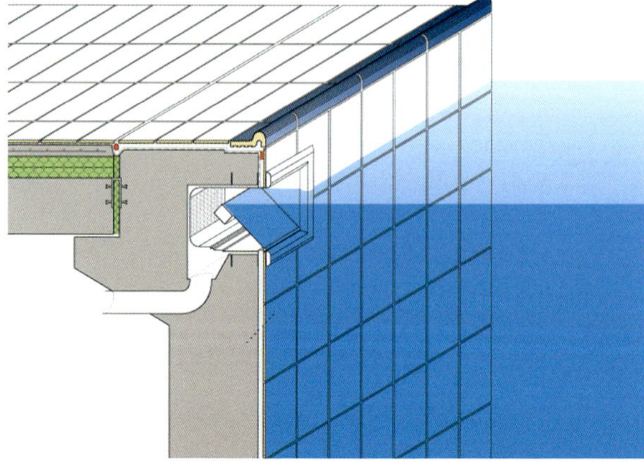

Bild 100 ▪ Beckenkopf mit Überlaufsystem Skimmer (Quelle: AGROB BUCHTAL GmbH, Schwarzenfeld [236])

Bild 101 ▪ Skimmer in einem Außenschwimmbecken in der Bauausführungsphase (oben) und in einem entleerten Innenschwimmbecken (unten)

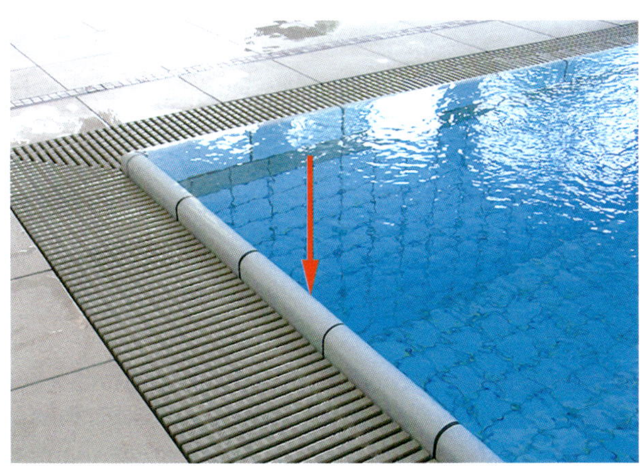

Bild 102 ▪ Beckenkopf mit hoch liegendem Wasserspiegel; Überlaufkante ist die Beckenoberkante, siehe Pfeil (Quelle: Sopro Bauchemie GmbH, Wiesbaden [280])

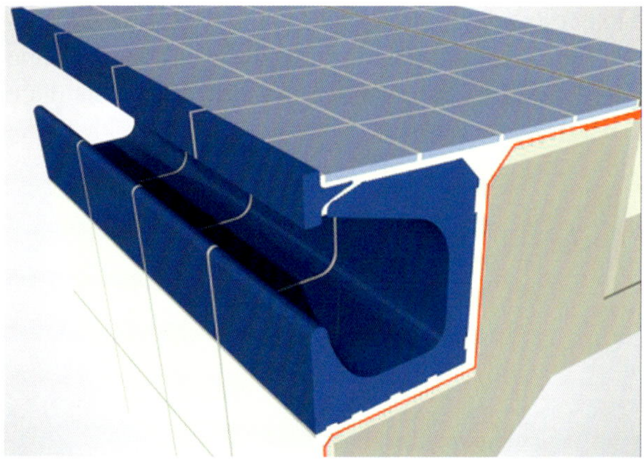

Bild 105 ▪ Schwimmbeckenkopf nach dem System Bamberg (Quelle: STEULER-KCH GmbH, Siershahn [281])

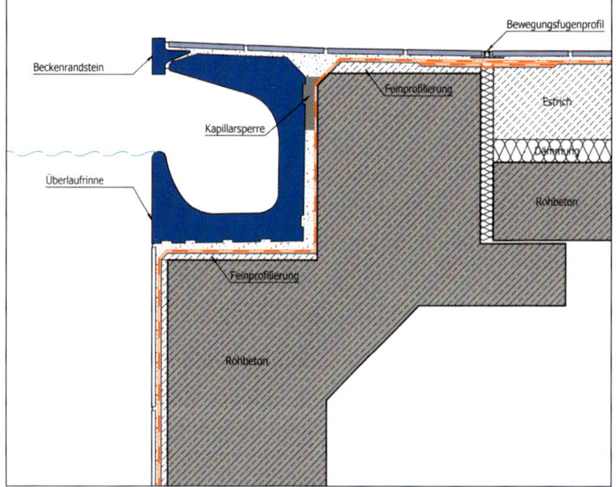

Bild 106 ▪ Prinzipdarstellung des Querschnitts durch einen Beckenkopf mit »Bamberger Rinne« (Quelle: STEULER-KCH GmbH, Siershahn [281])

Nach [296] ist bei der »Bamberger Rinne« anhand wissenschaftlicher Untersuchungsergebnisse eine der Energieeinsparung zuträgliche Verminderung der Beckenwasserverdunstung nachgewiesen worden (vgl. Kapitel 2.3.2 zur Nachhaltigkeit).

Die Beckenkopfart mit dem System »Bamberg« ist neben den Beckenkopfformen des Systems »Wiesbaden« als 3D-Abbildung in Abschnitt 7.6 der ZDB-Merkblattausgabe Schwimmbadbau aus dem Jahr 2012 [202] aufgenommen worden.

Bei Systemen mit hoch liegendem Wasserspiegel kann die Beckenoberkante deutlich oberhalb des Beckenumgangs liegen (z. B. System »St. Moritz«; vgl. Bild 104). Allgemein beträgt die Höhe der über den Beckenumgang ragenden Beckenwand etwa 0,7 m [213].

Häufig besitzt der Überlaufquerschnitt bei Becken mit hoch liegendem Wasserspiegel eine ausgeprägte Rundung (vgl. Bild 104; System »St. Moritz«). Das überlaufende bzw. überschwappende Wasser wird in diesem Fall an der Beckenaußenseite über Entwässerungsrinnen ähnlich des Typs »Wiesbaden« abgeführt [213].

Bei Systemen mit tief liegendem Wasserspiegel sind der Gestaltung der Beckenkopfgeometrie nahezu keine Grenzen gesetzt. Insofern kann, wie bei der Beckenkopfsonderform »Therapiebecken«, auch bei tief liegendem Wasserspiegel die Beckenoberkante über den Beckenumgang hinausragen und auch mit einer Rundung versehen sein (Bild 107).

Das Prinzip eines Therapiebeckens besteht in einer deutlich niedrigeren Höhenlage des Beckenumgangs gegenüber der Beckenoberkante als beispielsweise beim System »St. Moritz«. Der Umgang kann dabei an einer oder mehreren Beckenseiten abgesenkt sein. Die Absenkung dient in erster Linie einer problemlosen Kommunikation im wörtlichen Sinn auf Augenhöhe zwischen dem außerhalb des Beckens tätigen medizinischen Personal und den Patienten. Durch einen in Beckenumgangshöhe modellierten Untertritt wird für das Personal auch der Zutritt zum Becken erleichtert (siehe in Kapitel 5.3, Bild 205).

Der vertikale Abstand zwischen Beckenoberkante und Beckenumgang wird durch die therapeutischen Anforderungen bestimmt und ist nahezu frei wählbar. Denkbar ist beispielsweise auch ein Beckenumgang unterhalb des Niveaus der Beckensohle.

Sofern das Becken mit einer Abdichtung ausgekleidet ist, wird diese über den Beckenkopf hinaus bis zur Fuge zwischen dem Beckenkopf und der Umgangsplatte geführt (sogenannte Bewegungsfuge; siehe Kapitel 3.2.5) und dort sachgerecht mit der Abdichtung des Beckenumgangs verbunden. Für den speziellen Fall, dass neben einem Becken kein Umgang angeordnet wird, wie beispielsweise an Schwimmkanälen oder -grotten oder an direkt neben dem Becken verlaufenden Gebäudewänden, muss die Abdichtung nötigenfalls höher geführt werden, als um die von der DIN 18535 vorgeschriebenen 15 cm [34]. Eine entsprechende Entscheidung muss planerisch auf der Grundlage der voraussichtlichen Wasserbeanspruchung erfolgen, die neben einem Kinderplanschbecken oder dem Standort einer Badeattraktion (z. B. Wasserpilz) deutlich höher ausfällt, als neben einem Liege- oder Schwebebecken [219]. In diesem Zusammenhang müssen auch die über die abgedichteten Flächen hinausgehenden Wand- und/oder Deckenflächen gegen die Beanspruchung aus dem Schwimmbadbetrieb ausreichend feuchtebeständig sein [219] (vgl. Kapitel 2.2.5).

Auch bei Beckenkopfkonstruktionen aus WU-Beton ist eine fachgerechte feuchteschutztechnische Verbindung zwischen dem Beckenkopf und der Umgangsabdichtung notwendig.

Die insbesondere in Abdichtungsfehlern am Beckenkopf liegende Schadensgefahr wurde in einschlägigen Fachartikeln seit Mitte der 1970er-Jahre vielfach beschrieben (z. B. in [326]).

Da das komplexe System eines Beckenkopfes bezüglich Feuchteschäden sehr anfällig ist, muss der Beckenkopfplanung und -ausführung besondere Aufmerksamkeit gewidmet werden.

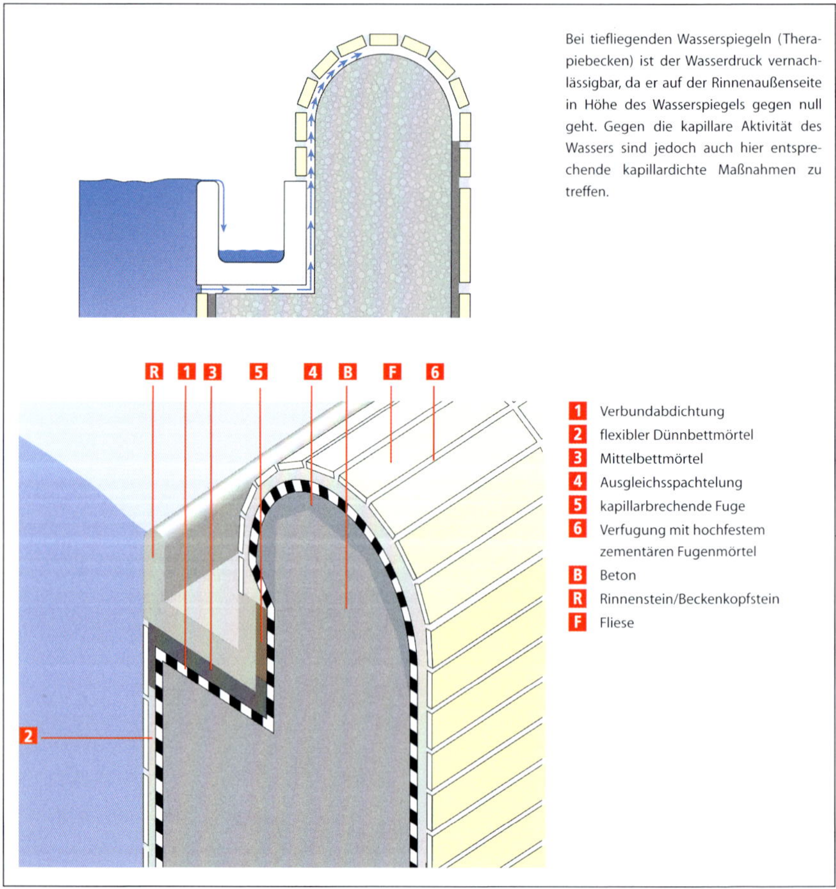

Bild 107 ▪ Beckenkopf eines Therapiebeckens mit tief liegendem Wasserspiegel; schematische Darstellung eines kapillaren Wassertransports im Fliesenmörtel und der diesbezüglichen Verhinderung durch Unterbrechung der Kapillarität (Quelle: Sopro Bauchemie GmbH, Wiesbaden [280])

Auch bei sorgfältig abgedichtetem Beckenkopf und zuverlässiger Anbindung an die Umgangsabdichtung hat sich anhand vieler Schadensfälle herausgestellt, dass die über den Beckenkopf geführte Beckenauskleidung, im Allgemeinen Fliesenbelag (siehe Kapitel 3.2.6), einen Beckenwassertransport in Richtung Beckenumgang bewirkt. Diese Problematik kam in einem Schadensbericht von Kappler [253] bereits zum Beginn der 1980er-Jahre zum Ausdruck.

Die im Verlege- und Verfugungsmörtel enthaltenen Kapillarporen begründen eine kapillare Leitfähigkeit des Materials, die sogenannte Kapillarität. Allein diese Kapillarität sorgt bereits für einen Wassertransport.

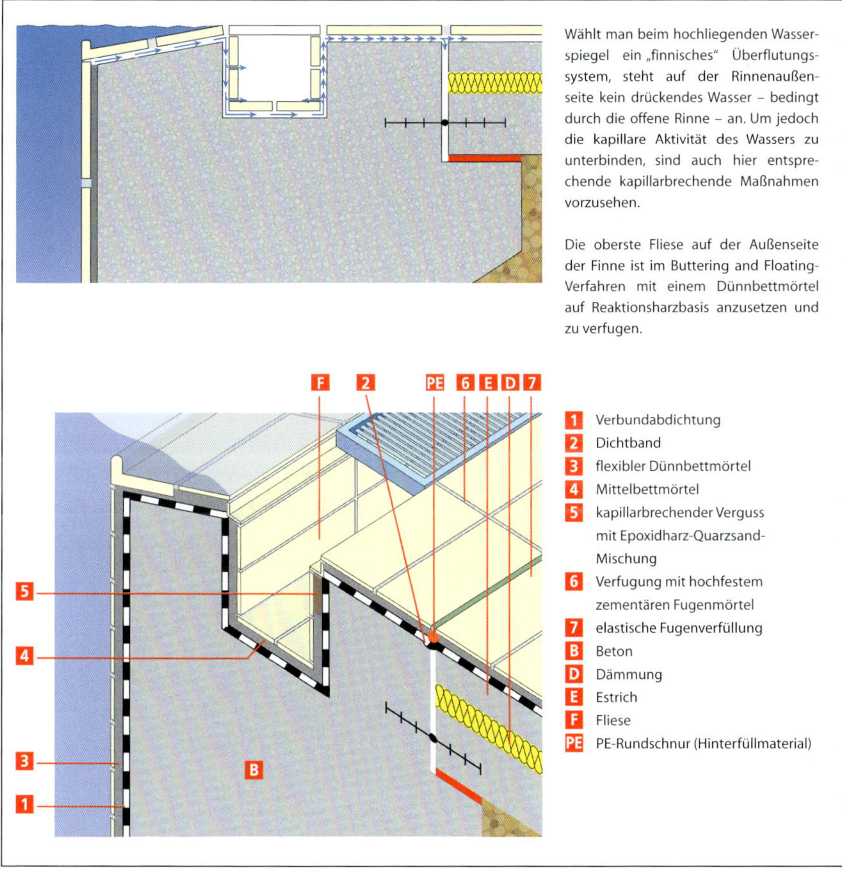

Wählt man beim hochliegenden Wasserspiegel ein „finnisches" Überflutungssystem, steht auf der Rinnenaußenseite kein drückendes Wasser – bedingt durch die offene Rinne – an. Um jedoch die kapillare Aktivität des Wassers zu unterbinden, sind auch hier entsprechende kapillarbrechende Maßnahmen vorzusehen.

Die oberste Fliese auf der Außenseite der Finne ist im Buttering and Floating-Verfahren mit einem Dünnbettmörtel auf Reaktionsharzbasis anzusetzen und zu verfugen.

1 Verbundabdichtung
2 Dichtband
3 flexibler Dünnbettmörtel
4 Mittelbettmörtel
5 kapillarbrechender Verguss mit Epoxidharz-Quarzsand-Mischung
6 Verfugung mit hochfestem zementären Fugenmörtel
7 elastische Fugenverfüllung
B Beton
D Dämmung
E Estrich
F Fliese
PE PE-Rundschnur (Hinterfüllmaterial)

Bild 108 ▪ Schematische Darstellung eines kapillar und hydrostatisch induzierten Wassertransports im Fliesenmörtel anhand eines »Finnischen Beckenkopfes« sowie der diesbezüglichen Verhinderung durch Unterbrechung der Kapillarität (vgl. Bild 107; Quelle: Sopro Bauchemie GmbH, Wiesbaden [280])

Darüber hinaus stellt das Kapillarsystem aus physikalischer Sicht ein System kommunizierender, d. h. unterseitig miteinander verbundener und nach oben hin offener Röhren dar, in denen das Wasser bestrebt ist, unabhängig von der Form und Ausdehnung der Kapillarröhren an jeder Stelle einen einheitlichen Stand anzunehmen. Dies führt zu Durchfeuchtungen des Fliesenbelags in der Umgangsfläche. Bei einem auch nur wenig oberhalb des Umgangsniveaus liegenden Wasserspiegel scheinen aus den Fliesenfugen regelrecht Wasserlachen »aufzusteigen« (Bild 107 bis Bild 109).

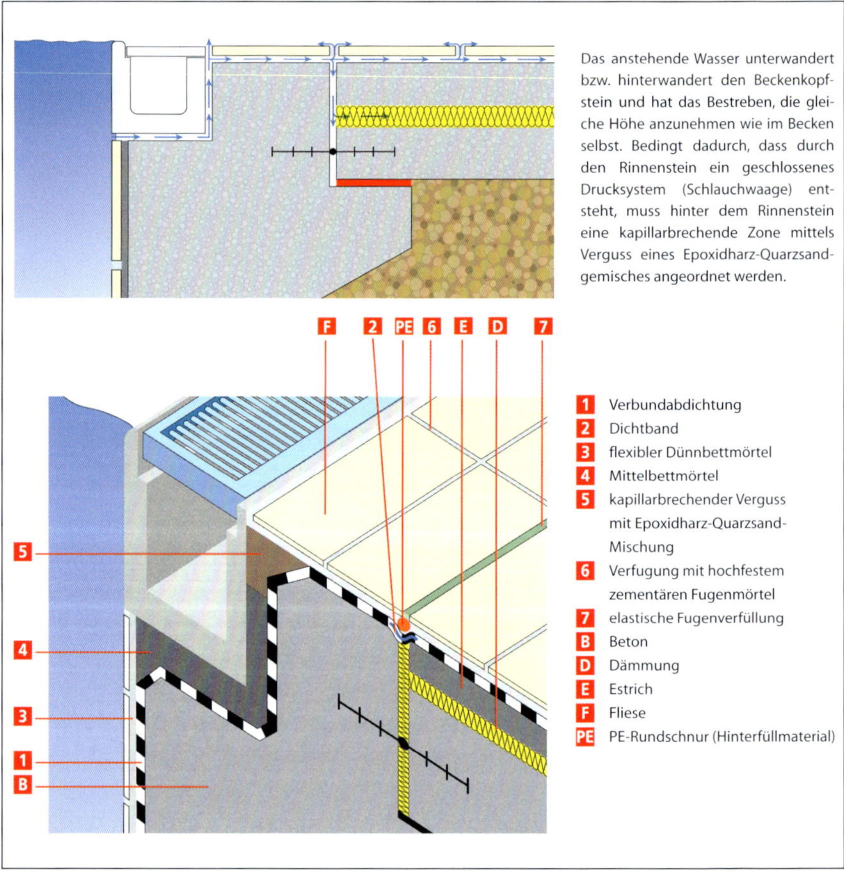

Bild 109 ▪ Schematische Darstellung eines kapillar und hydrostatisch induzierten Wassertransports im Fliesenmörtel anhand des Beckenkopfsystems »Wiesbaden« sowie der diesbezüglichen Verhinderung durch Unterbrechung der Kapillarität (vgl. Bild 108; Quelle: Sopro Bauchemie GmbH, Wiesbaden [280])

Abhilfe zur Verhinderung des Feuchtetransports schafft ein an der beckenabgewandten Seite der Überlaufrinne angeordneter Dichtstreifen innerhalb des Verlegemörtelquerschnitts (vgl. Bild 107 bis Bild 109). Dieser Dichtstreifen wird in der Regel durch Vergießen einer entlang der Rinne belassenen Aussparung mit EP-Mörtel erzeugt (Bild 110).

Da der Dichtstreifen das Kapillarsystem des Mörtels und somit den Wassertransport unterbricht, hat sich in der Praxis die Bezeichnung »kapillarbrechend« etabliert (z. B. kapillarbrechende Fuge, Verfugung, Spachtelung, Verfüllung oder Fugenfüllung, kapillarbrechender Verguss, s. o.). Dieser Begriff wurde bereits in den Entwurf der Behälterabdichtungsnorm DIN 18195-7 [24] aus dem Jahr 2008 aufgenommen. Auch in Abschnitt 8.6 der im Jahr 2017 erschienenen neuen Behälterabdichtungsnorm DIN 18535 [34] wird diesbezüglich der Begriff Kapillarsperre geführt.

Bild 110 ▪ Unterbrechung der Kapillarität des Fliesenmörtels durch einen Verguss aus EP-Mörtel am Beispiel eines »Finnischen Beckenkopfes«, vgl. Bild 108 (Quelle: Sopro Bauchemie GmbH, Wiesbaden [280])

Bild 117 ▪ Eine Abziehlehre zur maßhaltigen Profilierung einer Beckenkopfoberkante kann mit einem Kreisellaser (ganz links abgebildet) justiert werden.

Bild 118 ▪ Als Abziehlehre zur Festlegung einer maßhaltigen Oberkante des zu profilierenden Beckenkopfes kann ein Schaumstoffstreifen dienen (hier in einem Mörtelbett fixiert).

Für die Herstellung eines im Toleranzrahmen liegenden Höhenverlaufs der Überlaufkanten ist eine Planung unter Berücksichtigung von Toleranzausgleichsmöglichkeiten sowie eine präzise Bauausführung auf Grundlage sorgfältiger Nivellements notwendig. Eine grob orientierende Überprüfung des Höhenverlaufs der Beckenoberkanten kann unter anderem im Zuge der Dichtigkeitsprüfung anhand des sich einnivellierenden Wasserspiegels erfolgen.

Bei einer geometrisch anspruchsvollen Beckenkopfgestaltung, bei der eine Ausformung in der Rohbaukonstruktion nicht mit einfachem Aufwand realisierbar ist, wird die Oberkantenlage in der Baupraxis häufig vor dem Fliesenbelagsbeginn mithilfe eines Kreisellasers und einer sachgemäßen Abziehlehre festgelegt (Bild 117 und Bild 118). Auf dieser Grundlage kann eine detaillierte Profilierung mit einer für den jeweiligen Anwendungsfall handwerklich angefertigten Zugschablone sowie eine Profilnachbearbeitung (sogenannte Feinprofilierung) mit sachgemäßem Werkzeug und Spachtelmaterial erfolgen (Bild 119).

Ähnlich eines Wasserfalls erzeugt das vom Becken abfließende, über das Auflager der Rinnenabdeckung (meist ein Rinnenrost) sprudelnde und in die Rinne stürzende Beckenwasser (Bild 120) insbesondere in Ruhezonen von Wellnessanlagen und Heilbädern störende Geräusche. Auch bei Therapiebecken können laute Schlürf- oder Gurgelgeräusche die Verständlichkeit therapeutischer Anleitungen stark beeinträchtigen. Bei diesem Vorgang fällt auch im Beckenwasser gelöste Kohlensäure aus (sogenanntes Ausrieseln). Hierdurch steigt der pH-Wert im Aufbereitungskreislauf (siehe Kapitel 3.3). Zur Erhaltung eines neutralen Beckenwassermilieus ist eine unentwegte Nachregulierung des pH-Wertes notwendig.

Zur Vermeidung des »Ausrieselns« von Kohlensäure sind im Allgemeinen entsprechende konstruktive Vorkehrungen zu treffen (z. B. Neigung der beckenseitigen Rinnenwandung [213]).

Bild 119 ▪ Für eine Beckenkopfprofilierung auf den Anwendungsfall zugeschnittene hölzerne Zugschablone (links) sowie zur Profilnachbearbeitung angefertigte Schaumkunststoffschablonen

Bild 122 ▪ »Wiesbadener Rinne« mit Lochleiste zur Auflagerung des Rinnenrostes; Entlüftungsaufsatz auf einem Rinnenablauf zur Reduzierung sogenannter Gurgelgeräusche (Quelle: AGROB BUCHTAL GmbH, Schwarzenfeld [236])

Bild 123 ▪ Schräg an einer Beckenkopfunterseite herausführende Entwässerungsleitung eines Rinnenablaufs (vgl. Bild 122)

Bild 124 ▪ Rinnenstein mit Entwässerungsaussparung (oben links); unter einem Rinnenablauf sichtbarer Wasserkasten (oben rechts und unten links); in die Rohbaukonstruktion integrierter Wasserkasten (unten rechts), hier freigelegt bei einer Modernisierung

Ein Entwässerungskasten wird im Allgemeinen oberflächenbündig in die Rohbaukonstruktion des Beckenkopfes integriert und wasserdicht in die Abdichtungsschicht eingebunden. Für die Einbindung in die Abdichtung stellt die Kastenoberseite eine Klebeflanschfläche dar, die wie übliche Klebeflansche vor dem Aufbringen der Abdichtung sachgemäß hergerichtet werden muss, z. B. durch Grundierung mit EP und Quarzsandabstreuung (vgl. Abschnitt Detailkonstruktionen für Schwimmbeckenabdichtungen in Kapitel 3.2.3). Um das in der Praxis bestehende Fehlerrisiko zu vermeiden, müssen die Lage der Ablauföffnungen in den Entwässerungskästen bzw. der Entwässerungsleitungsstutzen in Bezug zu den Rinnensteinaussparungen bereits planerisch genau festgelegt werden. Nicht passgerechte Ablaufsituationen entstehen häufig aufgrund unzureichender planerischer Abstimmung. Eine nach teilweiser Ablaufüberdeckung unzureichende Wasserabführung oder ein nach vollständiger Ablaufüberdeckung nachträglich notwendiges Anlegen einer Ablauföffnung (z. B. mittels Kernbohrung) erfordern meist einen erheblichen Korrekturaufwand.

Rinnenabdeckungen bestehen im Allgemeinen aus weißen oder farbigen Kunststoffrosten (vgl. Bild 122). Dies ist aus hygienischer und badebetrieblicher Sicht insbesondere in öffentlichen Bädern üblich und sinnvoll. In privaten

Schwimmbädern werden im Jahr 2019 Rinnen auch ohne Abdeckungen angelegt, die teilweise mit Zierkies gefüllt werden, oder aber mit sogenannten geschlossenen Rinnenabdeckungen ausgestattet, die weniger Entwässerungslücken besitzen (Bild 125).

Bild 125 ▪ Gestalterische Ausbildung offener Überlaufrinnen (oben), sogenannter geschlossener Rinnenabdeckungen (Mitte und unten) sowie einer mit Zierkies gefüllten Rinne (unten rechts; Quelle: STEULER-KCH GmbH, Siershahn [281])

3.2.5 Beckenumgang

Der an den Beckenkopf angrenzende Fußboden wird als Umgang bezeichnet.

Eine Festlegung der Beckenumgangsgröße in Hallenbädern bzw. der diesbezüglichen Mindestbreiten erfolgt auf Grundlage der Vorgaben in den KOK-Richtlinien [213]. In Freizeitanlagen dient ein weitläufiger Umgangsbereich gleichzeitig als Aufenthaltszone bzw. als sogenannte Aktivitätszone [213].

Unterhalb eines Beckenumgangs lässt sich die Schwimmbadtechnik unterbringen. Häufig wird hierfür auch bei aufgeständerten Becken der Raum unter der Sohle herangezogen.

Das tragende Bauteil des Beckenumgangs ist in der Regel eine in das Tragsystem des Gebäudes integrierte Stahlbetonplatte. Diese kann als Einfeldträger zwischen dem Beckenkopf und der nächstgelegenen Stützenreihe oder Wand gespannt oder als Kragarm Bestandteil des Becken- bzw. Gebäudetragwerks sein.

Bereits seit Ende der 1970er-Jahre sind zahlreiche Schadensfälle aufgrund folgenschwerer Abdichtungs- und Entwässerungsfehler an Beckenumgängen durch einschlägige Fachartikel bekannt gemacht worden (z. B. in [229], [252] und [303]). Schäden infolge einer Durchfeuchtung entlang einer zwischen Becken und Umgang verlaufenden Fuge, der sogenannten Beckenumgangs- bzw. Umgangsfuge, stellen nahezu den größten Anteil an den Schäden im Bereich der Schwimmbeckenkonstruktionen dar (Bild 126).

Schäden entlang einer Umgangsfuge sind sehr häufig darauf zurückzuführen, dass die Fuge im hoch feuchtebeanspruchten Bereich unzulänglich geplant oder ausgeführt worden ist. Vor dem Hintergrund des diesbezüglich hohen Fehler- und Schadenspotenzials wies bereits die Ausgabe des ZDB-Merkblatts Schwimmbadbau [202] aus dem Jahr 2005 darauf hin, dass insbesondere bei hoch liegendem Wasserspiegel eine Fuge zwischen dem Beckenrand und der Umgangsplatte vermieden werden sollte. Außerdem sollte insbesondere aus feuchteschutztechnischer Sicht der Umgang als Kragarm ohne Trennfuge im Verbund mit der Beckenrohbaukonstruktion erstellt werden. Bis zum Jahr 2019 zeigt die Praxis, dass nach wie vor in großer Anzahl Becken mit einer Umgangsfuge konzipiert werden, an denen auch fortwährend Durchfeuchtungsschäden infolge fehlerhaft geplanter oder ausgeführter Abdichtung dieser neuralgischen Fuge auftreten. Vor dem Hintergrund des hohen Schadenspotenzials ist dringend anzuraten, Umgangsfugen künftig nur noch in Ausnahmefällen vorzusehen. Eine zwischen dem Becken und dem übrigen Bauwerk allgemein erforderliche Bewegungsfuge sollte möglichst so weit weg verlegt werden, dass eine direkte Schwapp- oder Spritzwasserbeanspruchung aus dem Becken, angrenzenden Badeattraktionen oder Duschen minimiert wird. Eine entsprechende Fuge sollte möglichst auch nicht durch einen Bereich verlaufen, in dem eine indirekte hohe Wasserbeanspruchung beispielsweise aus Schleppwasser vorliegt. Gefälle im Bereich von Schwimmbeckenumgängen müssen ohnehin so angeordnet werden, dass Fußbodenfugen nicht oder nur wenig wasserbeansprucht werden (z. B. durch Reinigungswasser).

Aufgrund der umfangreichen Erfahrungen aus Schadensfällen bis zum Jahr 2019 kann die Anordnung einer als feuchteschutztechnisch sensiblen, hoch beanspruchten und fehlerträchtigen Fuge zwischen Becken und deren Umgängen nicht mehr als zeitgemäß angesehen werden. Vielmehr entspricht es heute dem Stand der Technik, einen Beckenumgang tragwerksplanerisch in erster Linie fugenlos an ein Schwimmbecken anzufügen. Hierfür müssen die notwendigen konstruktiven Vorgaben, insbesondere hinsichtlich der notwendigen Unterstützungskonstruktionen unter dem Beckenumgang (z. B. Stützen- oder Unterzugsraster, Wandauflager etc.) sowie der erforderlichen Bauteilgeometrien, Bewehrungsführungen etc., im Rahmen einer entsprechenden tragwerksplanerischen Konzeption und statischen Bemessung festgelegt werden.

Für den Fall, dass aus tragwerksplanerischer Sicht keine angemessene Alternative zum Anlegen einer Umgangsfuge besteht bzw. wichtige Gründe eine Umgangsfuge unbedingt erfordern, muss speziell die Abdichtung entlang der Umgangsfuge besonders sorgfältig, entsprechend den einschlägigen Konstruktionsregeln, geplant und ausgeführt und die Ausführung besonders genau kontrolliert werden. Dabei sollte auch die entlang der Umgangsfuge anzuordnende Abdichtungsschlaufe vor dem Beginn der Bodenbelagsarbeiten im Sinne einer Dichtigkeitsprüfung für einen angemessenen Zeitraum mit Wasser beaufschlagt werden.

Beckenumgänge sind feuchteschutztechnisch als hoch wasserbeanspruchte Innenraumbereiche zu betrachten und mit entsprechenden Abdichtungen auszustatten. Im Jahr 2019 erfolgt dies in der Regel mit AIV-F, -B oder -P auf der Basis eines europäischen oder deutschen Verwendbarkeitsnachweises (ETA/abP) bzw. in Deutschland auf der Grundlage der als anerkannte technische Regeln geltenden, im Jahr 2017 erschienenen neuen Abdichtungsnorm DIN 18534 [33]. Detaillierte technische Beschreibungen zu den Anforderungen sowie Konstruktions- und Ausführungsregeln sind beispielsweise von Platts in der im Jahr 2019 erschienenen allgemeinen Verbundabdichtungsliteratur [273] zusammengestellt.

Bild 126 ▪ Typisches Schadensbild an einer Beckenkopfunterseite aufgrund einer Durchfeuchtung entlang der Beckenumgangsfuge

Für AIV auf Beckenumgängen galten bis zum Erscheinen der neuen Abdichtungsnorm DIN 18534 [33] die Vorgaben der im Jahr 2019 noch nicht zurückgezogenen ZDB-Merkblätter Schwimmbadbau [202] und Verbundabdichtungen [203] als anerkannter Stand der Technik. Das ZDB-Merkblatt Verbundabdichtungen [203] ist im Jahr 2019 insbesondere für Abdichtungen von Beckenumgängen im Außenbereich anzuwenden, die terrassenartig auf dem Erdreich angelegt werden. Beckenumgänge, die gleichzeitig Dachdecke eines Gebäudes sind, müssen mit einer Bauwerksabdichtung nach der ebenfalls im Jahr 2017 neu erschienenen Norm DIN 18531 Dachabdichtungen [31] versehen werden. Eine AIV im Dachbereich kann die Funktion einer feuchteschützenden Beschichtung des Fußbodenaufbaus eines dortigen Beckenumgangs übernehmen (sogenannte Fußbodenabdichtung). Die Vorgaben zu der bei der Umgangsabdichtung als anerkannte Regel der Technik stehenden AIV sind in [219] zusammengestellt.

Entlang der Umgangsfuge müssen die Becken- und die Umgangsabdichtung miteinander verbunden werden. Gemäß den anerkannten Regeln der Technik ([33], [34]) erfolgt dies mittels sachgemäßen Konstruktionen im Rahmen der AIV. Im Jahr 2019 schreibt das ZDB-Merkblatt Schwimmbadbau [202] nach wie vor die Anordnung eines wasserdicht ausgebildeten Fugendichtbandes vor. Da auch bei fachgerecht abgedichteten Beckenumgängen häufig eine zweite Abdichtungsebene als Absicherung notwendig ist, ist dies technisch konsequent. Bei WU-Betonkonstruktionen muss die Einbindung des Dichtbandes einschließlich der Bewehrungsführung den technischen Regeln für Fugenkonstruktionen bei Weißen Wannen entsprechen.

Neben den üblichen abdichtungsspezifischen Regelungen – beispielsweise hinsichtlich Lagenanzahl, Schichtdicke, Aufkantungshöhen, Durchdringungsausführungen – muss die Beckenumgangsabdichtung insbesondere entlang von Bauwerks- bzw. Fußbodenfugen den Konstruktionsregeln für Dehnfugen entsprechen. Bei den heute nicht mehr zur Beckenumgangsabdichtung gebräuchlichen Abdichtungen aus Bitumenwerkstoffen waren schlaufenartige Dichtbänder oder Dichtungsprofile gemäß DIN 18195-8 [22] mittels Klebe- oder Klemmflanschen an den Fugenrändern zu befestigen (Fugen des Typs II [22]). Auch eine AIV muss entlang von Fugen schlaufenartig ausgebildet werden (Bild 127 und Bild 128).

Der Anschluss einer Umgangsabdichtung an den Rand eines Edelstahlbeckens oder einer Edelstahlauskleidung erfolgt mittels Schraub- und/oder Klebeflansch analog zu den ebenfalls mit Flanschen herzustellenden Einbindungen von Einbauteilen in eine Abdichtungsebene (vgl. Abschnitt Detailkonstruktionen in Kapitel 3.2.3). Dabei muss auf geeignete Weise ein Flansch an der Beckenkonstruktion ausgebildet werden [219] (Bild 129). Die Edelstahllegierung des an den Beckenrand zu fügenden Flanschbauteils muss zur zuverlässigen Vermeidung eines Korrosionsschadens auf die Legierung des Beckenstahls abgestimmt werden, sofern die Verbindung nicht durch die aufzubringende Abdichtung konsequent vor Feuchte geschützt wird (vgl. Kapitel 3.2.2). Schraubflanschverbindungen müssen zur Erzielung zuverlässiger Dichtigkeit eine sachgemäße Profilausgestaltung und Verschraubungsabstände erhalten. Für eine gleichmäßig dichte Einpressung müssen darüber hinaus unter Umständen Abdichtungszulagen bzw. Dichtstreifen entlang der Klemmlinie angeordnet werden [219]. Schweißarbeiten zur Montage eines Andichtflansches (vgl. Bild 129) müssen handwerklich so sorgsam erfolgen, dass thermisch bedingte Verformungen, die optisch als störend empfunden werden, weitestgehend unterbunden werden.

Bei Abdichtungsarbeiten an Beckenumgängen im Außenbereich sind für eine zuverlässige Vermeidung witterungsbedingter Abdichtungsschäden sachgemäße Vorrichtungen, wie beispielsweise ein Wetterschutzdach oder eine Einhausung anzuordnen (soweit nötig inklusive einer Beheizung).

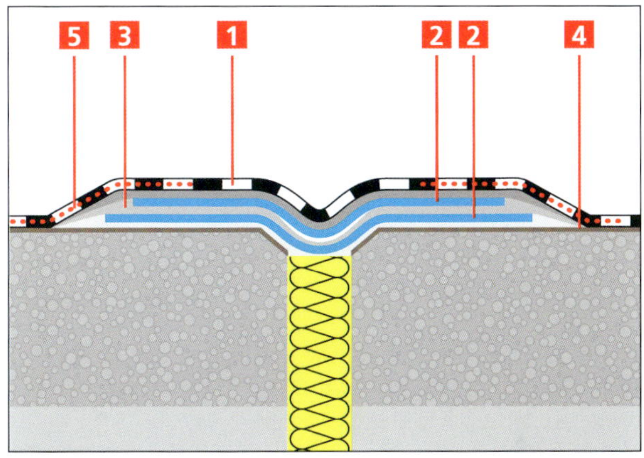

Bild 127 ▪ Schlaufenartige Ausbildung einer AIV-F an einer Bauwerksfuge:
1 – Verbundabdichtung
2 – Dichtbandeinlage
3 – Reaktionsharzverklebung
4 – Reaktionsharzgrundierung
5 – Gewebestreifen in der Abdichtungsschicht
(Quelle: Sopro Bauchemie GmbH, Wiesbaden [280])

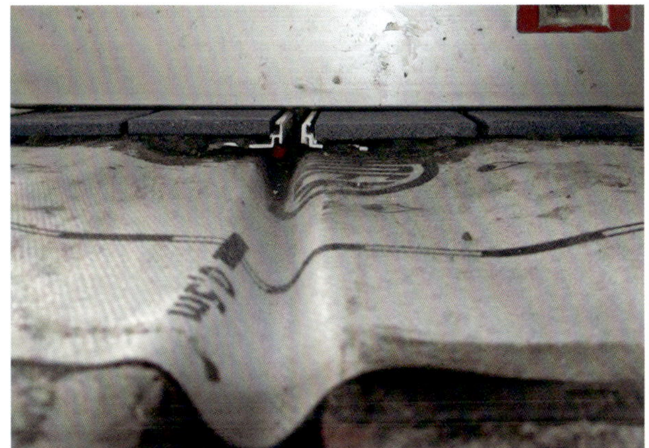

Bild 128 ▪ Beispielhaft an einer Bauwerksfuge dargestellte schlaufenartige Ausführung einer AIV-B

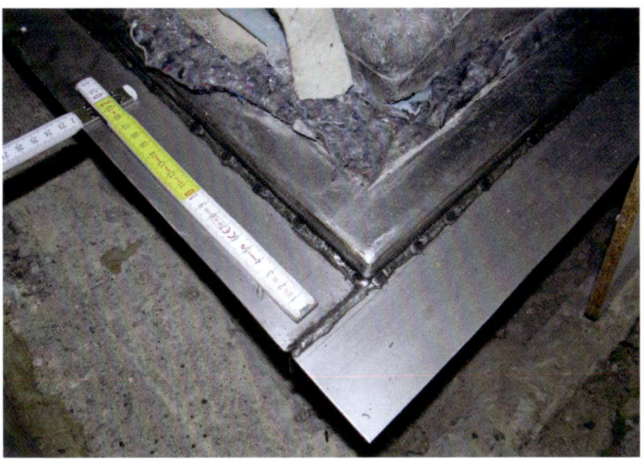

Bild 129 ▪ Klebeflansch zum Anschluss einer Beckenumgangs-AIV an den Rand eines Edelstahlbeckens

Beckenumgänge sind mit einem gleichmäßigen Gefälle von mindestens 2 % auszustatten ([180], [213]). Das Gefälle ist bereits in der Rohbaukonstruktion anzulegen. Bei Oberflächen, die ein problemloses Wasserableiten begünstigen, wie z. B. ebene Fliesenbeläge mit geringer Rutschhemmung (siehe Kapitel 3.2.7), lassen sich unter Umständen auch etwas geringere Gefälle von ca. 1,5 % realisieren. Hingegen sind bei Oberflächen, die den Wasserablauf behindern (z. B. Fliesenmosaik), größere Gefälle von etwa 2,5 bis 3 % ratsam [180]. Zur Erzielung des gewollten Mindestgefälles unter baupraktischen Bedingungen müssen die unvermeidlichen handwerklichen Ausführungstoleranzen planerisch durch Ansatz eines angemessenen Vorhaltemaßes berücksichtigt werden. Dieses Vorhaltemaß muss für jeden Einzelfall ingenieurmäßig festgelegt werden.

Sowohl mit der DIN 18560 [39] als auch mit der VOB-Norm DIN 18353 [29] wird für Estriche auf einer Trennlage bzw. auf einer Dämmstofflage eine gleichmäßige Dicke gefordert. Umgangsgefälle müssen somit bereits in der Rohbaukonstruktion ausgebildet werden. Unabhängig davon, dass ein Abdichtungsgefälle bei AIV im Wesentlichen dem Oberflächengefälle entspricht, sollte das Abdichtungsgefälle auch bei Beckenumgängen, die nicht mit einer AIV ausgestattet werden (u. a. auch bei WU-Betonkonstruktionen) dem Oberflächengefälle entsprechen [202].

Eine qualifizierte Gefälleplanung erfolgt auf der Grundlage einer Entscheidung zur Situation der Entwässerungsabläufe. Dabei wird beispielsweise berücksichtigt, ob Einzelentwässerungsabläufe oder Entwässerungsrinnen bzw. ob Entwässerungsvorrichtungen inmitten oder an den Rändern der zu entwässernden Flächen vorgesehen sind. Darüber hinaus muss vor einer Gefälleplanung festgelegt werden, ob Diagonalfugen im Fliesenverlegebild aus architektonischer Sicht zugelassen werden. Trichterförmig zu Einzelabläufen oder Rinnenenden weisende Gefälle lassen sich in der Regel sachgemäß nur durch Anlegen von Diagonalfugen ausbilden. Speziell bei großformatigen Fliesen oder Platten wird häufig ein Verlegebild mit ausschließlich orthogonal verlaufenden Fugen gewünscht. Damit ist dann auch die Notwendigkeit einer sogenannten dachförmigen Gefälleausbildung verbunden. Der Begriff dachförmig wird dabei dafür gebraucht, dass die Fußbodenhoch- und Fußbodentieflinien im gesamten zu konzipierenden Gefällebereich in ein und derselben Richtung verlaufen (ähnlich von First und Traufe bei einem Sattel- oder Pultdach). Über die gesamte Länge der unteren Gefälleflächenränder müssen dann Rinnen angeordnet werden, deren Boden ein zum Ablauf weisendes Längsgefälle aufweist. Eine Gefälle- und auch eine Verlegebildplanung gestaltet sich, insbesondere unter der Maßgabe ausschließlich rechtwinklig zueinander verlaufender Fugen, vergleichsweise aufwendig, wenn Beckenumgänge einer ausgedehnten Badelandschaft sowie Fußböden angrenzender

Räume (z. B. Duschen) in homogenem Erscheinungsbild durchlaufen sollen, wobei auch die notwendigen Estrichfeldfugen aufgegriffen werden müssen. Eine kompromisslose Gefällegebung ist unter derart hohen Anforderungen unter baupraktischen Bedingungen kaum noch mit angemessenem Aufwand realisierbar. Eine Gefälle- und Verlegebildplanung muss bereits im Zuge des Grundrissentwurfs und in Verbindung mit der Estrichfugen- und Entwässerungsplanung berücksichtigt werden.

Für eine zuverlässige Ableitung des auf einem Beckenumgang anfallenden Wassers muss auf der Grundlage qualifizierter Gefälleplanung eine ausreichende Entwässerungsablaufanzahl festgelegt werden. Beispielsweise sollten Entwässerungsflächen von etwa 10 bis 15 m^2 je Ablauf nicht überschritten werden. Die Abstände zwischen den Abläufen sollten nicht größer als 5 m sein ([213], [180]). Bei sehr schmalen Umgängen von Becken mit hoch liegendem Wasserspiegel erfolgt eine Entwässerung häufig nicht über in den Boden eingelassene Abläufe, sondern in die Überlaufrinne. Damit gelangen prinzipiell auch Substanzen, wie Schmutz und Reinigungsmittel, ungewollt in die Wasseraufbereitung (siehe Kapitel 3.3) und können dort zu Aufbereitungsstörungen führen. Im ungünstigen Fall wird dadurch die Wirkung der Filterung außer Kraft gesetzt [363]. Um dies zu vermeiden, sind die schwimmbadtechnischen Anlagen der Wasseraufbereitung häufig mit speziellen Vorrichtungen ausgestattet, die im Fall der Beckenumgangs- bzw. Rinnenreinigung den Aufbereitungskreislauf und damit den Schwallwasserzufluss unterbrechen und das anfallende Reinigungswasser direkt in die Schmutzwasserableitung führen (sogenannte Rinnenumschalter). Insbesondere bei tief liegendem Wasserspiegel vermeidet eine sorgsame Reinigung, dass eine größere Menge ungewollter Substanzen in das Beckenwasser gelangt und die Wasseraufbereitung stört. Unabhängig von der Art der Beckenumgangsentwässerung lässt sich ein Eintrag kleinerer Mengen ungewollter Substanzen im laufenden Schwimmbadbetrieb häufig nicht vermeiden. Die notwendigen Badewasserparameter müssen danach im Zuge der Wasseraufbereitung verfahrenstechnisch durch entsprechende Dosierung der Wasserzusätze sichergestellt werden.

Öffnungen in einem Beckenumgang, z. B. für Heizung, Lüftung, Revision, sind grundsätzlich zu vermeiden oder möglichst weit von der direkten Schwapp- und Spritzwasserbeanspruchung entfernt anzuordnen. Anderenfalls müssen die Öffnungsränder mit einer sachgerechten Barriere gegen Schlepp- und Reinigungswasser ausgestattet oder ein in der Öffnung angeordnetes Bauteil in die Umgangsabdichtung wasserdicht eingebunden und mit einer Entwässerungsmöglichkeit versehen werden. Dabei müssen Vorkehrungen gegen Unfälle getroffen werden, z. B. indem Stolperstellen abgesichert und Oberflächen im Barfußbereich so gestaltet werden, dass Verletzungen vermieden werden.

Häufig wird eine Treppe zwischen einem Beckenumgang und darunter gelegenen Räumlichkeiten angeordnet. Auch diese sollte möglichst nicht im direkten Einflussbereich des Beckenwassers, einer Badeattraktion oder einer Dusche liegen und mit einem ausreichenden Feuchteschutz versehen werden. Der Umgang sollte ein von der Treppenöffnung weg weisendes Gefälle aufweisen. Sofern eine Treppenabdichtung vorgesehen ist, muss diese fachgerecht mit der Umgangsabdichtung verbunden und am Treppenantritt eine Entwässerungsvorrichtung angeordnet werden.

Sofern »trockene« Gebäudebereiche an den Nassbereich eines Beckenumgangs grenzen, sind entsprechende Schutzvorkehrungen für die angrenzenden Fußböden zu treffen. Gebräuchliche konstruktive Maßnahmen sind vom Übergang zum Nassbereich weg weisende Gefälle bzw. entlang des Übergangs auf der Seite des Nassbereichs angeordnete Rinnen. Die Abdichtung des Nassbereichs muss über die Nass-zu-Trocken-Grenze noch ausreichend weit hinweg bis in den Trockenbereich geführt werden (vgl. Abb. 6 in [202]). Übergänge im Spritzwasserbereich von Beckenumgängen müssen bereits planerisch ausgeschlossen werden. Um die Beanspruchung eines Nass-zu-Trocken-Übergangs mit Schlepp- und Abtropfwasser zu minimieren, sollte eine ausreichend bemessene Trockenlaufzone vorgesehen werden.

Bei der Konzeption von Beckenumgängen müssen für jeden Einzelfall auch Belastungen aus dem Befahren mit Fahrzeugen berücksichtigt werden. Üblicherweise finden in Schwimmhallen gelegentliche Befahrungen mit Hubfahrzeugen zum Unterhalt der Hallenkonstruktionen oder auch gelegentliche Befahrungen im Außenbeckenbereich von Freibädern statt. Die tatsächlich vorgesehenen Beanspruchungen müssen beim Bauherrn abgefragt werden. Anderenfalls müssen planerische Festlegungen auf der Grundlage ingenieurmäßiger Ansätze oder Überlegungen erfolgen. Aufgrund der bei Schwimmbadumgängen üblichen Feuchteschutzbemessung nach DIN 18534 [33] oder dem ZDB-Merkblatt Verbundabdichtungen [203] muss bei einer vorgesehenen Fahrzeugbefahrung eine besondere ingenieurmäßige Konzeption erfolgen. Beckenumgänge sind für eine regelmäßige Fahrzeugbefahrung originär nicht konzipiert.

Wie die Bewehrungen von Stahlbetonbeckenkonstruktionen (vgl. Kapitel 3.2.2) müssen auch Bewehrungen in Beckenumgangsbetonbauteilen bzw. etwaige Estrichbewehrungen speziell in Schwimmbädern aufgrund der hohen chemischen Beanspruchung ausreichend korrosionsgeschützt angeordnet werden. Dies ist möglich z. B. durch eine entsprechende Betondeckung, Feuchteschutzschicht bzw. Abdichtung oder durch die Verwendung von ausreichend legiertem Edelstahl.

Beckenumgangsbeheizungen werden häufig in der Bauart beheizter Estriche entsprechend den anerkannten technischen Regeln, insbesondere der DIN 18560 [39], ausgeführt. Üblicherweise werden die Heizkreisläufe auf die Estrichfelder abgestimmt bzw. eine Querung von Estrichfeldfugen auf lediglich einen Vor- und einen Rücklauf beschränkt. Daneben hat es sich in der Praxis als äußerst ratsam erwiesen, die konkrete Lage der Heizleitungskreisläufe detailliert so zu dokumentieren, dass bei etwaigen Reparaturarbeiten (z. B. bei Umgangsdurchfeuchtungen) eine weitgehend zielgenaue Ortung der Heizungsleitungslagen erfolgen kann. Im günstigsten Fall werden hierfür maßstabsgetreue Revisionszeichnungen vor dem Beginn der Estrichmörtelverlegung angefertigt. Eine thermografische Ortung der Heizungsleitungen ist im Bedarfsfall häufig aufgrund der niedrigen Vorlauftemperatur nicht zuverlässig realisierbar.

3.2.6 Oberflächenbeläge und Beckenauskleidungen

Die Oberflächen der Schwimmbeckensohle und -wandungen (die Beckenauskleidung), einschließlich der Oberflächen von Beckentreppen, Unterwasserliegebänken und Ähnlichem müssen mechanisch, chemisch und biologisch widerstandsfähig sowie alterungs-, licht- und farbbeständig sein. Dies gilt auch für die Gehbeläge in Schwimmbädern.

Im modernen Schwimmbadbau werden neben Fliesen- bzw. Plattenbelägen aus Keramik, Glas und Naturwerkstein auch Kunststoffe zur Beckenauskleidung und als Oberfläche von wasserbeaufschlagten, barfuß zu begehenden Fußböden, sogenannten nassbelasteten Barfußbereichen, eingesetzt (siehe Kapitel 3.2.7). Zum Teil kommen auch Betonwerkstein- und Gussasphaltbeläge zum Einsatz.

Eine nicht zwingend notwendige Auskleidung von Edelstahl- und Kunststoffbecken lässt sich prinzipiell aus gestalterischen Gründen in Erwägung ziehen und ist technisch auch realisierbar, z. B. bei Schwimmbecken auf Kreuzfahrtschiffen ([269], [280]).

Bei AIV übernehmen die Fliesen- und Plattenbeläge aus Keramik, Glas oder Naturstein gemäß DIN 18535-3 [34] die Funktion einer gleichzeitigen Schutz- und Nutzschicht. Nach [34] sind auch Bodenklinkerplatten nach DIN 18158 [21] zur Nutzschichtausbildung geeignet.

Etwaige metallene Kanten- oder Feldbegrenzungsprofile und anderweitige in Beläge und Auskleidungen integrierte Metallbauteile müssen aufgrund der hohen chemischen Beanspruchung in Schwimmbädern aus einer ausreichend widerstandsfähigen Legierung gefertigt sein.

Wesentliche Hinweise zu Werkstoffen zur Beckenauskleidung im Bäderbau sind der DGfdB-Arbeitsunterlage A 67 [192] entnehmbar.

Kunststoffbeschichtungen und -auskleidungen

Wie bei Becken aus Kunststoff muss auch bei Schwimmbecken, die mit Kunststoffbelägen ausgekleidet werden, eine Gesundheitsgefahr durch den Kontakt der eingesetzten Kunststoffe mit dem Badewasser ausgeschlossen werden (vgl. Abschnitt Kunststoffbecken in Kapitel 3.2.2).

Noch bis in die 1980er-Jahre häufig eingesetzte Schwimmbeckenauskleidungen aus Kunststoff- oder Gummimaterialien, wie z. B. mit Chlorkautschukfarbe, selbsthärtenden Kunstlacken, Zementfarben, PVC- oder Polyesterfolien ([346], [274]), sind mit dem Risiko einer hohen Fehlerrate bezüglich der Materialauswahl und -verarbeitung verbunden.

Die in Deutschland seit Kurzem meist in kleineren Schwimmbecken bzw. Pools eingesetzten Beschichtungen aus Polyurea (PUA) müssen wie die den anerkannten Regeln der Technik entsprechenden Abdichtungen (vgl. Kapitel 3.2.3 und 3.2.5) lückenlos und mit durchgehend ausreichender Schichtdicke erstellt werden. PUA-Produkte wurden in den 1980er-Jahren in den USA unter anderem als Korrosionsschutz für Metallkonstruktionen im Außenbereich, z. B. bei Stahlbrücken, entwickelt. Sie wurden Ende der 1980er-Jahre in den Markt eingeführt und bis in die 2010er-Jahre auch weltweit verbreitet [234]. Sie werden unter anderem als Betonbeschichtungen, z. B. bei Parkhaus-, Kühlturm- oder Klärwerkskonstruktionen, als Feuchteschutzschichten, wie beispielsweise zur Dach- oder Terrassenabdichtung sowie zur Fußbodenbeschichtung eingesetzt [234]. In [241] wurde im Jahr 2012 dargelegt, dass PUA seit einigen Jahren als Polyurethanmodifikation mit neuen Leistungsmerkmalen in den Markt eingeführt worden ist. Die Beschichtungsränder bzw. -abschlüsse müssen, um ausufernde Ablösungen oder Untergrundschädigungen zu vermeiden, so verwahrt werden, dass sie nicht von Wasser unterwandert oder unterlaufen werden können. Einbauteile müssen in diese Art der abdichtenden Beschichtung wasserdicht eingebunden werden (analog zu Einbauteilen in Abdichtungen; vgl. Kapitel 3.2.3).

Im Jahr 2019 entspricht es dem Stand der Technik, Schwimmbecken aus Betonfertigteilen (vgl. Kapitel 3.2.2) bereits im Fertigteilwerk im Verbund mit Kunststoffplatten herzustellen. Der Verbund zwischen der Betonoberfläche und den Kunststoffplatten erfolgt über Verkrallen von an den Plattenrückseiten in einem Raster angeordneten Noppen (Bild 130).

Bild 130 ▪ Prinzipdarstellung eines Kunststoffplattenverbunds mit einem Betonfertigteil über ein Noppenraster (Quelle: STEULER-KCH GmbH, Siershahn [281])

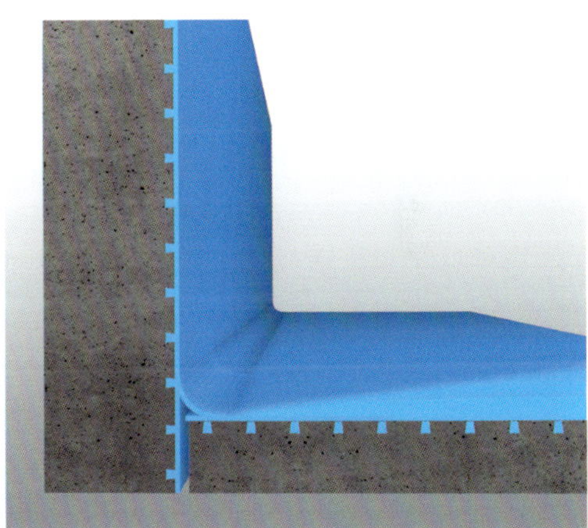

Bild 131 ▪ Prinzipdarstellung einer Verbindung von Kunststoffverbundplatten mittels Kunststoffstreifen am Übergang zwischen Beckenboden und Wand (Quelle: STEULER-KCH GmbH, Siershahn [281])

Diese Kunststoffbeckenauskleidung wird wannenartig ausgebildet, indem die Kunststoffplattenränder entlang den Fugen der Beckenrohbaukonstruktion durchgehend mit entsprechenden Kunststoffstreifen verbunden werden (Bild 131).

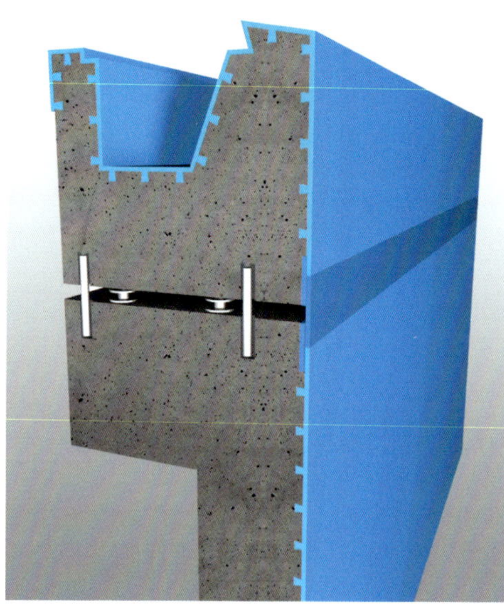

Bild 132 ▪ Prinzipdarstellung eines Fertigteilbeckenkopfquerschnitts mit Verbindungs- und Justierbauteilen aus Metall (Quelle: STEULER-KCH GmbH, Siershahn [281])

Ein großer Vorteil bei der Schwimmbeckenherstellung aus Fertigteilen ist eine industrielle und damit sehr zuverlässig dichte Einbindung von Einbauteilen (vgl. Abschnitt Detailkonstruktionen in Kapitel 3.2.3) in die wasserdichte Auskleidungsebene. Gegenüber einer manuellen Beckenkopfmodellierung, die unter Baustellenbedingungen für einen gleichmäßigen Wasserüberlauf entlang des Beckenrandes besondere Sorgfalt erfordert (vgl. Bild 112), haben Betonfertigteile unter Anderem den Vorteil der bereits industriell realisierbaren hohen Maßhaltigkeit sowie der vor Ort möglichen präzisen Höhenjustierung (Bild 132). Betriebs- und alterungsbedingte Schadstellen, die früher bei flüssig aufgebrachten oder bahnenförmigen Kunststoffbeckenauskleidungen häufig aufgetreten sind, werden durch die Robustheit der Kunststoffplatten gegenüber den schwimmbadspezifischen mechanischen und chemischen Beanspruchungen weitgehend vermieden. Dies betrifft bei Außenbecken auch die Beanspruchung durch Frost und UV-Strahlung.

Insbesondere die langfristig zuverlässige Funktionsfähigkeit von Kunststoffbelägen oder -beschichtungen, die nicht nur einer optischen Oberflächengestaltung dienen, sondern allein – ohne schützenden Fliesen- oder Plattenbelag – eine Feuchteschutzfunktion übernehmen sollen, muss durch einen qualifizierten Verwendbarkeitsnachweis belegt sein (z. B. ETA, abP). Hierfür muss neben der Standfestigkeit der Beschichtung selbst insbesondere auch die Fähigkeit zur Überbrückung von Untergrundrissen nachgewiesen sein.

Bild 133 ▪ Vermeintlich durch osmotischen Druck großflächig abgelöste Beschichtung (Quelle: PCI Augsburg GmbH, Augsburg [269])

In vielen Fällen wurde – ausgelöst durch einen von Klopfer in [265] beschriebenen Schadensfall aus dem Jahr 1969 – seit Mitte der 1980er-Jahre auch verstärkt berichtet, dass für Beschichtungsablösungen die sogenannte osmotische Blasenbildung verantwortlich ist (z. B. in [295], [304] und [305]; Bild 133).

Der Osmoseschadensprozess ist beispielsweise von Heddenahausen in [308], von Engelfried in [241] und von Nürnberger in [267] (siehe dort Farbabb. 12.12) beschrieben. Ebenso ist ein vermeintlicher Osmoseschaden anhand eines anschaulichen Falls in [272] (dort Kapitel 4.1.6.6) beschrieben.

Im Jahr 2008 wurden von Wolff und Raupach in [362] neueste Erkenntnisse bezüglich der Osmose dargelegt, die lange Zeit als eine wesentliche Schadensursache erachtet, jedoch nie gänzlich ergründet wurde.

Insbesondere Reaktionsharzbeschichtungen sind zwar gemäß [362] anfällig gegenüber Blasenbildungen. Forschungsergebnissen zufolge werden diese Blasenbildungen jedoch nur in etwa 3 % aller Schadensfälle tatsächlich durch Osmosevorgänge hervorgerufen. Vielmehr sind speziell die mit längerer Zeitverzögerung nach Beschichtungsherstellung auftretenden Blasen auf physikalische Wechselwirkungen mit einem mineralischen Untergrund (Beton, Ausgleichsestrich/-putz) sowie auf lokale Grundierungsfehlstellen zurückzuführen (z. B. infolge unsachgerechter Abstreuung).

tion ansehen und stellen insofern ohne eine Abdichtungsstofflage keine fachgerechte Abdichtungsbauart dar.

Um eine ausreichende Ebenheit der Fliesenbelagsoberflächen im fertigen Zustand zu erzielen, müssen bereits bei der Planung der Rohbaugeometrien die Abmessungen der vorgesehenen Keramikbauteile (insbesondere bei der Anwendung keramischer Formteile für Rinnen, Beckentreppen, Unterwasserliegen etc.), die aus der Abdichtung erwachsenden Schichtdicken sowie die unvermeidlichen handwerklichen Toleranzen planerisch berücksichtigt werden. Über die einfache Dicke vorgesehener Abdichtungsbahnen hinausgehend müssen auch die sich aus Übergreifungen ergebenden Schichtdicken beachtet werden, die bereits bei einer einlagigen Verlegung von Kunststoffbahnen die dreifache Dicke zuzüglich der Kleberschichten ausmachen. Bei Butylkautschukbahnen entsteht an Übergreifungen in der Praxis verarbeitungstechnologisch bedingt in der Regel etwa die zweifache Dicke. Detaillierte Hinweise hierzu sind in [219] zusammengestellt.

Im Hinblick auf eine langfristige Haltbarkeit sollten die Keramikwerkstoffe im Dauernassbereich über die ohnehin im hoch wasserbeanspruchten Bereich geforderte geringe Wasseraufnahme von $E \leq 3\,\%$ hinausgehend eine sehr niedrige Wasseraufnahme von $E \leq 0{,}5\,\%$ gemäß den Gruppen A Ia und B Ia nach DIN EN 14411 [87] aufweisen [219].

Im Außenbereich müssen sowohl die Fliesen als auch deren Kombination mit dem Verlegemörtel frostbeständig sein. Zum Schutz vor Fliesenbelagsschäden, insbesondere infolge unzureichender Untergrundfestigkeit und/oder ungewollter schwindbedingter Untergrundverformungen, ist neben der fachgerechten Prüfung der Belegreife auch eine sachgemäße Schutzvorrichtung, wie beispielsweise ein Wetterschutzdach oder eine gegebenenfalls auch beheizte Einhausung anzuordnen (vgl. Kapitel 2.3.1).

Die wesentlichen Eigenschaften der Fliesen und Platten sind durch die Fliesenhersteller nachzuweisen. Hierfür existiert eine Reihe entsprechender Prüfnormen [113]. Beispielsweise wird die Wasseraufnahme nach Teil 3 der DIN EN ISO 10545 [113] ermittelt. Die Temperaturwechselbeständigkeit wird nach Teil 9 sowie die Frostbeständigkeit nach Teil 12 der Norm [113] ermessen (100-fache Frost-Tau-Wechsel [249]). Frostbedingte Fliesenschäden nach 50 und 100 Frost-Tau-Zyklen werden auf anschauliche Weise beispielsweise in [278] aufgezeigt (siehe auch Bild 180 und Bild 181 in Kapitel 4).

Die Ausführung keramischer Fliesenbeläge im Dünnbettverfahren richtet sich im Wesentlichen nach Teil 1 und Teil 3 der DIN 18157 [20].

Bild 135 ▪ Bestreichen einer Fliesenrückseite (Buttering) im Zuge des Fliesens eines Beckenbodens (Quelle: Sopro Bauchemie GmbH, Wiesbaden [280])

Bild 136 ▪ Verlegung von Bodenfliesen auf einem Beckenumgang im Floating-Buttering-Verfahren (Quelle: PCI Augsburg GmbH, Augsburg [269])

Die Fliesen müssen zur Vermeidung späterer Ablösungen weitgehend hohlraumfrei verlegt werden. Eine weitgehend hohlraumfreie Verlegung wird auch mit dem ZDB-Merkblatt Schwimmbadbau [202] vorgeschrieben. Ablösungen können beispielsweise entstehen durch unterwanderndes Bade- oder Reinigungswasser, durch eindringende Fremdstoffe (z. B. Schmutzpartikel) und im Außenbereich durch Frostbeanspruchung.

Eine nahezu hohlraumfreie Verlegung wird sowohl durch Aufkämmen des Mörtels mit einem Kammspachtel auf dem Untergrund, sogenanntes Floating, als auch durch Bestreichen der Fliesenrückseiten mit einem Kratzspachtel, sogenanntes Buttering, (Bild 135) erreicht. Die Kombination dieser beiden Verfahren wird als Floating-Buttering-Verfahren bezeichnet ([202]; Bild 136).

Die Fliesen sind vor Beginn einer Mörtelhautbildung durch Einschieben und Einklopfen zu verlegen [20]. Hierbei platten die mit der Kammspachtelung erzeugten Mörtelwülste durch das Andrücken der Fliese ab (Bild 137), werden jedoch auch durch das horizontal gerichtete Schieben schräg gestellt bzw. verschwimmen bzw. verschmieren (Bild 138).

Bild 137 ▪ Demonstration des Abplattens von Mörtelwülsten durch das Andrücken einer Glasplatte (Quelle: PCI Augsburg GmbH, Augsburg [244])

Bild 138 ▪ Demonstration hohlraumfreier Verlegung durch Verschmieren der Mörtelwülste beim Einschieben einer Glasplatte (Bild: PCI Augsburg GmbH, Augsburg [244])

Der auf der Fliesenrückseite »aufgebutterte« Mörtel dient dem weitestgehend sicheren Ausfüllen verbleibender Hohlräume in dem auf dem Untergrund »gefloateten« Mörtel. Entstehende Luftblasen können durch das Einklopfen bzw. Einschwimmen entweichen und der Kavernenanteil wird auf diese Weise minimiert. Bei zunehmender Plattengröße lässt sich manuell immer weniger Druck für eine ausreichend weite Kavernenminimierung aufbringen. Zur Erzielung einer weitgehenden hohlraumfreien Verlegung sollte die Plattengröße in hoch wasser- bzw. feuchtebeanspruchten Bereichen, wie in Schwimmbecken, auf Beckenumgängen, in Gemeinschaftsduschen und Feuchtsaunen bereits planerisch auf $l/b \approx 30/30$ cm begrenzt werden [219].

Ein hohes Schadenspotenzial liegt bei der Aus- bzw. Bekleidung von Stahlbetonkonstruktionen im Schwinden des Betonuntergrundes. Dies wurde bereits zum Ende der 1980er-Jahre anhand eines anschaulichen Schadensfalls von Edelmann in [239] dargelegt. Eine zuverlässige Schadensvermeidung ist lediglich durch eine möglichst lange Wartefrist zwischen dem Ausschalen der Betonkonstruktion und dem Beginn der Fliesenarbeiten möglich. Durch das Anordnen einer elastischen Schicht zwischen der Betonoberfläche und dem Fliesenbelag, einer sogenannten Entkoppelungsschicht (z. B. AIV, elastischer Fliesenkleber) lässt sich die Schadensgefahr ebenfalls eingrenzen [246]. Bislang wurde von einem ausreichenden Abklingen des Betonschwindens innerhalb einer Zeitspanne von etwa 180 Tagen ausgegangen. Dies spiegelte sich unter anderem in dem in DIN 18157 [20] angegebenen Richtwert von sechs Monaten wieder. Dieser Wert findet sich ebenfalls im DGfdB-Merkblatt 25.01 [178], wurde im ZDB-Merkblatt SCHWIMMBADBAU [202] aufgegriffen und ist in die im Jahr 2017 erschienene Norm zur Behälterabdichtung, die DIN 18535 [34], aufgenommen worden [219]. Dabei muss berücksichtigt werden, dass sich der Schwindvorgang verzögert bzw. unterbrochen wird, wenn der Beton einer Wasserbeanspruchung ausgesetzt ist. Allgemein wird davon ausgegangen, dass ein Beginn der Fliesenarbeiten nach Erreichen der Nenndruckfestigkeit des Betons realisierbar ist, sofern eine extreme Austrocknung des Betons vermieden wird (in der Regel Festigkeit nach 28 Tagen; Prüfung anhand von Probewürfeln). Sachgemäße Anhaltswerte für Wartefristen in Abhängigkeit vom jeweiligen Fliesenbelagsuntergrund (insbesondere Beton, Estrich, Putz) listet das ZDB-Merkblatt SCHWIMMBADBAU auf [202]. Dort wird auch darauf hingewiesen, dass Bauteile von Beckenkonstruktionen, die im Rohbau beidseitig austrocknen, auf den nicht zu bekleidenden, freiliegenden Außenseiten durch Nachbehandlung vor zu schnellem Feuchtigkeitsentzug zu schützen sind. Einer extremen Austrocknung kann durch verschiedene Maßnahmen entgegengewirkt werden:

- möglichst frühzeitige Probebefüllung,
- möglichst frühzeitige Inbetriebnahme nach Abschluss der Fliesenarbeiten,

- Beschränkung der zur Wartung notwendigen Beckenentleerungen auf minimale Zeiträume,
- Vermeidung des vollständigen Fliesenaustrocknens sowie
- Schutz der Außenbecken gemäß den Vorgaben der DGfdB-Arbeitsunterlage A66 [191].

Gegenüber baustellenüblichen Herstellungsbedingungen und auch üblichen Nutzungsrandbedingungen müssen die genannten Vorgaben jedoch als idealisiert angesehen werden. Der Vorgabe des Merkblatts 25.01 [178] sollte deshalb nicht uneingeschränkt gefolgt werden. Die Ausgabe des ZDB-Merkblatts Schwimmbadbau [202] aus dem Jahr 2008 schloss sich entgegen der Vorgängerversion aus dem Jahr 2005 auch nicht mehr dem damaligen Merkblatt 25.01 aus dem Jahr 2002 [178] an.

In der Praxis hat sich zwar die Einhaltung einer sechsmonatigen Wartefrist bei Fliesenbelägen auf Betonoberflächen und einer dreimonatigen Frist bei Fliesenbelägen auf Ausgleichsschichten (Estrich, Putz etc.) bzw. auf Verbundabdichtungen bewährt [355]. Für eine zuverlässige Schadensvermeidung sollte jedoch eine seriöse Entscheidung über die Freigabe der Fliesenarbeiten stets auch auf einer rechnerischen Prognose zum tatsächlich zu erwartenden Gesamtschwindverhalten der betreffenden Betonkonstruktion basieren (siehe auch [239]).

Schwindverkürzungen von Betonbauteilen sind von mehreren Faktoren abhängig (Grundschwindmaß ε_{S0} nebst Beiwert k_s, Schwindbeiwert in Abhängigkeit vom wirksamen Betonalter $k_{s,t}$, wirksame Bauteildicke d_{ef}) und lassen sich im Einzelfall rechnerisch bestimmen.

In Abhängigkeit von den geplanten Bauteilabmessungen und den betontechnologischen Möglichkeiten lässt sich das Schwindmaß unter Umständen in einer Spanne von 28 Tagen auf ein unschädliches Maß reduzieren. Anhand von Beispielen wurde jedoch in [262] dargelegt, dass bei massiven Betonbauteilen auch durchaus 75 % des Gesamtschwindmaßes erst in einem langfristigen Zeitraum nach Ablauf von 180 Tagen entstehen können.

Bei dickeren Betonbauteilen kann die Schwindverformung des Gesamtbauteils noch zu erheblichen Fliesen- bzw. Plattenschäden führen, auch wenn der Schwindprozess im oberflächennahen Beton bereits größtenteils abgeschlossen ist.

Bei Putzen und Estrichen üblicher Dicken ist nach Erreichen eines in [202] empfohlenen Mindestalters von 28 Tagen nicht mehr mit erheblichen Schwindverformungen zu rechnen. Diese Frist kann sich jedoch unter ungünstigen klimatischen Bedingungen auch verlängern. Die Belegreife sollte in jedem Einzelfall gesondert beurteilt werden. Der Feuchtegrad von Zementestrichen auf Trenn- oder Dämmschichten sollte zum Beginn der Fliesenarbeiten 2 CM-% nicht überschreiten [202]. Insbesondere bei Estrichen mit trocknungsbeschleunigenden Zusätzen, sogenannten Schnellestrichen, sollte bereits planerisch berücksichtigt werden, dass über die von den Industrieproduktherstellern bezifferte Belegreifefrist hinausgehend Rest- bzw. Nachschwindverformungen auftreten können. Während eine frühe Belegreife für einen zügigen Bauablauf sinnvoll und bei kleinteiligen Estrichflächen häufig unproblematisch ist, liegt in dem Rest- bzw. Nachschwinden größerer Estrichflächen ein reales Schadensrisiko (siehe auch Kapitel 5.11)

Der Verlauf von Gebäudetrennfugen ist auch in den Fliesen- und Plattenbelägen durch entsprechende Fugenausbildung zu übernehmen. Auch an den Übergängen der Fliesen- und Plattenbeläge zu angrenzenden Bauteilen sind sachgerechte Anschlussfugen auszubilden [201].

Zur Vermeidung von Zwängungsschäden aus hygrisch und thermisch bedingten Dehnungen sind Feldbegrenzungsfugen in den Fliesen- und Plattenbelägen anzulegen [201]. Bei Bodenbelägen auf Beckenumgängen sollten die Fugenabstände ein Maß von etwa 8 bis 12 m im Innenbereich (auf Dämmschichten ≤ 8 m) und von etwa 2,5 bis 5 m im Außenbereich nicht überschreiten [201]. Die Felder sollten kein größeres Seitenverhältnis als 1 : 2 erhalten. Im Außenbereich werden Beläge mit hellen Farbtönen angeraten [200].

Speziell bei Schwimmbecken sind Feldbegrenzungsfugen entlang von Knicken, an Versprüngen der Beckentiefe, in Wandungsecken und am Übergang zwischen Sohle und Wänden ratsam (sogenannte Flächenrichtungswechsel [219]). In Außenbecken werden diese Fugen als erforderlich angesehen [201]. Auch entlang von Flächenrichtungswechseln, an denen im Untergrund keine Bauteilfuge verläuft (z. B. in WU-Betonkonstruktionen), sollte zumindest eine elastische Dichtstoffverfugung im Fliesenbelag angeordnet werden, um etwaige schädigende Einflüsse aus Zwängungsspannungen aneinandergrenzender Fliesenbelagsfelder zuverlässig auszuschließen [219] (gilt auch für Glas- und Natursteinauskleidungen; siehe folgende Abschnitte).

Die Ebenheit eines fertigen Fliesenbelags an der Beckensohle hat in der Regel mindestens den Vorgaben der Zeile 3 in Tabelle 3 der DIN 18202 [25] zu entsprechen. In der Praxis kommt dies einem Stichmaß von s ≤ 6 mm bei Anlegen einer 2 m langen Wasserwaage gleich (Bild 4 in [25]; bei erhöhter Anforderung gem. Zeile 4 der Tabelle 3 in [25]: s ≤ 5 mm auf einer Messlänge von 2 m).

Für die Ebenheit der Fliesenbeläge an den Beckenwandungen gelten allgemein die etwas höheren Anforderungen der Zeile 7 in Tabelle 3 der DIN 18202 [25] (s ≤ 4,5 mm auf einer Messlänge von 2 m).

Bild 140 ▪ Vorderseitig mit Papier verklebte Mosaikmatte (Quelle: PCI Augsburg GmbH, Augsburg [243])

Bild 141 ▪ Vorderseitig mit transparenter Folie verklebte Mosaikmatte (Quelle: PCI Augsburg GmbH, Augsburg [243])

Bild 142 ▪ Rückseitig mit Kunststoffnetz verklebte Mosaikmatte (Quelle: PCI Augsburg GmbH, Augsburg [243])

Bild 143 ▪ Beispiel einer Mosaikverlegung mit vorderseitiger Verklebung: Einklopfen der Mosaikmatte (Quelle: PCI Augsburg GmbH, Augsburg [243])

Bild 144 ▪ Beispiel einer Mosaikverlegung: Entfernen der vorderseitigen Verklebung (Quelle: PCI Augsburg GmbH, Augsburg [243])

Bild 145 ▪ Beispiel einer Mosaikverlegung: Vorbereiten der fertigen Mosaikfläche zum Verfugen (Quelle: PCI Augsburg GmbH, Augsburg [243])

Beläge und Auskleidungen aus Glasfliesen und -platten

Glasfliesen nehmen prinzipiell kein Wasser auf und sind demzufolge für eine Verlegung mit Mörteln der Klasse C [72] ungeeignet. Sofern das Material zur Verbesserung des Haftverbundes mit einer rückwärtigen Beschichtung versehen ist, muss diese bei Verwendung hydraulischer Mörtel alkalibeständig sein. Unbeständige Beschichtungsstoffe können verseifen und neben optisch störenden Schlieren auch Ablösungen herbeiführen [243].

Fliesen aus vorgespannten Gläsern sind sehr empfindlich gegenüber mechanischen Beanspruchungen und zerbrechen deshalb häufig beim Schneiden oder Bohren unter Baustellenbedingungen. Fliesenmaterial aus vorgespanntem Glas muss deshalb detailliert geplant und bereits vorgefertigt angeliefert werden [243].

Bild 146 ▪ Beispiel einer Glasfliesenverlegung: Herstellen eines weißen Verlegeuntergrundes (Quelle: PCI Augsburg GmbH, Augsburg [243])

Bild 147 ▪ Beispiel einer Glasfliesenverlegung im Floating-Buttering-Verfahren (Quelle: PCI Augsburg GmbH, Augsburg [243])

Sofern zur Herstellung kein transparentes Glas verwendet wird, sind die eingesetzten Materialien meist zumindest transluzent. Der Verlegeuntergrund scheint somit mindestens schemenhaft durch den Belag. Deshalb ist zur Erzielung eines optisch ansprechenden bzw. ungestörten Bekleidungsresultats eine besonders sorgfältige Untergrundvorbereitung notwendig.

Das Material ist mit weißem Kleber zu verlegen (Bild 146 bis Bild 149). Bei der Glasverlegung muss ein absolut hohlraumfreies Kleberbett hergestellt werden, da später divergierende Durchfeuchtungen und auch Mikroorganismenbefall optisch unansehnliche Schattierungen hervorrufen können.

Sofern die Gefahr eines Durchschlagens von Farbstoff aus dem Untergrund besteht, muss dieser mit einer entsprechenden Grundierung vorbehandelt werden.

Bild 148 ▪ Beispiel einer Glasfliesenverlegung: Verfugung mit weißem Mörtel (Quelle: PCI Augsburg GmbH, Augsburg [243])

Bild 149 ▪ Beispiel einer Glasfliesenverlegung: Reinigung der fertigen Fliesenfläche (Quelle: PCI Augsburg GmbH, Augsburg [243])

Anders als bei der Verlegung keramischer Beläge muss Glaserhandwerkzeug für die Bearbeitung des Glasfliesenmaterials herangezogen werden.

Anstelle angezeichneter und später gegebenenfalls durchscheinender Verlegehilfslinien dürfen zur Ausrichtung von Glasfliesenreihen nur Schnüre gespannt oder Rotationslasergeräte eingesetzt werden [243].

Die Hinweise zur Glasfliesenbearbeitung gelten analog auch für die Verlegung von transluzenten Natursteinplatten oder transluzentem Naturstein-Mosaik, z. B. aus den Gesteinen Onyx, Estremoz, Sivec oder Thassos [321].

Natursteinbeläge und -auskleidungen

Naturstein wird immer häufiger als Belags- bzw. Bekleidungsmaterial zur individuellen und anspruchsvollen Gestaltung fantasievoller Badelandschaften eingesetzt. Die Optik und Haptik von Naturstein erzeugen ein Ambiente, das moderner Wellnessphilosophie gerecht wird [242], [354].

Auch Natursteinbeläge müssen sämtliche schwimmbadspezifischen Anforderungen erfüllen. Die betreffenden Gesteine müssen mechanisch belastbar sowie beständig gegen Reinigungsmittel und Körperpflegeprodukte sein und dürfen auch Mikroorganismen keine Lebensgrundlage bieten. Sie müssen auch als nassbelasteter Barfußbereich (Bild 150) und als Arbeitsbereich ausreichend rutschsicher sein. Die notwendigen Vorkehrungen zur Erzielung ausreichender Rutschsicherheit nassbelasteter Barfußbeläge werden in Kapitel 3.2.7 beschrieben.

Fliesen aus Naturstein müssen den Anforderungen der DIN EN 12057 [73], Natursteinbodenplatten und -stufenbeläge denen der DIN EN 12058 [74] und Bekleidungsplatten aus Naturstein denen der DIN EN 1469 [65] entsprechen.

Naturstein für Beläge im Außenbereich muss frostbeständig sein. Entsprechende Prüfung erfolgt auf Grundlage der DIN EN 12371 [77].

Die petrografischen Eigenschaften des Natursteinmaterials werden nach DIN EN 12407 [78] bestimmt. Auf Grundlage eines entsprechenden Anbieterzertifikats ist eine von Produkt- oder Handelsbezeichnungen unabhängige Information über die Eigenschaften des gewünschten Gesteins möglich.

Natursteinprodukte in Wasserwechselzonen und Spritzwasserbereichen von hoch salzbelasteten Thermal- bzw. Solebädern müssen zur Vermeidung von Salzkristallisationen und daraus resultierenden Gefügeschäden gegenüber kristallinem Salzdruck beständig sein (Prüfung nach DIN EN 12370 [76]).

Bild 150 ▪ Wasserfilm in einem nassbelasteten Barfußbereich eines mit Natursteinplatten belegten Beckenumgangs

Natursteine für den Dauernassbereich sollten zur Vermeidung eines Eindringens schädlicher Substanzen prinzipiell ein möglichst geringes Wasseraufnahmevermögen besitzen. Bei Gesteinen mit hohem Kapillarporenanteil können beispielsweise Mikroorganismen in das oberflächennahe Gefüge einwandern und lassen sich auch durch intensive Reinigungsmethoden nur schwer entfernen. Auch Reinigungsmittel und andere mit Farbstoffen versetzte Medien können in porösen Gesteinsarten zu optisch störenden Verfärbungen führen.

Demgegenüber sind bei niedriger Saugfähigkeit des Gesteins kunststoffvergütete Verlegemörtel zur Erzielung eines ausreichenden Haftverbundes zwischen Stein und Mörtel notwendig.

Bei der Verwendung hydraulischer Verlegemörtel lassen sich Ausblühungen und Verfärbungen grundsätzlich durch niedrige w/z-Werte und Abbindebeschleuniger verhindern.

Entscheidende Natursteineigenschaften wie beispielsweise das Wasseraufnahmevermögen und die Gefahr eines Durchscheinens sind unterteilt nach Erstarrungs-, Sediment- und Metamorphgestein in der Tabelle 1 gegenübergestellt.

Die Auswahl von Natursteinprodukten bedarf einer hohen Sachkunde bzw. einer qualifiziert aufklärenden Beratung. Bekannte Schadensrisiken und entsprechende prophylaktische Lösungsansätze zeigt die Tabelle 2 auf.

Da für öffentliche Schwimmbäder unter anderem auch eine Reinigung mit sauren Mitteln vorgeschrieben ist, lassen sich beispielsweise säureempfindliche Marmorbeläge nicht uneingeschränkt empfehlen. Auch Gesteine mit hohem Eisengehalt lassen sich für Schwimmbäder nicht unbedingt empfehlen [354].

Tabelle 1 ▪ Gegenüberstellung entscheidender Eigenschaften von Erstarrungs-, Sediment- und Metamorphgestein (Quelle: PCI Augsburg GmbH, Augsburg [242])

	Naturwerksteine					
	Erstarrungsgesteine		Sedimentgesteine		Umwandlungsgesteine	
Eigenschaften	Plutonite	Vulkanite	Kalksteine	sonstige	Marmor	sonstige
Wasseraufnahme	gering	hoch	hoch	hoch	mittel	mittel
Haftverbundrisiko	ja	nein	nein	nein	nein	ja
Verfärbungsrisiko	möglich	möglich	möglich	hoch	möglich	möglich
Ausblührisiko	nein	nein	hoch	möglich	möglich	nein
Durchscheinrisiko	nein	nein	möglich	nein	hoch	nein

Die Ausführung der Natursteinarbeiten richtet sich grundsätzlich nach den Vorgaben der VOB-Norm DIN 18332 [26]. Wesentliche technische Hinweise zur Anwendung von Naturstein enthält die anerkannte Merkblattsammlung des Deutschen Naturwerkstein-Verbandes [195]. Beispielsweise ist auch bei Natursteinbelägen eine hohlraumfreie Verlegung notwendig [242].

Da Produkte aus Gestein naturbedingte Schwankungen des optischen Erscheinungsbildes aufweisen, sollten zur Vermeidung von Missverständnissen oder späteren Streitigkeiten ein Materialmuster bzw. die davon zulässigen Abweichungen vertraglich vereinbart werden. Häufig werden in Unkenntnis bezüglich des bestellten Natursteinmaterials gesteinsspezifische optische Auffälligkeiten kritisiert, die keinen Material- oder Ausführungsmangel darstellen (Bild 151).

Auskleidungen und Beläge aus künstlich hergestellten Gesteinen sind meist gegenüber Feuchte und Alkalität empfindlich und auch wegen der vergleichsweise ungünstigen hygrischen und thermischen Dehneigenschaften für die Verwendung in Schwimmbädern und Freizeitanlagen ungeeignet [242].

Tabelle 2 ▪ Potenzielle Schadensrisiken und vorbeugende Lösungsansätze bei der Herstellung von Natursteinbelägen (Quelle: PCI Augsburg GmbH, Augsburg [242])

Parameter	potenzieller Mangel	risikobehaftetes Gestein	Lösung
Porosität	mangelhafter Haftverbund bei zu geringer Porosität	Plutonite, Kunststeine	▪ schnell abbindender, kunststoffmodifizierter Verlegemörtel
Verformungs-anfälligkeit	Verlust des Haftverbundes während der Abbindephase des Verlegemörtels durch Verschüsselung	Kunststeine, Serpentinite, dünne Schieferplatten	▪ schnell abbindender Verlegemörtel ▪ Verlegetemperatur 15 bis 25 °C ▪ Reaktionsharzkleber
Transluzenz (Durch-sichtigkeit)	Abzeichnen von Mörtelbatzen oder Kleberstegen	dünne, helle Platten, z. B. Carrara Marmor	▪ weißer Verlegemörtel ▪ Kratzspachtelung auf der Plattenrückseite ▪ hohlraumfreie Verlegung
Verfärbungs-anfälligkeit	Transport farbiger Verunreinigungen an die Belagsoberfläche durch das Anmach-wasser des Verlegemörtels	Sedimentgesteine, eisenhaltige Naturwerksteine	▪ schnell abbindende Verlegemörtel
Ausblührisiko	Transport freien Kalks an die Belagsoberfläche durch das Anmachwasser des Verlegemörtels	Kalksteine, Marmor	▪ schnell abbindender Verlegemörtel ▪ Verlegetemperatur mindestens 10 °C
Schiefer	Hohllagigkeit durch haftungsfeindliche Öle, Verschüsselung	Ölschiefer, Asphaltschiefer	▪ evtl. Vorreinigung mit Aceton ▪ hoch kunststoffmodifizierter, schnell abbindender Verlege-mörtel
Kunststein	Verschüsselung, Verseifung des Bindemittels	Agglo-Marmor, Agglo-Platten, Kunststeinplatten	▪ schnell abbindender, kunst-stoffvergüteter Verlegemörtel ▪ Reaktionsharzkleber
Padang-Granite	irreversible Verfleckung des Belags durch sehr schnelle Wasseraufnahme	z. B. Padang G633, dünne Plattenware	▪ sehr schnell abbindender Verlegemörtel ▪ Verlegetemperatur 15 bis 25 °C ▪ keine Überwässerung des Verlegemörtels

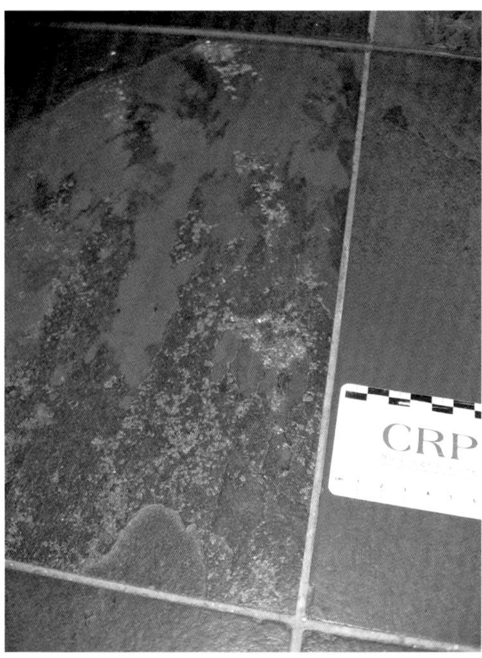

Bild 151 ■ In diesem Schieferbelag als optisch störend bemängelte, metallisch-weißliche Flecken, die auf naturbedingte mineralische Einschlüsse aus silbrig glänzenden Glimmerschieferschuppen zurückzuführen sind

Beläge aus Betonwerksteinplatten

Die Widerstandsfähigkeit von Betonwerksteinplatten gegenüber den schwimmbadspezifischen Beanspruchungen muss der Widerstandsfähigkeit übriger Belagsarten entsprechen. Zudem müssen Betonwerksteinplatten die Vorgaben der DIN V 18500 [30] erfüllen.

Gussasphaltbeläge

Bodenbeläge aus Gussasphalt werden im Schwimmbadbau etwa seit dem Ende der 2010er-Jahre als sogenannter Gussasphalt-Terrazzo eingesetzt. Ausführungsbeispiele finden sich in [292] und [293]. Dabei wird der Asphalt mit farbigem Zuschlag bzw. Zusatz versehen, der eine Durchfärbung bewirkt. Ein aus architektonischer Sicht angeordneter Farbton wird durch die Farbgebung und die Intensität des Zuschlagstoffs bewirkt, wobei durch Mischen von Farbtönen eine große Farbtonbandbreite realisierbar ist. Zur Vermeidung von Streitigkeiten über den optischen Ausführungserfolg eines Gussasphalt-Terrazzos ist das Anlegen eines verbindlich zu vereinbarenden Ausführungsmusters äußerst ratsam.

Die Oberfläche des erhärteten Asphalts wird so weit angeschliffen, dass eine ebene farbige Fläche entsteht. Aufgrund der spezifischen Plastizität des Werkstoffs Gussasphalt können gestalterische Prägungen in die fertige Oberfläche eingebracht werden. Sollen Gussasphaltoberflächen beschichtet werden, muss die Dehnfähigkeit der Beschichtung mit der Verformungsfähigkeit des Untergrundes abgestimmt werden, um Schäden zu vermeiden. Insbesondere hierfür müssen auch etwaige im Schwimmbadbetrieb auftretende mechanische Beanspruchungen, wie z. B. aus einer Fahrzeugbefahrung, kalkuliert werden (vgl. Kapitel 3.2.5).

Gegenüber üblichen schwimmbadspezifischen chemischen Beanspruchungen aus der Desinfektion und Reinigung ist Gussasphalt beständig.

Die Gussasphaltflächen lassen sich in größerem Ausmaß fugenlos herstellen. Speziell vor dem Hintergrund, dass Reparaturen in Gussasphaltflächen nicht ohne verbleibende optische Beeinträchtigung realisierbar sind, müssen der Belagsuntergrund und die Flächenabmessungen so konzipiert werden, dass insbesondere Risse zuverlässig vermieden werden. Speziell vor diesem Hintergrund ist ein Gussasphalt-Terrazzo in der Regel nicht für den Einsatz im Außenbereich geeignet.

Wegen der Einbautemperatur von Gussasphalt von $\vartheta_{Oi} \approx 240\,°C$ müssen der Untergrund und sämtliche Einbauteile entsprechend temperaturbeständig sein. Dazu zählen beispielsweise Dämmstoffschichten und Entwässerungsabläufe. Die hohe Verarbeitungstemperatur bei Gussasphalt wirkt deutlich länger ein als beim Aufschweißen einer Bitumenbahn, was als Kurzzeitbeanspruchung gilt. Insbesondere Kunststoffe, die gegenüber einer Kurzeitbeanspruchung noch resistent wären, lassen sich bei Gussasphalt nicht einsetzen.

Bei der Detailkonzeption der Randfugen muss die für Gussasphalt charakteristische thermische Schwindverkürzung einkalkuliert werden.

Ein Gussasphalt ist aufgrund seines hohen thermischen Erweichungspunkts unter anderem für den Einsatz als Heizestrich geeignet, wobei der Werkstoff Asphalt aufgrund seiner spezifischen Wärmeleitfähigkeit im Barfußbereich in der Regel als fußwarm wahrgenommen wird. Daher wird eine Beheizung eines barfuß zu begehenden Beckenumgangs neben der sich bei ausreichender Lufttemperatur ohnehin einstellenden fußwarmen Oberflächentemperatur (vgl. Kapitel 2.2.6) häufig entbehrlich.

Ein Gussasphaltestrich ist nach DIN 18560 [39] mit einer Asphaltmasse nach DIN EN 13813 [82] zu erstellen. Sofern ein Gussasphalt im Rahmen einer Bauwerksabdichtung beispielsweise auf einem Beckenumgang vorgesehen ist, so erfolgt dies entsprechend der DIN 18534-4 [33] in Verbindung mit Polymerbitumenbahnen mit hoch liegender Trägereinlage aus Polyestervlies, deren ausreichende chemische Beständigkeit gegenüber dem schwimmbadspezifischen Desinfektions- und Reinigungsmitteleinsatz belegt sein muss.

Wenn ein Gussasphalt mit einem Fliesenbelag versehen werden soll, müssen eine ausreichende Untergrundebenheit vorausgesetzt und die thermisch bedingten Dehnungen bei beheizten Konstruktionen berücksichtigt werden. Allerdings wird damit keine Abdichtung im Verbund mit dem Fliesenbelag (AIV; vgl. Kapitel 3.2.5) gemäß den technischen Regeln der DIN 18534 [33] erzielt. Ein Gussasphalt zählt nicht zu den in DIN 18534 [33] als geeignet aufgeführten AIV-Untergründen.

3.2.7 Nassbelasteter Barfußbereich

Als nassbelasteter Barfußbereich werden die in Schwimmbädern meist nassen und barfuß begangenen Oberflächen der Fliesen-, Naturstein-, Gussasphalt- und Betonwerksteinbeläge oder metallener Konstruktionen bezeichnet. Bei diesen Oberflächen muss für Badegäste bzw. Patienten ein Risiko, auszurutschen, zuverlässig ausgegrenzt werden. Hierzu wird eine ausreichende Rutschsicherheit durch die Arbeitsstättenverordnung [135] sowie die allgemeinen Unfallverhütungsvorschriften [164] bzw. die Bädersicherheitsregeln [166] gefordert. Die DGUV Information 207-006 [168] nimmt hierzu eine Unterteilung in Bereiche geringer, üblicher oder hoher Rutschgefahr vor und ordnet diese Gefahrenbereiche folgenden drei Bewertungsgruppen zu:

- geringe Rutschgefahr: Bewertungsgruppe A
- übliche Rutschgefahr: Bewertungsgruppe B
- hohe Rutschgefahrt: Bewertungsgruppe C

Anhand einer Prüfung nach DIN 51097 [53] lässt sich ermitteln, welcher Bewertungsgruppe der betreffende Belag zuzuordnen und in Bereichen welcher Rutschgefahr er somit einsetzbar ist. Die Prüfung zur Einordnung in eine der Bewertungsgruppen A bis C erfolgt auf einer verstellbaren Rampe (Bild 152). Kennzeichnend für die Rutschfestigkeit des geprüften Belags (Bewertungsgruppe A, B oder C [168]) ist dabei der prüftechnisch nach [53] erzielte Rampenwinkel. Beläge, bei denen die Prüframpe einen Winkel von bis zu 12° erreicht hat, lassen sich in Bereichen geringer Rutschgefährdung einsetzen (Bewertungsgruppe A [168]). Für die Einsatzfähigkeit in Bereichen mit üblicher Rutschgefahr (Bewertungsgruppe B [168]) muss die Prüframpe mindestens einen Winkel von 18° erzielt haben. Beläge, bei denen die Prüframpe einen Winkel von bis zu 24° erzielt hat, lassen sich in Bereichen mit hoher Rutschgefahr einsetzen (Bewertungsgruppe C [168]; Bild 153).

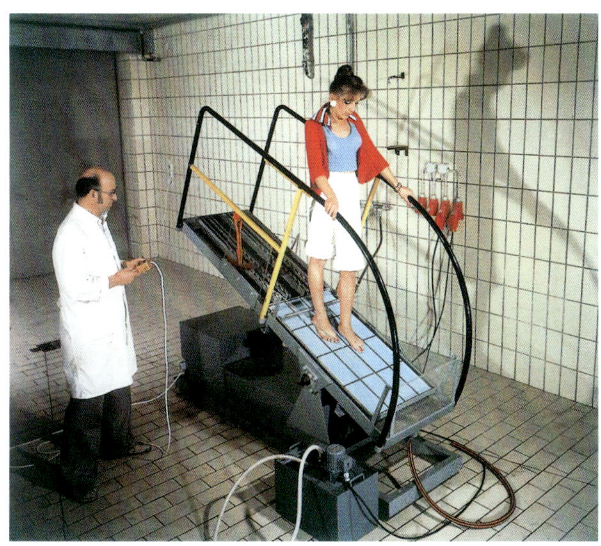

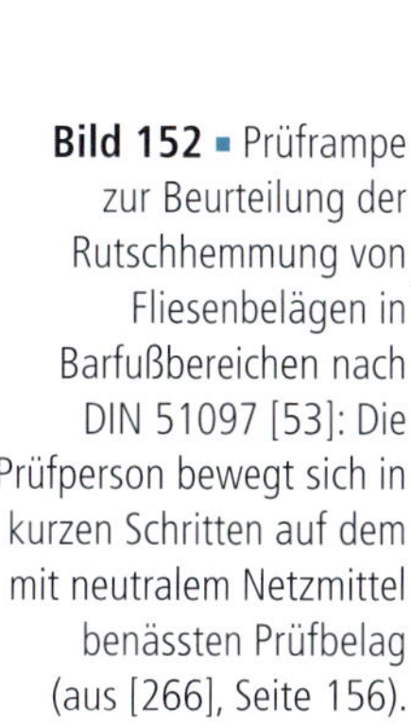

Bild 152 ▪ Prüframpe zur Beurteilung der Rutschhemmung von Fliesenbelägen in Barfußbereichen nach DIN 51097 [53]: Die Prüfperson bewegt sich in kurzen Schritten auf dem mit neutralem Netzmittel benässten Prüfbelag (aus [266], Seite 156).

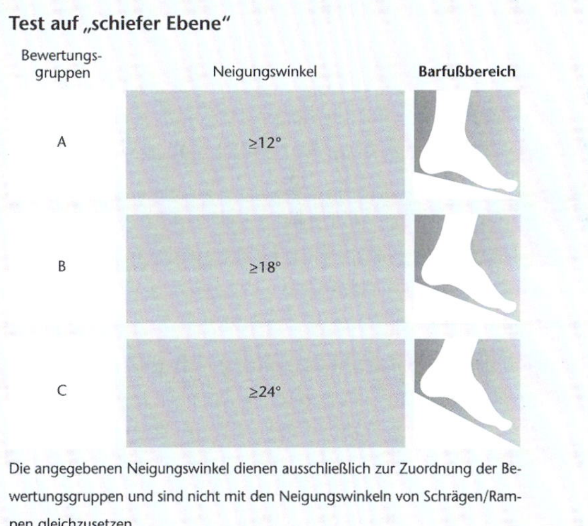

Bild 153 ▪ Rampenwinkel, bei dem der zu prüfende Belag Rutschfestigkeit aufweisen muss, um einer der drei Bewertungsgruppen A, B oder C [168] zugeordnet werden zu können (Quelle: AGROB BUCHTAL GmbH, Schwarzenfeld [236])

Der auf der Prüframpe erzielte Prüfwinkel dient ausschließlich einer Beurteilung der Rutschhemmung und bedeutet nicht, dass die geprüften Beläge auch auf baulichen Rampen mit gleicher Neigung eingesetzt werden dürfen. Vielmehr sind gemäß dem ZDB-Merkblatt Schwimmbadbau [202] und dem DGfdB-Merkblatt 25.07 [180] keine größeren Gefälle als 5 % zulässig (entspricht einem Neigungswinkel von 2,25°). Dies stellt auch keine nennenswerte Abkehr vom zulässigen Rampenwinkel für Behindertenzugänge dar (Gefälle gem. Teil 1 der DIN 18040 [13] von ≤ 6 %, was einem einem Neigungswinkel von 2,7° entspricht). Sind aus baulichen Gründen größere als die zulässigen Maximalgefälle notwendig, sollte die Rutschgefahr in erster Linie durch Maßnahmen begrenzt werden, die das Wasser unmittelbar von den betreffenden Trittflächen abführen. Anderenfalls kann in den wasserbeaufschlagten Flächen die Rutschgefahr zunächst durch Installation von Geländern begrenzt werden, z. B. bei Flächen, die ins Wasser führen.

Die Anwendungsfälle der nassbelasteten Barfußbereiche in Schwimmbädern sind so vielfältig, dass an dieser Stelle keine umfassende Beschreibung und Zuordnung zu den Bewertungsgruppen A bis C [168] erfolgen kann. Beispielhafte Erläuterungen, in welchen Bereichen eines Schwimmbads planerisch mit einer geringen Rutschgefahr (Bewertungsgruppe A [168]), einer üblichen Rutschgefahr (Bewertungsgruppe B [168]) oder einer hohen Rutschgefahr (Bewertungsgruppe C [168]) gerechnet werden muss, können der Tabelle 3 entnommen werden. Darauf basierend kann für eine planerische Festlegung der nötigen Rutschhemmung im betreffenden Schwimmbadbereich das Bild 154 zu Hilfe genommen werden. Beispielsweise bemisst sich die notwendige Rutschhemmung von Beckenböden an der Beckentiefe sowie daran, ob der Beckenboden geneigt oder nicht geneigt ist. In tiefen Becken (mehr als 80 cm Tiefe) ist es ausreichend, wenn der Boden der Bewertungsgruppe A [168] entspricht (Bereich geringer Rutschgefahr). Er muss insofern keine besonders hohe Rutschhemmung aufweisen, das heißt auf der Prüframpe auch nur einen Winkel von mindestens 12° erreicht haben. Weist ein Teil des Beckens eine geringe Tiefe auf (80 cm oder weniger), wird für dieses Becken eine höhere Rutschhemmung des Bodens nötig. Der gesamte Boden muss dann der Bewertungsgruppe B [168] entsprechen (Bereich mittlerer Rutschgefahr; hat auf der Prüframpe mindestens 18° erzielt). Geneigte Böden, wie in Bild 155 (hohe Rutschgefahr, 24° auf der Prüframpe), müssen der Bewertungsgruppe C entsprechen [168].

Für geneigte Flächen in einer größeren Wassertiefe, wie beispielsweise am Beckentiefewechsel zwischen einem Springer- und einem Schwimmerbereich (Bild 156), das heißt für Becken, in denen Schwimmer nicht auf dem Beckenboden stehen können, stellt sich die Frage, ob diese unbedingt in den Bereich hoher Rutschgefahr eingestuft werden müssen. Da diese stark geneigten Flächen im entleerten Beckenzustand auch einen Arbeitsbereich für das Wartungs- und Reinigungspersonal sowie für Handwerker darstellen, sollten sie unbedingt mit einer auch für Arbeitsbereiche sachgemäßen Rutschhemmung ausgestattet werden. Allgemein stellen nämlich die für Badegäste und Patienten barfuß zu betretenden Nassbereiche auch Arbeitsbereiche für das Aufsichts-, Wartungs- und Reinigungspersonal sowie für das medizinische Personal dar. Auf Grundlage der Arbeitsstättenverordnung [135] gelten insofern bezüglich der Rutschsicherheit auch im Schwimmbadbereich die berufsgenossenschaftlichen Regeln für Fußböden mit Rutschgefahr DGUV-Regel 108-003 [199]. Diese Böden müssen demnach auch den in der DGUV-Regel 108-003 [199] aufgeführten und mit R bezeichneten Bewertungsgruppen entsprechen. Hierfür erfolgt eine Prüfung der Bodenbeläge nach DIN 51130 [54] ähnlich der Prüfung nassbelasteter Barfußbeläge auf einer geneigten Rampe, wobei jedoch genormtes Prüfschuhwerk eingesetzt wird (vgl. Bild 3.1 in [249]).

Tabelle 3 ▪ Einordnung von nassbelasteten und barfuß zu begehenden Schwimmbadbereichen in die Bewertungsgruppen A bis C [168] (beispielhaft und nicht abschließend; © Newen Arndt 2018)

Art der nassbelasteten und barfuß zu begehenden Schwimmbadbereiche	Bewertungsgruppe
a) kaum bzw. wenig wasserbeaufschlagte Bereiche, wie ▪ Verbindungswege, in denen kein Schleppwasser anfällt ▪ Umkleiden und Umkleideflure ▪ trockene Saunen und Saunaflure ▪ Ruheräume b) Becken mit einer durchgehenden Wassertiefe von mehr als 80 cm und dabei nicht geneigtem Boden	A
a) mäßig wasserbeaufschlagte Bereiche, wie ▪ Beckenumgänge ▪ Bereiche für Nassanwendungen (z. B. Kneipp- und Fußbecken), Eisbrunnen etc. ▪ Duschen ▪ Feuchtsaunen ▪ Verbindungswege von und zu Becken, Duschen und Feuchtsaunen, in denen mit Schleppwasser zu rechnen ist (betrifft auch Treppen außerhalb von Becken) b) Becken mit einer Wassertiefe von bis zu 80 cm und dabei nicht geneigtem Boden (auch wenn nur ein Teil des Beckens eine Tiefe von 80 cm oder weniger aufweist) c) ins Wasser führende Treppen mit besonderer Begehsicherheit (z. B. geringe Breite von ca. 1 m und beidseitiger Handlauf)	B
a) ins Wasser führende Treppen, mit denen keine besondere Begehsicherheit gegeben ist, sowie ins Wasser führende Leitern b) Flächen mit einer Neigung von maximal 5 % in und entlang von Becken	C

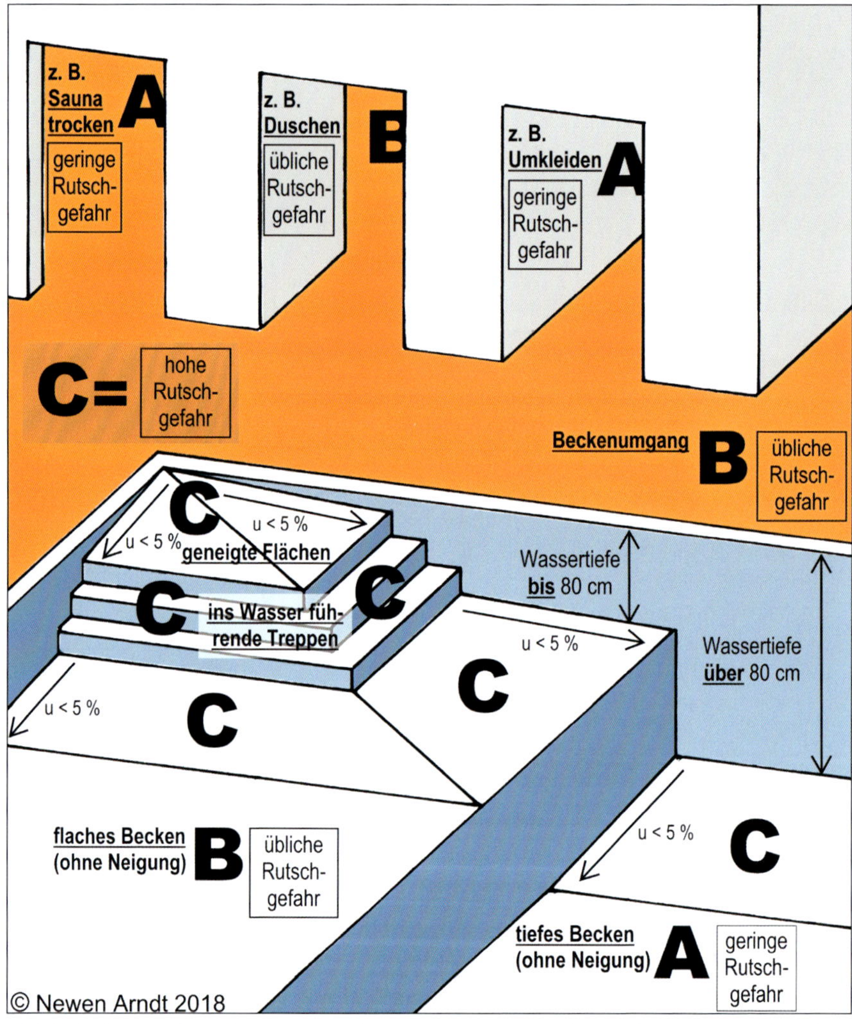

Bild 154 ▪ Schematische Zuordnung von Bewertungsgruppen zu den nassbelasteten und barfußbegangenen Schwimmbadbereichen gemäß Tabelle 3 (beispielhaft und nicht abschließend)

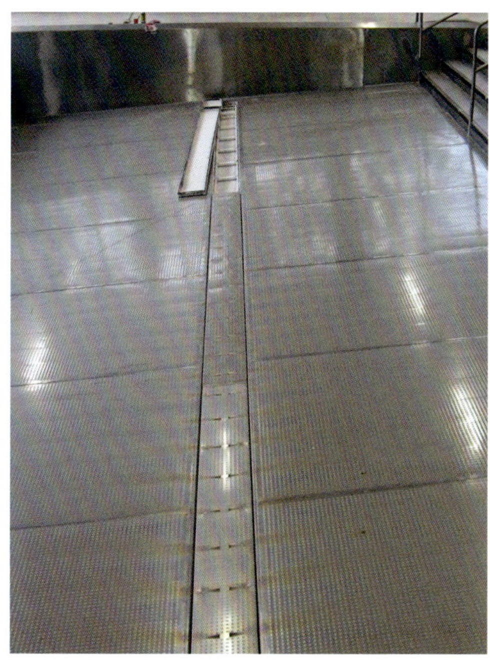

Bild 155 ▪ Geneigter Boden eines mit Edelstahl ausgekleideten Beckens mit geringer Tiefe und rutschhemmend gestalteter Oberflächentextur

Bild 156 ▪ Zu einem Springerbereich mit größerer Beckentiefe hin geneigte Beckenbodenfläche

Die Oberfläche barfuß zu begehender Treppenstufen und Leitersprossen sind gemäß [53] bzw. [168] in den Bereich der Bewertungsgruppe C einzuordnen und müssen insofern auch eine entsprechende Rutschhemmung aufweisen. Eine zuverlässige Rutschhemmung wird dabei häufig durch geriffelte Keramikformteile (Bild 157) oder durch sachgemäße Prägung metallener Bauteile (Bild 158) erzeugt. Zusätzlich können auch rutschhemmende Trittstufenauflagen oder Stufenkanten-Zusatzsysteme in Anlehnung an [160] angeordnet werden (Bild 159).

Bild 157 ▪ Stufe einer aus Keramikformteilen erstellten Beckenleiter (links) mit rutschhemmend gestalteter Oberfläche ausgestattet (rechts)

Bild 158 ▪ Stufen einer metallenen Beckenleiter mit rutschhemmend gestalteter Oberfläche

Bild 159 ▪ Treppe mit Gummiauflagen (oben) und mit rutschhemmenden Stufenkanten-Zusatzsystemen in Anlehnung an [160] (unten)

Gemäß Abschnitt 4 der DGUV-Information 207-006 [168] lassen sich geprüfte und den Bewertungsgruppen A bis C zugeordnete Bodenbeläge der Liste NB entnehmen, die in regelmäßigen Abständen vom Kuratorium »Rutschhemmende Bodenbeläge« in der Säurefliesner-Vereinigung e. V. unter der Leitung des Bundesverbandes der Unfallkassen herausgegeben wird.

Eine Erhöhung der Rutschhemmung bewirkt meist eine Minderung der Reinigungsfähigkeit, da sich Schmutzablagerungen aus rutschhemmenden Texturen häufig nicht problemlos entfernen lassen. Insofern sollte eine planerische Zielsetzung in der Vermeidung unnötig großer Gefälle und damit unnötig hoher Rutschhemmung liegen.

Von Emmermann wurden anhand eines anschaulichen Beispiels [240] die Bedeutung der Auswahl eines geeigneten Natursteinbelags zur Erzielung ausreichender Rutschhemmung bzw. für eine zuverlässige Unfallvermeidung sowie der Einfluss realer Nutzungsbedingungen (z. B. durch Reinigungsverfahren) dargelegt.

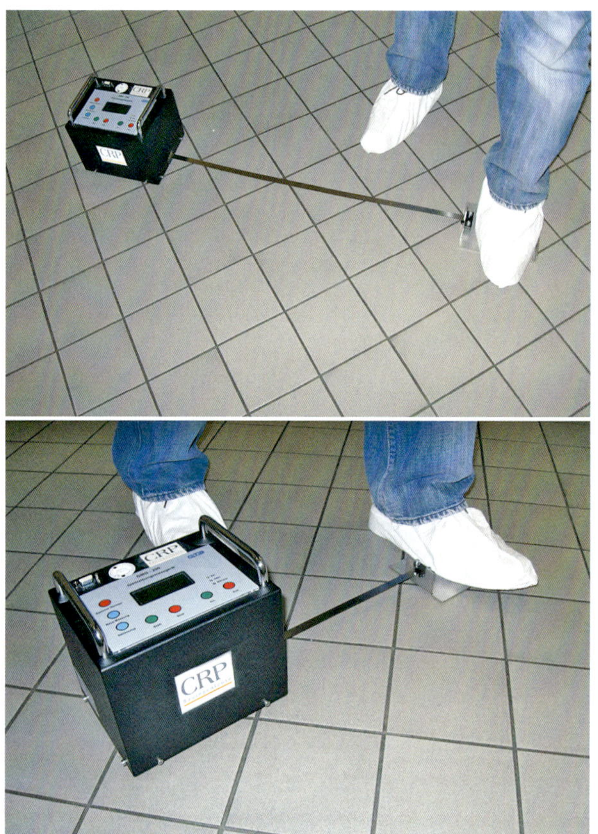

Bild 160 ▪ Einsatz eines Gleitreibungsmessgerätes (GMG) bei einer Prüfung der Rutschfestigkeit eines fertigen Fliesenbelags durch Ermittlung des Gleitreibungskoeffizienten μ gem. DIN 51131 [55]

Optisch ansprechende und deshalb häufig verlangte polierte Oberflächen können naturgemäß keine ausreichende Rutschsicherheit bieten. Demgegenüber können durch Bürsten geglättete Oberflächen unter Umständen eine angemessene Rutschhemmung gewährleisten. Bewährt haben sich zur Rutschhemmung geeignete spaltraue Oberflächen [354].

Unabhängig von den auf Laborrampen zu ermittelnden Rutschfestigkeiten [53], [54] kann die Rutschfestigkeit an einem fertigen Belag im Schwimmbad mit einem Gleitreibungsmessgerät nach DIN 51131 [55] geprüft werden (Bild 160). Dabei wird der Gleitreibungskoeffizient μ eines Bodenbelags unter den tatsächlich vorherrschenden Nutzungsbedingungen – beispielsweise auch anhaftendem Reinigungsmittelfilm – sowie auf Grundlage eines gegebenenfalls entstandenen Verschleißbildes ermittelt. Bislang ist jedoch keine Zuordnung dieser Prüfergebnisse zu einer der Bewertungsgruppen A bis C nach DIN 51097 [53] oder R9 bis R13 nach DIN 51130 [54] bzw. BGR 181 [199] möglich. Für eine Abschätzung der konkret vorliegenden Rutschgefahr stehen jedoch die von Prof. Skiba (Bergische Universität Wuppertal) ermittelten sogenannten »Wuppertaler Grenzwerte für sicheres Gehen« zur Verfügung [320], [322]. Demnach verfügen Bodenbeläge mit einem Gleitreibungswert von mehr als $\mu \approx 0{,}45$ über eine ausreichende Rutschsicherheit, während Beläge mit etwa $0{,}30 \leq \mu \leq 0{,}45$ als bedingt rutschsicher und mit weniger als $\mu \approx 0{,}30$ als unzureichend rutschhemmend eingestuft werden ([320], [322] und [348], Tabelle 4).

Tabelle 4 ▪ Maßstab für die Beurteilung der Rutschsicherheit gemäß den von Prof. Skiba entwickelten »Wuppertaler Grenzwerten für sicheres Gehen« ([320], [322])

Gleitreibungswert μ [–]	Einschätzung der Rutschsicherheit auf Grundlage ermittelter Gleitreibungswerte
<0,30	Auch unter idealen Betriebsbedingungen besteht akute Rutschgefahr. Das **Rutschhemmungspotenzial** des Bodenbelags **ist nicht ausreichend.**
0,30 bis 0,45	Das Rutschhemmungspotenzial ist nur für bestimmte Betriebsbedingungen ausreichend. Stellen veränderte Betriebsbedingungen höhere Anforderungen, so besteht Rutschgefahr. Regelmäßige Kontrollmessungen sind erforderlich, um das Ausmaß der Veränderungen festzustellen und die Wirksamkeit von Maßnahmen zur Verbesserung der Rutschhemmung zu überprüfen.
>0,45	Der Bodenbelag verfügt über ein **ausreichendes Rutschhemmungspotenzial**, sodass bei unterschiedlichen Betriebsbedingungen (z. B. Nässe, Reinigung usw.) die Rutschgefahr gering ist. Bei höheren μ-Werten (z. B. $\mu > 0{,}8$) ist mit einer größeren Stolpergefahr und stärkerer Belastung des Körperbaus (Gelenkverschleiß) zu rechnen.

Die Aufgabe einer Zusammenführung der europaweit angewandten unterschiedlichen Bewertungsverfahren zur Bestimmung der Rutschhemmung in einem anerkannten Messverfahren obliegt dem Technischen Komitee TC 339 »Slip resistance of pedestrian surfaces – method of evaluation« des Europäischen Normungskomitees CEN [322]. Ein entsprechender Entwurf einer europäischen Norm [97] aus dem Jahr 2007 ist bis zum Jahr 2019 wieder zurückgezogen worden.

Eine Gleitreibungsmessung an fertigen Bodenbelägen dient immer häufiger auch der Klärung strittiger Auseinandersetzungen. Von Vreden wird in [348] von einem Fall berichtet, in dem von einer älteren Dame in einem neu eröffneten Spaßbad Schadensersatzansprüche nach einem Ausrutschunfall gestellt worden sind und nach einvernehmlicher Schadensregulierung vermeintlich weitere Badegäste Rutschunfälle simulierten. Erst objektive Ermittlungen des tatsächlich vorherrschenden Gleitreibungswertes mit einem qualifizierten

Die Dichtstoffoberflächen sind unter Verwendung eines qualifizierten Glättmittels vor Beginn einer Dichtstoffhautbildung glatt zu streichen. Die Verwendung handelsüblicher Spülmittel als Glättmittel zählt nicht zu den anerkannten handwerklichen Verfugungsregeln.

Vor einer ersten Wasserbeanspruchung muss der Dichtstoff vollständig durchgehärtet sein. Dieser Vorgang kann mehrere Tage dauern.

Auch bei mangelfrei geplanten und ausgeführten Fugen kann der Dichtstoff keine uneingeschränkt dauerhafte Elastizität und Dichtigkeit gewährleisten. Die Lebensdauer von Dichtstoffverfugungen hängt erheblich von der Art und dem Grad der Beanspruchung ab.

In Schwimmbädern unterliegen Dichtstoffverfugungen spezifischen chemischen Beanspruchungen (z. B. aus Desinfektions- und Reinigungsmitteln) sowie spezifischen mechanischen Beanspruchungen (z. B. aus dem Einsatz von Hochdruckreinigungsgeräten und Bürstenscheuermaschinen). Auch der Druck des Beckenwassers stellt eine vergleichsweise hohe Beanspruchung dar [300].

Häufig resultieren Dichtstoffschäden aus nutzungsbedingtem Fehlverhalten wie beispielsweise unsachgerechter Handhabung von Reinigungsgeräten, Überdosierung von Chemikalien oder mutwilliger Beschädigung [300].

Die für Schwimmbäder spezifischen Beanspruchungen bewirken prinzipiell eine deutliche Verkürzung der für Dichtstoffverfugungen ohnehin vergleichsweise geringen Lebensdauer.

Dichtstoffverfugungen werden in der Fachwelt häufig als »Wartungsfugen« bezeichnet [300]. Wesentlicher Hintergrund sind in der frühen Nutzungsphase oft aufkommende Streitigkeiten über bereits entstandene Fugenschäden. Mit dem Begriff Wartungsfuge soll die Notwendigkeit der regelmäßigen Inspektion und Reparatur bzw. der rechtzeitigen Erfassung und Beseitigung von Fugenschäden, das heißt einer Wartung (im Wortsinn: Pflege, Instandhaltung, Unterhalt) unterstrichen werden; keinesfalls bedeutet dies jedoch, dass sich »Wartungsfugen« jeglicher Gewährleistung für Ausführungsmängel entziehen.

Dies spiegelt sich auch in den Ausführungen der DIN 52460 [56] wieder. Eine »Wartungsfuge« wird dort als eine Fuge definiert, die starken chemischen und physikalischen Einflüssen ausgesetzt ist und deren Dichtstoff zur Vermeidung von Folgeschäden in regelmäßigen Zeitabständen zu überprüfen und gegebenenfalls zu erneuern ist [56].

Für eine langfristig zuverlässige und schadenfreie Nutzung von Dichtstoffverfugungen ist jedoch wie an jedem anderen Bauteil im Bauwerk bzw. am Gesamtbauwerk generell eine Wartung notwendig. Auf Grundlage dieser technischen Selbstverständlichkeit erübrigt sich eine Betonung durch Hinzufügen des Wortteils »Wartung« zur Bauteilbezeichnung.

Plausibel verdeutlichen lässt sich dies am Beispiel einer Dachdeckung, an der auch eine regelmäßige Inspektion und bei entstandenen Schäden eine Reparatur, das heißt, eine Wartung erforderlich ist. Da es sich auch bei dieser Wartung um eine technische Selbstverständlichkeit handelt, erfolgt keine gesonderte Betonung durch eine Benennung als »Wartungs-Dachdeckung«.

Vielfach ist jedoch entgegen der technischen Selbstverständlichkeit einer Wartung eher umstritten, inwieweit Fugenschäden beispielsweise auf einen Mangel zurückzuführen sind. Oft wird eine Schadensbeseitigung innerhalb der Gewährleistungsfrist verlangt.

Wesentliche technische Entscheidungsgrundlage muss hierbei sein, ob die Schäden auf einen Planungs- bzw. Ausschreibungsfehler, auf einen Ausführungsfehler oder auf die unvermeidliche schwimmbadtypisch hohe Beanspruchung bzw. auf eine diesbezüglich unzulängliche Wartung zurückzuführen sind.

Die Bemessung eines fachgerechten Dehnfugenquerschnitts vor dem Hintergrund der erwartungsgemäßen Beanspruchung und auf Grundlage der anerkannten technischen Regeln [35] obliegt einschließlich detaillierter zeichnerischer Darstellung der Planung. Auf dieser Grundlage ist ein qualifizierter Ausschreibungstext zu entwerfen.

Abweichungen von diesen Ausführungsvorgaben oder von den anerkannten Regeln der Handwerkskunst stellen Ausführungsfehler dar, wobei insbesondere von qualifizierten Ausführungsunternehmen Bedenkenäußerungen zu regelwidrigen Planungs- und/oder Ausschreibungsunterlagen zu erwarten sind (Hinweispflicht gemäß § 4, Abs. 1, Satz 4, VOB/B [149]).

Demnach sind lediglich Schäden an fachgerecht geplanten und ausgeführten Fugenkonstruktionen auf eine unzureichende Wartung vor dem Hintergrund schwimmbadspezifisch hoher Beanspruchung zurückzuführen. Das bauausführende Unternehmen ist – selbstverständlich auf Grundlage qualifizierter Ausführungsvorgaben – zu fachgerechter Tätigkeit verpflichtet, da der Bauherr eine den anerkannten Regeln der Technik entsprechende Werkleistung erwarten darf. Insofern ist der Ausführende auch zur Mangel- bzw. Schadensbeseitigung verpflichtet. Im Gegensatz dazu besitzt der Bauherr jedoch auch eine Pflicht zur Instandhaltung seiner baulichen Anlagen und somit auch einer Wartung fachgerecht hergestellter Fugen.

Im Zuge der Erneuerung schadhafter Verfugungen wird beim Herausschneiden des Dichtstoffs häufig die darunterliegende Abdichtung bzw. Abdichtungsschlaufe beschädigt. Um dies zu vermeiden, entspricht es im Jahr 2019 dem Stand der Technik, bereits im Zuge der Fliesen- bzw. Plattenverlegung einen sachgerechten Schnittschutz einzubauen [219]. Die konstruktiven Möglichkeiten hierfür sind vielfältig und abhängig von der jeweiligen Fugengeometrie (z. B. Einbau eines Kunststoff- oder Metallprofils, flexibles selbstklebendes Aramidgewebeband; Bild 163 und Bild 164). Weitere Detailinformationen hierzu sind der aktuellen Verbundabdichtungsliteratur [219] entnehmbar.

Für eine Verfugung von Naturstein dürfen lediglich weichmacherfreie Dichtstoffe und zudem keine handelsüblichen Spülmittel zum Glätten verwendet werden. Anderenfalls besteht eine hohe Gefahr von Verfärbungen durch das Einwandern von Weichmachern aus dem Dichtstoff bzw. durch das Einwandern von Tensiden, von rückfettenden Bestandteilen und/oder von Farb-/Duftstoffen aus dem Spülmittel in das Steingefüge [242].

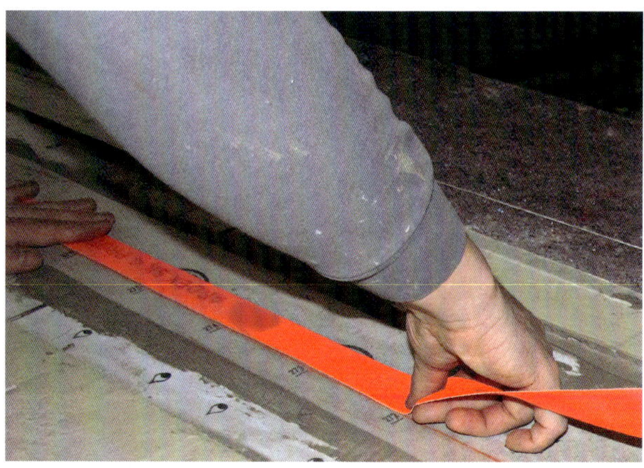

Bild 163 ▪ Verlegen eines Schnittschutzbandes aus rötlichem Aramidgewebe

Bild 164 ▪ Schnittschutzband aus gelblichem Aramidgewebe unter einer fachgerecht für die Dichtstoffverfüllung angeordneten Fuge

3.3 Schwimmbecken- bzw. Badewasseraufbereitung

Eine Verpflichtung zur Verwendung von aufbereitetem, das heißt für den Badebetrieb gesundheitlich unbedenklichem Wasser begründet das Infektionsschutzgesetz (IfSG, § 37/39) [132]. Der Gebrauch von Schwimm- und Badebeckenwasser in Gewerbebetrieben, öffentlichen Bädern sowie in sonstigen nicht ausschließlich privat genutzten Einrichtungen darf keine Besorgnis der Gesundheitsschädigung erregen (z. B. durch Krankheitserreger). In privaten Schwimmbädern können behördliche Maßnahmen bei begründetem Anlass angeordnet werden, wobei dann nach § 16 IfSG [132] auch das Grundrecht der Unverletzlichkeit der Wohnung (§ 13 Grundgesetz [130]) eingeschränkt wird.

Über die gesundheitliche Unbedenklichkeit nach IfSG [132] hinaus soll das für Badewasser zugrunde gelegte Wasser den KOK-Richtlinien [213] zufolge Trinkwasserqualität aufweisen. Insofern sind bei der Aufbereitung auch die Vorgaben der Trinkwasserverordnung zu berücksichtigen [147].

Entscheidende Entwurfsgrundsätze zur Planung fachgerechter Wasseraufbereitungsanlagen enthalten die KOK-Richtlinien [213] sowie das Handbuch von Saunus [274].

Darüber hinaus haben bereits seit dem Ende der 1970er-Jahre auch zahlreiche Fachartikel die Schadensgefahr von Fehlern bei der Planung und Ausführung der Wasseraufbereitungstechnik bekannt gemacht (z. B. in [299], [332], [335], [339] und [340]).

Der Wasseraufbereitung sind die Empfehlungen des Umweltbundesamts zu den Hygieneanforderungen an Bäder und deren Überwachung [143] zugrunde zu legen. Anforderungen an die Wasserbeschaffenheit in öffentlichen Bädern, entsprechende Aufbereitungs- bzw. Desinfektionsregeln sowie grundlegende Planungsvorgaben für Aufbereitungssysteme enthält auch die DIN 19643 [43], deren Festlegungen für einen hygienisch einwandfreien Betrieb im privaten Bereich herangezogen werden sollten. Das ZDB-Merkblatt SCHWIMMBADBAU [202] empfiehlt ebenfalls, die Wasseraufbereitung in privat genutzten Schwimmbädern nach den technischen Regeln der KOK-Richtlinien [213] und der DIN 19643 [43] vorzunehmen. Im Rahmen der Wasseraufbereitung sind entscheidende Hinweise zur Desinfektion des Schwimm- und Badebeckenwassers der DGfdB-Richtlinie R 65.03 [188] und weiteren zu entnehmen, wie der DGfdB-Richtlinie R 64.02, R 65.01, .02, .04 und .05.

Seit 2016 liegt zur Wasseraufbereitungstechnik in privaten Schwimmbädern die DIN EN 16713 [100] vor.

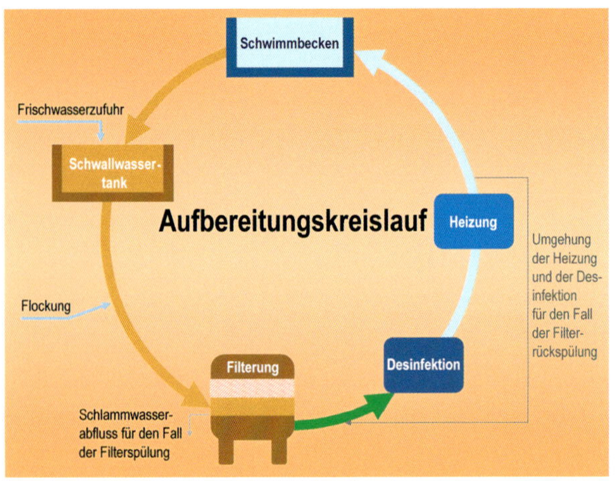

Bild 165 ▪ Schematische Darstellung der wesentlichen Bestandteile eines Wasseraufbereitungskreislaufs

Eine Wasseraufbereitung wird im Wesentlichen durch die Bestandteile Wasserumwälzung, Flockung, Filterung, Desinfektion, pH-Wert-Steuerung und Beheizung charakterisiert (Bild 165).

Permanentes Abführen von Beckenwasser an Überlaufrinnen, Skimmern, Wand- und Bodenabläufen sowie entsprechendes Nachführen aufbereiteten Wassers an Einströmdüsen erzeugt den kontinuierlichen Kreislauf der Wasseraufbereitung (vgl. Bild 165).

Aus dem Becken abgeführtes Wasser wird vor der Wiederaufbereitung zunächst in einem Ausgleichsbehälter gesammelt (sogenannter Schwallwassertank; vgl. Bild 165). An dieser Stelle werden auch entnommene oder entwichene Kreislaufwassermengen aus dem Trinkwassernetz ersetzt (z. B. entsorgtes Schlammwasser, verdunstetes Beckenwasser, durch Badegäste ausgetragenes Wasser, ggf. Leckagewasser).

Bei der Planung der Umwälzung ist auch das für Badeattraktionen notwendige Wasser einzubeziehen (z. B. Wasserrutschanlagen und deren Becken, Anlagen zur Unterwasserstrahlmassage, Warmsprudelbecken, Kalttauchbecken [337]).

Vor der Filterung des Schwallwassers erfolgt eine Schwebstoffbindung durch Zugabe eines Flockenbildners (sogenannte Flockung; vgl. Bild 165). Unachtsame Überdosierung wirkt sich dem Aufbereitungskreislauf folgend bis in das Schwimmbecken aus und führt dort zu ungewollter Entstehung unansehnlicher Schmutzflocken.

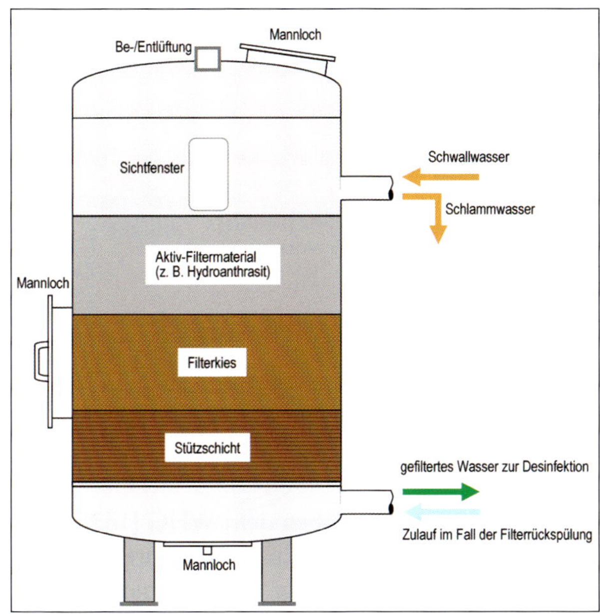

Bild 166 ▪ Schematische Darstellung eines geschlossenen Festbettfilters

Eine Filterung erfolgt üblicherweise mit sogenannten Festbettfiltern [43] (Bild 166). Derartige Filter lassen sich langfristig nutzen, wobei lediglich eine Ergänzung verbrauchter Aktivkohle erforderlich ist. Ein regelmäßig notwendiges Rückspülen dient der Beseitigung des Filtrats. Das hierfür aus dem Schwimmbecken zurückgepumpte Wasser wird nach der Filterspülung meist als sogenanntes Schlammwasser in das öffentliche Abwassernetz entsorgt (Bild 167).

In privaten Bädern auch verwendete Lamellenfilter besitzen eine geringere Lebensdauer und müssen wegen erheblicher Anreicherung des Filtermaterials mit Schmutz und Mikroben selbst bei regelmäßiger Rückspülung meist in kurzen Zyklen getauscht werden.

Das Abführen des Schlammwassers aus dem Kreislauf erfolgt meist nach einem technisch sehr einfachen Prinzip. Während im Betriebszustand »Aufbereitung« (vgl. Bild 165) das Wasser durch einen Rohrbogen (Bild 168) mit einem am Tiefpunkt liegenden, geschlossenen Absperrventil zum Filter strömt, bewirkt im Betriebszustand »Rückspülung« (vgl. Bild 167) ein Ventilöffnen das Abführen des entgegengesetzt fließenden Schlammwassers (vgl. (Bild 168). Auch vom Beckenumgang in die Überlaufrinnen geführtes Reinigungswasser gelangt auf diesem Weg in das Abwassernetz.

von dem im Zuge der Wasseraufbereitung protokollierten Gesamtchlorgehalt ergibt sich die Menge des bereits durch Reaktion mit den Beckenwasserkeimen verbrauchten Chlors (sogenanntes gebundenes Chlor).

Die Schwankungsbreite des zulässigen Gehalts an freiem Chlor liegt im Allgemeinen zwischen 3 und 6 mg/l (in Warmsprudelbecken 0,7 und 1,0 mg/l [143]). Da bei anlagentechnisch bedingtem Nachlauf kein kurzfristiger Ausgleich von Schwankungen realisiert werden kann, ist eine Ausrichtung der Steuerung auf einen mittleren Chlorwert zweckmäßig.

Die bei Beckenbenutzung eingetragenen Keime lassen den Gehalt an freiem Chlor sinken. Ein Ausgleich erfolgt durch behutsame Anhebung der Chlorzufuhr. Eine leichte Überchlorierung lässt sich durch Senkung der Chlorzufuhr beheben. Ein unzulässig hoher Chlorgehalt, wie beispielsweise infolge einer Fehldosierung oder nach bewusster Stoßchlorung, muss durch maßvolle Natriumthiosulfatzugabe kompensiert werden.

Eine Desinfektion durch Ozonung darf lediglich in der Aufbereitungsphase des Wasserkreislaufs erfolgen, da Ozon eine hoch toxische Wirkung besitzt. Diese wird durch rasche Bildung von unschädlichem Sauerstoff zwar schnell aufgehoben. Das aufbereitete Wasser muss jedoch vor der Beckeneinspeisung in einer sogenannten Restozon-Entfernungsanlage vollständig von nicht verbrauchtem bzw. nicht reagiertem Ozon befreit werden.

Eine detaillierte technische Beschreibung der Ozonung ist beispielhaft von Knischourek in [319] anhand der Aufbereitungskombination Flockung – Filtration – Ozonung – Sorbtionsfilterung – Chlorung noch auf der Basis des Teils 3 von DIN 19643 [43] aus dem Jahr 1997 im Hinblick auf die hohen Hygieneanforderungen in einem medizinischen Bad erfolgt.

Eine Regelung des Beckenwasser-pH-Werts muss mit dem Ziel des Neutralpunktes erfolgen (pH-Wert etwa 7 bis 7,5; Bild 169). Werte unterhalb von etwa 6,5 sind für ein Beckenwasser zu sauer und oberhalb von etwa 8,5 zu alkalisch. Jedoch auch in dem dazwischen liegenden Bereich ist ein leicht saures oder basisches Beckenwassermilieu bereits als kritisch anzusehen (vgl. Bild 169).

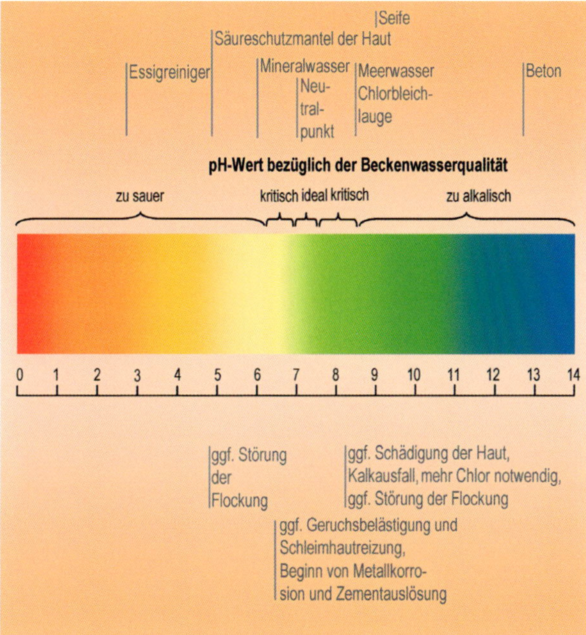

Bild 169 ▪ pH-Wert-Skala mit Kennzeichnung schwimmbadrelevanter Eckdaten

In Bezug auf die Schwimm- bzw. Badewasserparameter gibt das ZDB-Merkblatt Schwimmbadbau [202] folgende Werte vor:

- Säurekapazität: 1,6 bis 2,4 mmol/l
- Wasserhärte: 60 bis 120 mg Ca/l
- pH-Wert: 7 bis 7,5

Die wesentlichen Parameter des aufbereiteten Wassers wie auch des Schlammwassers sind in einem Betriebstagebuch zu protokollieren (z. B. Temperatur, pH-Wert, Chlorgehalt).

Zur Schwimmbadwasseraufbereitung sind grundsätzlich Produkte heranzuziehen, die den einschlägigen technischen Regeln entsprechen (z. B. DIN EN 15031 [89] für Flockungsmittel, DIN EN 15363 [95] für Chlor und DIN EN 15074 [90] für Ozon).

Vor dem Hintergrund des Chemikaliengesetzes [128] und der Gefahrstoffverordnung [139] sind beim Umgang mit gefährlichen Stoffen wie beispielsweise zur pH-Wert-Regulierung, zur Desinfektion und zur Flockung entsprechende Unfallverhütungsvorschriften einzuhalten ([166]).

Mit der BGV D5 [165] werden die Sicherheitsvorschriften beim Umgang mit Chlorgasanlagen geregelt, die Gesundheitsgefahren beschrieben (z. B. Lungenverätzungen und -ödeme) und entsprechende Erste-Hilfe-Hinweise gegeben.

Beispielsweise muss für ein Niederschlagen gegebenenfalls austretenden Chlorgases eine von der Chlorraumaußenseite bedienbare Wassersprühanlage installiert sein. Darüber hinaus müssen Chlorungsanlagen so eingerichtet sein, dass sich bei Ausbleiben des Aufbereitungswassers die Gaszufuhr selbsttätig unterbricht. Auf Grundlage der Prüfliste DGUV-Information 207-023 [170] zu den BGV D5 [165] lässt sich die Einhaltung der Vorgaben kontrollieren und bescheinigen.

Da Chlorgas in Verbindung mit Feuchte bereits in geringen Mengen Säure bildet, müssen zur Vermeidung von diesbezüglichen Schäden sämtliche Chlorgasanlagenteile vor Inbetriebnahme und nach Wartungsarbeiten gründlich getrocknet werden. Besonderes Augenmerk gilt einer regelmäßigen Dichtigkeitsprüfung von Chlorgasanlagen. Bereits geringe Mengen austretenden Gases können in Verbindung mit kondensierender Luftfeuchte erhebliche Säureschäden an Metallteilen der Anlage verursachen (z. B. an Leitungen, Anschlüssen, Befestigungen).

Eine unfallverhütende Regelung zur Errichtung von Ozonanlagen sowie eine Beschreibung der Gesundheitsgefährdung und notwendiger Erste-Hilfe-Maßnahmen erfolgt durch die DGUV-Regel 103-001 [167].

Die Gesundheitsgefahren durch Chlor und Ozon werden auch durch die GUV-I 8504 [169] beschrieben. Beispielsweise wird Ozon hier zu den Stoffen gezählt, die wegen möglicher krebserregender Wirkung Anlass zur Besorgnis geben. Nach einer Ozonschädigung wird unter anderem eine mindestens 24-stündige klinische Überwachung sowie eine Röntgenuntersuchung der Lunge als notwendig angesehen [169].

Die zunehmend bewusste Energieverwendung und das steigende Ökologieverständnis lassen auch das Interesse an der Entwicklung von Aufbereitungs- und Weiterverwendungsmöglichkeiten für Schwimmbeckenabwasser ansteigen.

Mittlerweile existieren bereits ökonomisch angemessene und ressourcenschonende Ansätze zur weiteren Nutzung von aufbereitetem Abwasser in Bereichen, die nicht zwingend Trinkwasserqualität erfordern (sogenanntes Grauwasser, z. B. Bewässerung, Verkehrsflächenreinigung [324]).

Eine nachhaltige Ressourcennutzung (vgl. Kapitel 2.3.2) ist in Deutschland mit der DIN 19645 [44] Bestandteil des technischen Regelwerks. Vor dem Hintergrund einer angestrebten Betriebskostensenkung werden in dieser Norm Anforderungen zur Aufbereitung von Schlammwasser für eine Nutzung außerhalb von Schwimmbecken definiert.

3.4 Beckenreinigung und -pflege

Neben den in Schwimmbädern wie in jedem anderen hygienisch sensiblen Bereich notwendigen Reinigungs- und Pflegemaßnahmen sind spezielle Regeln zum Zweck eines sorgsamen Umgangs zum Erhalt der Schwimmbeckenkonstruktion zu beachten.

Die Reinigung und Pflege eines Schwimmbeckens beinhaltet neben der Beseitigung fetthaltiger Beläge und Kalkablagerungen auch die Desinfektion. Entsprechende Reinigungs- bzw. Pflegevorgänge sollten getrennt voneinander durchgeführt werden. Für einzelne Anwendungen werden darüber hinaus auch Spezialreiniger eingesetzt (z. B. Lösemittelreiniger, Mittel zur gleichzeitigen Reinigung und Konservierung).

In der Regel werden die Reinigungsvorgänge maschinell durchgeführt, wobei jedoch zur Vermeidung von Beschädigungen lediglich weiche Reinigungswerkzeuge eingesetzt werden dürfen (z. B. Bürsten, Lappen). Hochdruckreinigungsgeräte sind mit angemessenem Wasserdruck und angemessener Wassertemperatur zu betreiben. Zwischen den zu reinigenden Oberflächen und der Sprühlanze ist ein ausreichend großer Abstand einzuhalten.

Das ZDB-Merkblatt Schwimmbadbau [202] untersagt vor dem Hintergrund des DGfdB-Merkblatts 94.04 [193] den Einsatz scheuernder oder schleifender Reinigungsverfahren bei keramischen Bodenbelägen (z. B. Scheuerpulver, Scheuerflüssigkeiten, Scheuerschwämme oder Scheuerpads). Schleifmittel bewirken eine unter ungünstigen Umständen beträchtliche Minderung der Rutschhemmung (vgl. Kapitel 3.2.7).

Fetthaltige Ablagerungen werden mit alkalischen Reinigern beseitigt. Dementgegen lassen sich fest haftende Beläge aus Kalk lediglich mit sauren Mitteln entfernen. Neben der Beckenwasserdesinfektion (vgl. Kapitel 3.3) erfolgt eine Desinfektion außerhalb des Schwimmbeckens durch desinfizierende Wischwasserzusätze oder handelsübliche bzw. medizinische Desinfektionsmittel.

Saure Reinigungsmittel dürfen nur sehr maßvoll eingesetzt werden, sind weitestgehend zu verdünnen und sorgfältig abzuspülen. Sie bewirken ein Bindemittelauslösen bei hydraulischen Baustoffen. In älteren Bädern mit zementär verfugten Fliesenbelägen lassen sich deshalb lediglich alkalische oder neutrale Reiniger uneingeschränkt empfehlen. Bereits ein pH-Wert von ≤ 6,5 kann betonangreifend wirken.

Darüber hinaus wird durch unzureichendes Abspülen saurer Reinigungsmittel eine Ansiedlung und Ausbreitung der meist ein leicht saures Milieu bevorzugenden Mikroorganismen gefördert.

Höhere Säurekonzentrationen wirken sich auch korrosionsfördernd auf metallische Baustoffe aus. Eine übermäßig saure Reinigung kann selbst an den chemisch als weitgehend unempfindlich geltenden Edelstählen Korrosion auslösen (auch abhängig von der eingesetzten Edelstahllegierung). Beispielsweise dürfen salzsäurehaltige Entkalkungsmittel nicht an Edelstahlbauteilen eingesetzt werden [210]. Salzsäure oder Flusssäure enthaltende Reiniger bergen aufgrund ihrer Chlorid- und Fluoridionen (Halogene) ein hohes korrosives Schadenspotenzial gegenüber Edelstählen [267].

Auf Schwimmbecken aus Edelstahl abgestimmte Reinigungshinweise enthält das DGfdB-Merkblatt 25.08 [181].

Erhöhte Korrosionsgefahr besteht demnach unter anderem an Flächen, an denen sich Chloridablagerungen aus Spritzwasser bilden und denen im Zuge der Reinigung wenig Beachtung geschenkt wird (z. B. Unterseiten von Startsockeln, Brücken, Treppen etc.).

Korrosionsschäden entstehen auch durch Verwendung niedriglegierter Reinigungshilfsmittel, z. B. Wolle oder Schaber aus sogenanntem Schwarzstahl (siehe Kapitel 5.7). Auch metallische Fremdkörper abweichender elektrochemischer Wertigkeit sollten zur Vermeidung von Kontaktkorrosion zügig entfernt werden, z. B. Münzen, Haarspangen etc. (siehe ebenfalls Kapitel 5.7).

Für eine zuverlässige Vermeidung optischer Beeinträchtigungen dürfen schleifende mechanische Reinigungshilfsmittel auf ungeschliffenen Edelstahloberflächen nicht und auf geschliffenen Oberflächen nur in Schliffrichtung eingesetzt werden.

Edelstahlflächen sollten auch ergänzend zur Reinigung passiviert und nötigenfalls hydrophobiert werden (z. B. mit Pflegeöl).

Desinfektionsmittel mit sogenannten Chlor- oder Sauerstoffspaltern dürfen nicht an Edelstahlflächen eingesetzt werden (z. B. Chlorbleichlauge, Wasserstoffperoxid) [181].

Grundsätzlich sollen auch keine Mittel, die Schwermetallsalz enthalten, gegen Algenbefall eingesetzt werden (z. B. Kupfersulfate, silber- oder quecksilberhaltige Produkte) [248].

Direkt in das Beckenwasser sollten keine Desinfektionsmittel in Tabletten- oder Pulverform gegeben werden, die keine Fähigkeit besitzen, sich rasch aufzulösen.

Da die – im Übrigen hochgiftigen – flusssäurehaltigen Reinigungsmittel selbst Fliesenoberflächen angreifen, dürfen derartige Mittel keinesfalls verwendet werden (Kennzeichnung als »fluoridhaltig« oder »bifluoridhaltig«) [352]. Bereits 1986 wurde von Buss in einem Schadensfall [224] anschaulich die schädigende Wirkung aggressiver Reinigungsmittel auf glasierte Fliesen beschrieben.

Grundsätzlich muss vermieden werden, dass Reinigungsmittel in das Beckenwasser gelangen. Hierdurch werden die Wasserparameter verändert und es ist eine Nachregelung durch die Aufbereitungsanlage notwendig [92]. Beispielsweise fördert ein regelmäßiges Absinken des pH-Werts in den leicht sauren Bereich unter ungünstigen Umständen ein unerwünschtes Mikrobenwachstum im Beckenwasser. Unabhängig davon, dass Schwimm- und Badebecken aus konstruktiven Gründen nicht mit besonders schmalen Beckenumgängen ausgestattet werden sollten (Fehler-/Schadensgefahr infolge kompakt angeordneter, komplex wirkender und teils sensibler Entwässerungs- und Abdichtungsbestandteile; vgl. Kapitel 3.2.5), sollten schmale Beckenumgänge auch aus reinigungstechnischen Gründen vermieden werden. Bei schmalen Beckenumgängen gelangen nahezu unvermeidlich Reinigungsmittel und -rückstände in die Überlaufrinne (hoch liegender Wasserspiegel) oder in das Beckenwasser (tief liegender Wasserspiegel) und damit in den Aufbereitungskreislauf. Der diesbezüglich höhere Aufbereitungsaufwand muss bei schmalen Beckenumgängen bereits bei der Konzeption der Anlagentechnik einkalkuliert werden (vgl. Kapitel 3.3).

Eine besonders behutsame und umsichtige Reinigung ist bei Natursteinbelägen notwendig. Häufige Schäden sind beispielsweise Gefügezerstörungen von Karbonatgestein, Chloridschiefer oder Serpentinit infolge der Anwendung ungeeigneter Reinigungsmittel (z. B. salzsäurehaltiger Zementschleierentferner) wie auch Verkratzungen polierter Oberflächen [354].

Zur Reinigung ohnehin ungeeignete flusssäure- und kalilaugehaltige Produkte besitzen gegenüber Gesteinen ein besonders hohes Schadenspotenzial. Beispielsweise schädigt in Armaturenreinigern enthaltene Kalilauge den Granitbestandteil Kalifeldspat [354].

Von Mikroorganismen befallene Dichtstoffoberflächen lassen sich meist problemlos mit alkalischen Reinigern und Desinfektionsmittel behandeln. Bereits von Mikroben durchsetzter Dichtstoff muss hingegen zwingend ausgetauscht werden.

Für jede Reinigung sollten ausschließlich dem Zweck entsprechende Produkte mit erwiesener Eignung eingesetzt werden. In der Praxis sind die in der RK-Liste [184] und in der RE-Liste [185] veröffentlichten, von einer unabhängigen

Institution geprüften und permanent überwachten Produkte allgemein anerkannt. Die Listen enthalten entscheidende Hinweise auf die Reinigungsmittelbasis, die Dosierung und den dabei entstehenden pH-Wert.

Pflegemittelhaltige Reiniger können einen Fett-, Wachs- oder Kunststofffilm hinterlassen und so die Rutschfestigkeit von Bodenbelägen signifikant mindern.

Besondere Regeln gelten für eine Reinigung nach der Beckenfertigstellung bzw. vor der Beckeninbetriebnahme, die sogenannte Bauendreinigung bzw. Erstreinigung (Bild 170).

Unabhängig davon, dass bereits mit einer Dichtigkeitsprüfung (vgl. Kapitel 3.2.3) eine Desinfektion durch das vorgeschriebene gechlorte Wasser [202] erfolgen muss, ist vor der Erstbefüllung präventiv eine sorgfältige alkalische Beckenreinigung zur Beseitigung von Bauverschmutzungen, von gegebenenfalls bereits existierendem Mikrobenbefall oder von organischen Ablagerungen notwendig.

Nach dem Abziehen von Klebefolien (z. B. Bauteilschutz, vorderseitige Mosaikverklebung) müssen mit basischem Reiniger sorgfältig alle Klebstoffreste entfernt werden. Sofern Reiniger mit organischen Lösemitteln notwendig sind, müssen diese anschließend gründlich abgespült werden.

Beim Verfugen entstandene Zementschleier werden sachgemäß mit leicht sauren Reinigern entfernt (sogenannte Zementschleierentferner). Zementäre Verfugungen müssen jedoch zuvor intensiv vorgenässt, nach dem Reinigungsvorgang gründlich abgespült und gegebenenfalls neutralisiert werden [237].

Auch das bei der Schwimmbadreinigung anfallende Abwasser muss vor der Entsorgung den einschlägigen Bestimmungen entsprechen (z. B. AbwV [134]).

Bild 170 ▪ Grundreinigung eines Wettkampfschwimmbeckens vor der Inbetriebnahme (Quelle: PCI Augsburg GmbH, Augsburg [269])

Mit Blick auf eine allgemein angestrebte fehlerlose Reinigung sollte bereits bauvertraglich die Übergabe einer auf die eingesetzten Baustoffe abgestimmten Betriebs- und Pflegeanleitung festgelegt werden. Darüber hinaus ist die vertragliche Bindung eines qualifizierten Reinigungsunternehmens überaus ratsam.

Beim Einsatz von Reinigungsmitteln an Außenbecken treten gegenüber Anwendungen im Innenbereich unter ungünstigen Umständen ungewöhnlich intensive Wirkungen auf (z. B. bei Sonneneinstrahlung).

3.5 Schutz von Becken bei Betriebsunterbrechungen

Betriebspausen und Außerbetriebnahmen

Ein Leerstandszeitraum sollte bei Schwimm- bzw. Badebecken so kurz wie möglich bemessen werden.

Bei einer Beckenentleerung muss das Wasser mit Blick auf die Vermeidung einer Auskleidungsablösung infolge von rückwärtigem hydrostatischen Druck möglichst langsam abgelassen werden. Das ZDB-Merkblatt SCHWIMMBADBAU [202] empfiehlt, eine Entleerung mit einer nicht größeren Pegelabsenkgeschwindigkeit als $v_{PA} \approx 10$ cm/h vorzunehmen.

Bei einer vorübergehenden Außerbetriebnahme sollten Becken nicht entleert werden.

An den Umgängen zur Reinigung oder vor einer Betriebspause entleerter Becken sind sachgerechte Absturzsicherungen unerlässlich (vgl. Kapitel 2.3.1).

Außenbecken in der kalten Jahreszeit

Für die Betriebsruhe von Außenbecken in der kalten Jahreszeit gelten besondere Regeln (sogenannte Überwinterungsregeln). Das ZDB-Merkblatt SCHWIMMBADBAU [202] empfiehlt, das Badewasser nicht zu entfernen und den Wasserpegel mit Blick auf eine Vermeidung von Beckenkopfschäden vor einem Frostbeginn um ca. 30 cm abzusenken (Bild 171). Becken mit geringer Wassertiefe, wie beispielsweise Plansch- oder Durchschreitebecken, sollen demnach jedoch vor einer Frostperiode komplett entleert werden. Entleerte bzw. nicht mehr vom Wasserpegel bedeckte Beckenkonstruktionen müssen mit sachgemäßen Dämmstoff- oder Dämmfolienlagen gegen Schäden aus thermisch und hygrisch bedingten Dehnungen und daraus resultierenden Spannungsdifferenzen geschützt werden. Das Badewasser kann auch durch fortwährende Umwälzung oder durch eine Umschichtung zwischen den kälteren oberflächennahen und den wärmeren erdreichnahen Wasserschichten eisfrei gehalten werden. Anderenfalls muss der Beckenkopf durch Absenken des Wasserspiegels vor dem Druck der sich an der Wasseroberfläche bildenden Eisschicht geschützt werden. Gegebenenfalls ist der Beckenkopf durch sachgemäße »Polsterungen« zu schützen. Eine Eisfreiheit des Beckenkopfes lässt sich auch durch elektrische Beheizung realisieren [221], [248].

Überwinterungsmittel, die an Außenbecken häufig eingesetzt werden, müssen vor dem Abschalten der Umwälzung sämtliche Beckenbereiche durchströmt haben.

Zur Minimierung einer Mikrobengefahr ist vor der Stilllegung ein abschließendes Filterrückspülen äußerst ratsam.

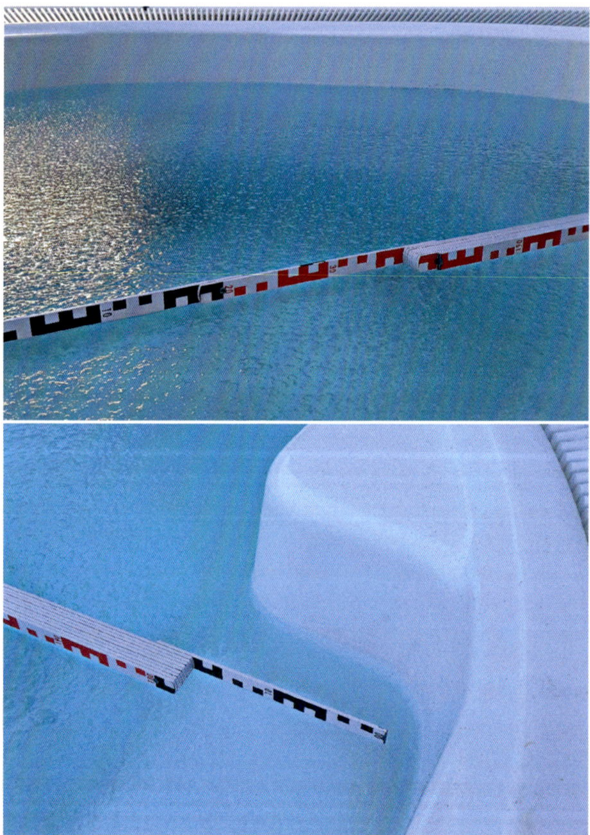

Bild 171 ▪ Eisschicht auf einem Außenpool mit abgesenktem Wasserspiegel

Wasserführende und nicht im frostfreien Bereich verlaufende Leitungen müssen entleert werden. Hierfür sind die beckenseitigen Öffnungen abdichtend zu verschließen.

Eine letzte Unterhaltsreinigung oder -pflege von Edelstahlbauteilen sollte ebenfalls vor der Betriebspause erfolgen [202].

Zur Vermeidung von Beckenschäden infolge einer zusammenbrechenden Eisschicht darf der Stand des Beckenwassers unterhalb des Eises nicht nennenswert absinken [221], [248]. Der Beckenwasserspiegel unter einer Eisschicht darf auch nicht vorsätzlich abgesenkt werden. Größere Beckenwasserverluste infolge von Undichtigkeiten müssen unterbunden bzw. ausgeglichen werden.

Zum Wiederbefüllen entleerter Becken ist Wasser zu verwenden, dessen Temperatur zur Vermeidung schadensauslösender thermischer Spannungen auf die Bauteil- bzw. Umgebungstemperatur abgestimmt ist ([221], [248]).

Für die Reinigung und Pflege im Allgemeinen sowie mit Blick auf eine schadenfreie Nutzung von Außenbecken sollten einem Bauherrn Gebrauchsanweisungen und Überwinterungsregeln als Handlungsempfehlungen ausgehändigt werden.

4 Schadensvermeidung – Sicherung der Bauwerksqualität

Speziell bei so komplexen Bauvorhaben wie fantasievollen Bade-, Freizeit- oder Wellnesslandschaften bzw. bei der Sanierung von Hallen- oder Freibädern wird bereits durch ein solides Entwicklungs- bzw. damit einhergehendes Finanzierungskonzept ein entscheidender Grundstein für die spätere Bauwerksqualität gelegt.

Ausschlaggebend für die letztliche Güte der baulichen Anlagen sowie deren Betriebsfähigkeit sind eine sachliche Konzeption baupraktisch realisierbarer Ausführungszeiträume und eine qualifizierte Kalkulation auskömmlicher Planungs-, Ausführungs- und Überwachungskosten.

Nicht selten erfolgt eine finanzielle Konzeption unter Ansatz der bloßen Mindestplanungsleistungen zu den bauordnungsrechtlich geforderten Nachweisen, wie Tragwerksplanung, Brand- und Wärmeschutznachweis etc. [356], [357].

Demgegenüber erfolgen beispielsweise gerade bei dem für Schwimmbäder ganz entscheidenden klimabedingten Feuchteschutz, bei der Optimierung der Energienutzung wie auch bei komfortorientierten bauphysikalischen Erwägungen (z. B. zur Vermeidung langer Nachhallzeiten oder zum Entwurf eines besonderen Schallschutzes für Ruhezonen) häufig unzureichende Detailplanungen.

Auch die hohe Schadensträchtigkeit prinzipieller Planungsfehler oder grundsätzlich fehlender Detailplanung führt häufig zu folgenschweren Ausführungsmängeln oder zu schweren Schäden in der Bauphase bzw. frühen Nutzungsphase von Schwimmbädern. Speziell Undichtigkeiten von Schwimmbecken sind häufig auf unzureichend geplante Ausführungen geometrisch komplizierter Details zurückzuführen und vergleichsweise deutlich weniger auf eine mangelhafte handwerkliche Ausführung in der ungestört durchlaufenden Fläche.

Bei der Planung der Bauzeiten für Schwimmbadbauvorhaben muss mit verlängerten Aushärtezeiten und verzögerter Festigkeitsentwicklung gerechnet werden, sofern mit widrigen klimatischen Einflüssen zu rechnen ist, wie beispielsweise an Außenbecken oder an der noch nicht geschlossenen Gebäudehülle. Zur Erlangung langfristig zuverlässig funktionsfähiger Bauausführungen müssen deshalb ausreichende Zeitreserven einzukalkuliert werden. Neben der in einem Bauzeitenplan zu berücksichtigenden Spanne für eine Dichtigkeitsprüfung (vgl. Kapitel 3.2.3) muss auch eine Reserve für danach gegebenenfalls noch notwendige Abdichtungsnachbesserungen oder im ungünstigen Fall eine erneute Dichtigkeitsprüfung berücksichtigt werden. Da es sich häufig speziell bei Schwimmbädern um komplexe bauliche Anlagen handelt, die teils auch in fehlerauslösender Wechselwirkung mit den gebäude- bzw. schwimmbadtechnischen Anlagen stehen, ist es äußerst ratsam, ein überdurchschnittliches pauschales Sicherheitszeitfenster im Bauzeitenplan vorzusehen.

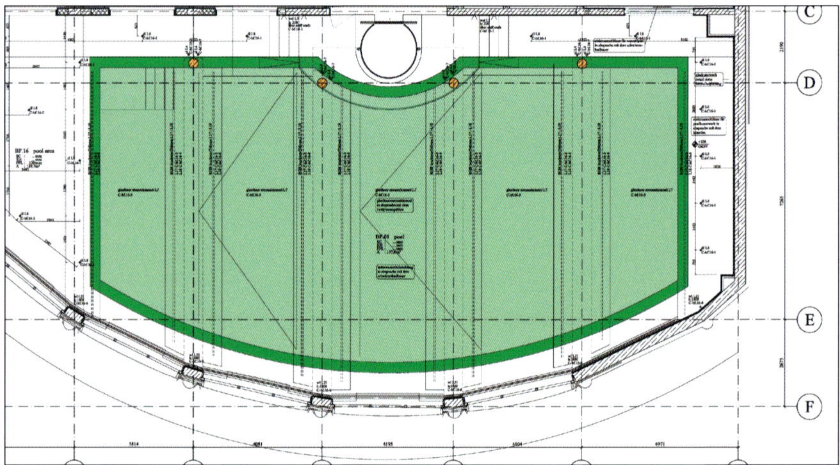

Bild 172 ▪ Grundriss eines privaten Schwimmbeckens in einer Villa mit farbiger Kennzeichnung des Beckenumrisses (grün) und im Becken angeordneter Stützen (orange)

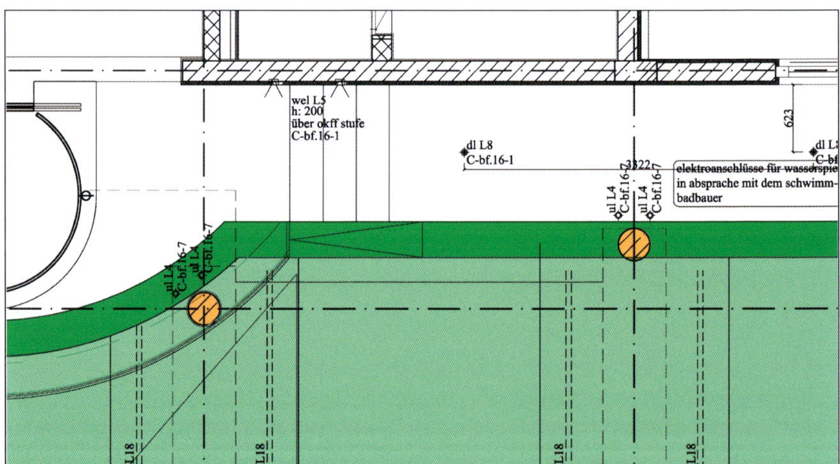

Bild 173 ▪ Ausschnitt aus Bild 172: hinsichtlich der typischen Konstruktionsmerkmale in einem Schwimmbad undurchdachte Rohbauplanung mit tragenden Stützen entlang der Überlaufrinne und im Beckeninnern ohne Abstand zur Beckenwandung

Ein kurzes Beispiel aus der Praxis der Herstellung eines Schwimmbeckens:

Der Rohbau eines Beckens in einem Privatschwimmbad im Erdgeschoss einer Villa wurde unter Missachtung wesentlicher schwimmbadtypischer Konstruktionsmerkmale geplant. Beispielsweise wurden tragende Stützen in der Flucht der Überlaufrinne und im Beckengrundriss ohne Abstand zur Beckenwandung vorgesehen (Bild 172 und Bild 173).

Unabhängig davon, dass bei sehr dicht an einer Beckenwand angeordneten Stützen handwerklich überhaupt kein zuverlässiges Eindichten realisierbar ist (siehe Kapitel 5.12), erfolgte bereits eine Umsetzung fehlerhafter Planung, indem die Stahlbetonstützen monolithisch auf die bereits rohbaumäßig vormodellierte Rinne gesetzt wurden und so den Rinnenverlauf störten (Bild 174).

Bild 174 ▪ Detaildarstellung des auf Grundlage der in Bild 172 und Bild 173 dargestellten Rohbauplanung ausgeführten Beckenkopfes; Stahlbetonstütze direkt im Verlauf der vormodellierten Überlaufrinne

Aufgrund fehlender zeichnerischer Detaillierung existierte überdies zwischen Beckenwand und Beckenumgang keine Bewegungsfuge. Zur Kaschierung dieses Fehlers war bereits eine »zweite Aussparung« entlang der Rinne angelegt worden (Bild 175 und Bild 176).

Bild 175 ▪ Detaildarstellung des auf Grundlage der in Bild 172 und Bild 173 dargestellten Rohbauplanung ausgeführten Beckenkopfes mit vormodellierter »Doppelrinne« (vgl. auch Bild 174)

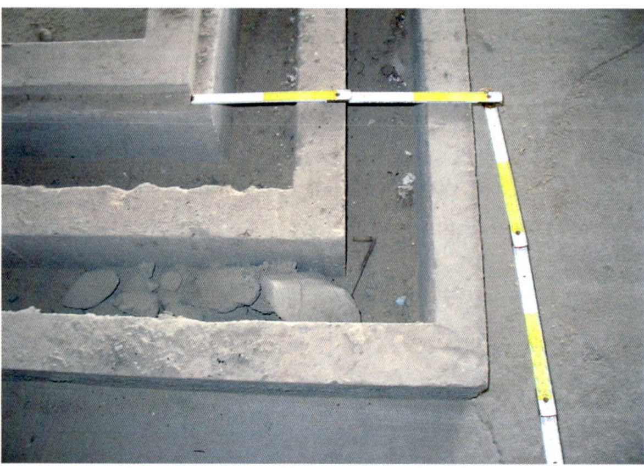

Bild 176 ▪ Detaildarstellung auf Grundlage von Bild 175; wegen fehlender Detailplanung unsachgerecht nach Ermessen der Baufirma ausgeführter Beckenkopf ohne Bewegungsfuge zwischen Becken und Umgang

Fehlende Vorgaben zur Beckenabdichtung führten zu entscheidenden Fehlern im ebenfalls nach ausführungsseitigem Gutdünken hergestellten Feuchteschutzsystem. Die gemauerten und mit Ausgleichsputz versehenen Beckenwände wurden entgegen einer ordnungsgemäßen innenseitigen Abdichtung mit einer außenseitig unter armiertem Putz verdeckten Dränung versehen (Bild 177 und Bild 178).

Bild 177 ▪ An der Außenseite einer Beckenwanddurchdringung vorgefundene Dränung (siehe Pfeil) als unfachgerechter Ersatz unterlassener Beckenabdichtung (siehe Detaildarstellung in Bild 178)

Bild 178 ▪ Detaildarstellung auf Grundlage von Bild 177; Dränung an der Beckenaußenseite in Form einer mit gewebearmiertem Putz überdeckten Noppenbahnlage (siehe Pfeil)

Bild 179 ▪ Schwimmbecken ohne umfassende Abdichtung (oben) mit lediglich zur Eindichtung der Beckenwandeinbauteile (unten links) und zur Kaschierung von Rissen (unten rechts) verwendeten »Abdichtungsflecken«

Lediglich in die Beckenwände integrierte Einbauteile waren »verantwortungsbewusst« eingedichtet und bereits entstandene Risse mit einem Abdichtungsmaterial verspachtelt worden (Bild 179). Die an diesem Becken nach DGfdB-/ZDB-Merkblatt [178], [202] bzw. KOK-Richtlinien [213] durchgeführte Dichtigkeitsprüfung blieb dann auch erfolglos.

Aufgrund zunehmender preislicher Konkurrenz wird vielfach bereits im Voraus der Einsatz minderwertiger Baustoffe/-produkte (Bild 180 bis Bild 182) und niedrig qualifizierter Arbeitskräfte erwogen.

Aber auch bei der Kalkulation einer ordnungsgemäßen bzw. sorgfältigen Bauüberwachung erfolgen nicht selten Einsparungen.

Bild 180 ▪ Keramikabscherbelung an einem im Außenbereich verlegten Fliesenbelag aufgrund unzureichender Frostbeständigkeit (Abdichtung und Entwässerung waren in diesem Fall fachgerecht)

Werden Bauherren oder Kaufinteressenten von Schwimmbädern auf Grundlage finanziell beschönigender Bau- bzw. Sanierungskonzepte beraten und deshalb Projekte nicht mit auskömmlichem Budget begonnen, so ist Kostendruck bei der Planung und Ausführung und ein damit einhergehender Qualitätsverlust vorprogrammiert.

In der Baupraxis sind dann immer wiederkehrende bekannte Vorgänge zu beobachten ([356], [357]):

Die technische und rechtsgeschäftliche Abnahme, damit die Inbetriebnahme und folglich der Finanzierungserfolg, sind wegen erheblicher oder vielzähliger Mängel gefährdet. Bauleistungen werden wegen Mängelrügen nicht bezahlt.

Im Gegenzug erfolgt wegen zu hoher Rückbehalte keine Mängelbeseitigung. Oft entwickeln sich langwierige Rechtsstreitigkeiten mit den entsprechend negativen Folgen für alle Baubeteiligten.

Aber auch die Lebensdauer der baulichen Anlagen leidet sehr häufig unter Mängeln, die oft erst lange Zeit nach Inbetriebnahme in Form von Schäden zutage treten.

Jedoch auch bei absolut auskömmlichem Budget und auch bei sorgfältigster Planung, Ausführung und Überwachung scheint in der Baupraxis eine weitgehende Eingrenzung von Mängel- und Schadensraten vielfach nicht realisierbar.

Bild 181 ▪ Weitläufige Schädigung eines im Außenbereich verlegten Fliesenbelags (oben) durch ausgeprägte Abscherbelung des Keramikmaterials (unten) infolge unzureichender Frostbeständigkeit (Abdichtung und Entwässerung waren auch hier fachgerecht)

Trotz Einsatzes qualifizierter Planungsfachkräfte lassen sich speziell im komplexen Schwimmbadbau Planungsfehler oftmals nicht gänzlich vermeiden. Für die Einhaltung der öffentlichen Sicherheit und Ordnung sowie mit Blick auf die energiepolitischen Ziele hat der Gesetzgeber zwar entsprechende Kontrollen vorgeschrieben (bspw. Prüfung des Bauantrags mit den notwendigen Nachweisen nach den Bauordnungen der Länder [148], z. B. zur Standsicherheit, zum Brandschutz, zur Verkehrssicherheit, zur Energieeinsparung etc.).

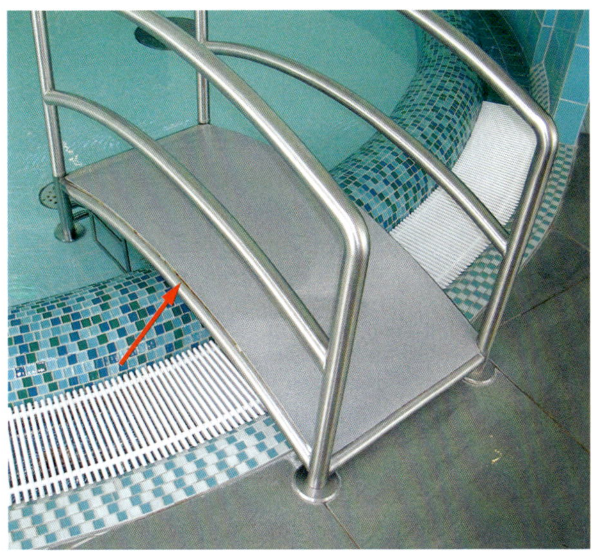

Bild 182 ▪ Zugangssteg zum flachen Nichtschwimmerteil eines Hotelschwimmbeckens (oben); infolge ungenügender Edelstahllegierung an Schweißnähten aufgetretene Korrosion (unten)

In der Regel ist jedoch keine Kontrolle der darüber hinausgehend für den Gebäudenutzwert entscheidenden Planungsunterlagen vorgesehen. An dieser Stelle existiert eine Prüflücke ([356], [357]). Die Planungsqualität hängt entscheidend von der Wahl des jeweiligen Planungsunternehmens ab. Zu bevorzugen sind die von einer akkreditierten Institution zertifizierten Planungsunternehmen mit einem überwachten Qualitätsmanagementsystem nach DIN EN ISO 9001 [109].

Die bauausführenden Unternehmen haben zwar ihre Leistungen dem anerkannten Stand der Technik entsprechend zu erbringen. Bei mangelhafter Bauleistung bzw. hieraus resultierenden Schäden besteht auch grundsätzlich

Bild 186 ▪ Unsachgemäße Eindichtung eines Duschkopfs: durch Entfernen einer Fliese aufgedeckte Fehlstelle in der Verbundabdichtung und im Untergrund (unverschlossene Rohrdurchführung)

Im Schwimmbadbau ist neben einer üblichen Planungsprüfung besonderes Augenmerk auf die Rissbreitenbeschränkung wasserundurchlässiger Betonbauteile, auf Schwindverformungen, auf thermisch und hygrisch bedingte Verformungen sowie auf den Schutz feuchtebeanspruchter Bauteile bzw. Bauwerksabschnitte zu richten.

Da bei vielen handwerklichen Leistungen auch ohne jegliche Inspektion im Rahmen der HOAI-Bauüberwachung [140] eine ordnungsgemäße Erledigung erwartet wird, profitieren auch bauausführende Unternehmen von einer Fehlervermeidung durch rechtzeitige Hinweise eines Sachverständigen für Qualitätssicherung ([356], [357], [290]). Zwei anschauliche Beispiele handwerklicher Fehler in besonders kritischen Ausführungsphasen der Abdichtungs- und Fliesenbelagserstellung belegen, dass durch rechtzeitigen Hinweis auf handwerkliche Fehler aufwendige Sanierungsarbeiten vermeidbar sind.

Bild 187 ▪ Unsachgerechte Eindichtung an einer Duschraumtürschwelle (oben links); fehlender Abdichtungsanschluss entlang des Schwellenprofils aus Edelstahl (unten links) sowie des Zargenprofils (rechts); bereits punktuell entstandene Korrosionsschäden (siehe Pfeil)

Bild 188 ▪ Umgang eines Therapiebeckens; umlaufend mit sehr geringem Abstand zum Beckenkopf angeordneter Lüftungsschlitz (siehe Pfeil)

Bild 189 ▪ Kriechgang unterhalb des Beckenumgangs im Schwimmbad einer Lehreinrichtung: unfachmännisch an der Beckenaußenseite angeordnetes Arbeitsfugendichtband (siehe Pfeil)

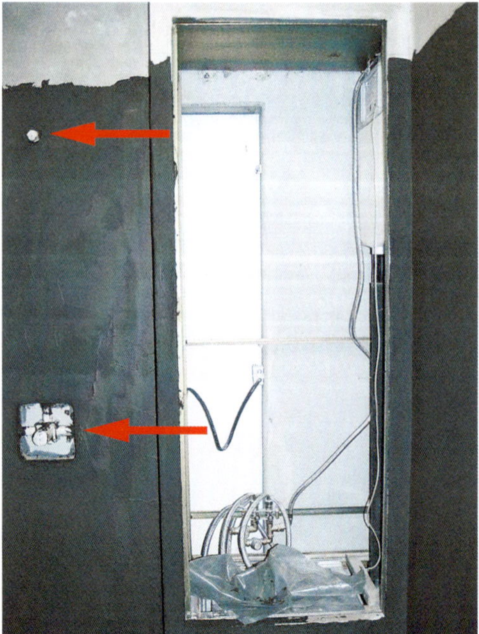

Bild 190 ▪ Verbundabdichtungslücke in einem hoch beanspruchten Duschraum: dicht neben einer Installationsschachtöffnung angeordnete Dusche (oberer Pfeil: Anschluss für Duschkopf; unterer Pfeil: Anschluss für Ducharmatur)

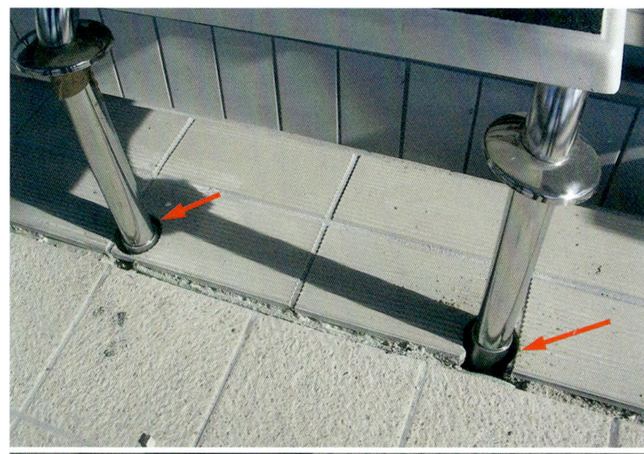

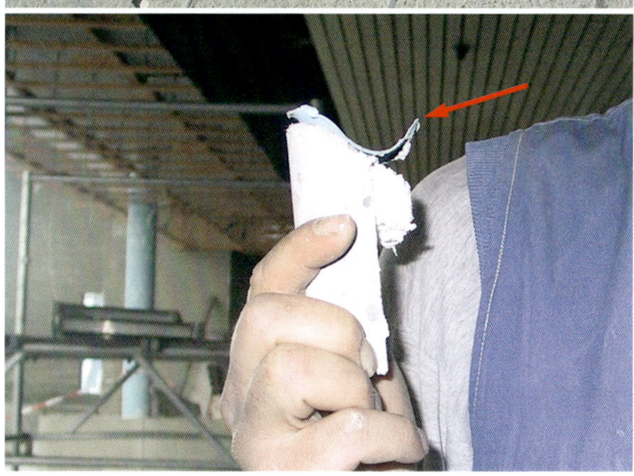

Bild 191 ▪ Startsockel an einem Wettkampfschwimmbecken: mittels Kernbohrungen nachträglich in die Beckenkopfkonstruktion eingefügte Haltestangen (oben; siehe Pfeile) und hierdurch perforierte Abdichtung (unten; siehe Pfeil) (Quelle: PCI Augsburg GmbH, Augsburg)

An der tragenden Konstruktion des Beckenkopfs in einem Wettkampfschwimmbecken waren Halterungen für Startsockel vergessen worden. Dies fiel auch erst auf, als bereits der gesamte Fußbodenaufbau (Abdichtung, Fliesenbelag) fertiggestellt war. Die Bauausführung behalf sich mit dem Anlegen von Kernbohrungen (Bild 191). In der Folge war eine aufwendige Sanierung der Abdichtung unter zumindest teilweisem Rückbau der Beckenkopfkonstruktion sowie durch sachgerechtes Eindichten der Haltestangen, verbunden mit den entsprechenden Kosten und Fertigstellungsverzögerungen, notwendig.

In einem weiteren Fall wurde in ausgedehnten Duschanlagen mit den Abdichtungs- und Fliesenarbeiten begonnen, obwohl in angrenzenden Wandflächen Installationsschlitze noch nicht vermörtelt waren. Die unverschlossenen Installationsschlitze stellten Fehlstellen im Abdichtungsuntergrund dar (Bild 192). Ein rechtzeitiger Hinweis im Zuge der Baubegleitenden Qualitätsüberwachung ([356], [357], [290]) verhinderte entsprechende Schäden und für das ausführende Unternehmen kostspielige Gewährleistungsansprüche bzw. einen entsprechend hohen Sanierungsaufwand.

Insbesondere die für ein Schwimmbad typischen Fehlerquellen wie beispielsweise Materialauswahl und -anwendung, Abdichtungsanschlüsse, Beckendurchdringungen und -kopfausbildungen, Dampfsperren etc. sind im Zuge der Bauausführung besonders kritisch zu kontrollieren.

Eine Verwendung unzulässiger bzw. ungeprüfter Produkte ohne entsprechendes Zertifikat kann die Lebensdauer der Schwimmbadanlagen signifikant reduzieren.

Durch qualifizierte Hinweise werden auch negative Wechselwirkungen zwischen den beabsichtigten Baustoffen, Bauprodukten, Bauarten und Bauweisen vermieden (Bild 193 bis Bild 195).

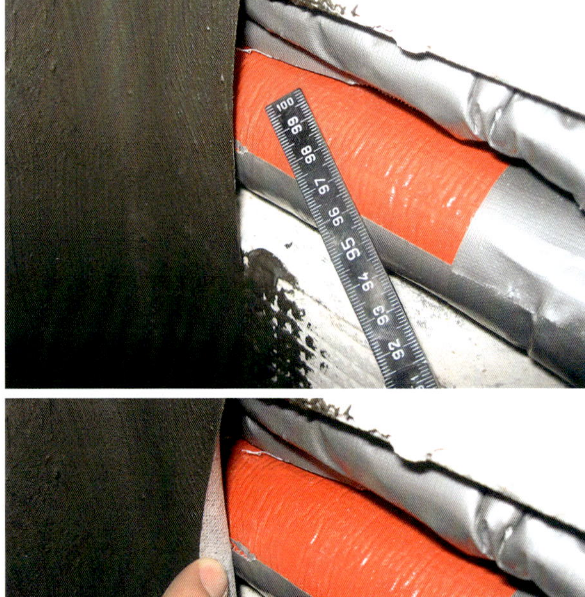

Bild 192 ▪ Ausgedehnte Duschanlage: unvermörtelte Installationsschlitze überspannender Rand einer Verbundabdichtungsfläche; Fehlstelle im Abdichtungsuntergrund

Bild 193 ▪ Risse und Aussinterungen an der Auskleidung eines flachen Wasserbeckens infolge thermischer und schwindbedingter Verformungen und aufgrund fehlender Abgrenzung zu den verwendeten hydraulisch erhärtenden Baustoffen (Beton, Ausgleichsputz und Fliesenkleber)

Bild 194 ▪ Erhebliche Kalkhydratausläufer an der Treppe einer Außenanlage infolge einer grundlegend fehlerhaften Abdichtungs- und Entwässerungssituation sowie fehlerhafter Materialauswahl

Bild 197 ▪ Schwärzlicher Belag in den Mosaikfugen an der Überlaufkante eines Beckenrandes

Besonderes Augenmerk ist bei einer Baubegleitenden Qualitätsüberwachung auf die Brandschutzplanung und -ausführung zu richten, da von diesbezüglich unerkannten Mängeln unter Umständen eine Lebensgefahr, zumindest eine Gesundheitsgefahr und auch eine Gefahr großer Sachschäden ausgehen. Auch an dieser Stelle hat die Praxis gezeigt, dass bauaufsichtliche Kontrollen/Abnahmen speziell vor dem Hintergrund häufig bereits verdeckter Mängel nicht unbedingt Sicherheitsgaranten sind.

Da falsch bemessene oder ausgeführte gebäudetechnische Anlagen meist auch eine energieeffiziente Arbeitsweise verhindern, kommt der diesbezüglichen Planungs- und Ausführungsqualität besondere Bedeutung zu (z. B. Wasserumwälzung und -aufbereitung, Heizung, Be- und Entlüftung, Beleuchtung etc.).

Bild 198 ▪ An einem WU-Beton-Beckenboden freigelegte, längs im Betonquerschnitt verlaufende Verteilungsleitung des Beckeneinströmsystems

Bereits in den Anfängen jeder Entwicklung eines Schwimmbadprojekts sollten die besonderen Vorteile einer Baubegleitenden Qualitätsüberwachung, einer Verringerung des Fehlerrisikos sowie einer Reduzierung der Mangel- und Schadensrate, Gegenstand der Bauherrenberatung sein und auch im Finanzierungskonzept kalkulatorisch berücksichtigt werden.

Nicht zuletzt stellt eine sorgfältig dokumentierte Baubegleitende Qualitätsüberwachung auch eine vertrauensbildende Unterlage für potenzielle Schwimmbaderwerber dar. Ein kurzes Praxisbeispiel verdeutlicht, dass diese insofern auch zu einer Verkehrswertsteigerung beitragen kann:

Wegen einer nachlässig durchgeführten Probebefüllung wurden an einem Hotelschwimmbecken Undichtigkeiten und ein daraus resultierender Verlust von Beckenwasser zunächst nicht registriert. Wegen fehlerhaft angeordneter Rohbauöffnungen für Bodenabläufe waren nachträglich Kernbohrungen eingebracht und nicht fachgerecht eingedichtet worden (Bild 199).

Bild 199 ▪ An der Unterseite eines Hotelschwimmbeckens entstandene Feuchteschäden infolge mangelnder Eindichtungen

Bild 200 ▪ Unterhalb der in Bild 199 dargestellten Feuchteschäden entstandene Wasserlachen

Die Schwimmbadmitarbeiter des Hotelbetreibers bemerkten zwar Wasserlachen unter dem Schwimmbeckenboden (Bild 200) sowie auch auf technische Anlagen tropfendes Wasser. Da sich jedoch infolge des sehr langsam voranschreitenden Schadensprozesses innerhalb der regelmäßigen Inspektionsintervalle visuell keine wesentlichen Veränderungen des Schadensausmaßes abzeichneten, wurde der Situation lange Zeit keine Bedeutung beigemessen.

Erst ein Kaufinteressent hegte beim Anblick der allmählich ausgeprägten Schäden starkes Misstrauen (Bild 201 und Bild 202). Trotz Zusage vollständiger Mangel- und Schadensbeseitigung vor Kaufvertragsabschluss schien die – aus Käufersicht nicht mehr schadenfreie bzw. nicht mehr uneingeschränkt vertrauensvolle – Immobilie nur noch mit deutlichem Preisnachlass veräußerbar.

Bild 201 ▪ Aufgrund der in Bild 199 und Bild 200 dargestellten Feuchteschäden entstandener Korrosionsschaden an einer Stahlstütze

Bild 202 ▪ Unterhalb der in Bild 199 dargestellten Feuchteschäden entstandene erhebliche Korrosionsschäden an den schwimmbadtechnischen Installationen

In der Regel übersteigt der finanzielle Vorteil des Bauherrn aus einer Baubegleitenden Qualitätsüberwachung das hierfür aufzuwendende Honorar deutlich – meist sogar um ein Vielfaches. Speziell, wenn für Fehler verantwortliche Unternehmen rechtlich nicht mehr belangt werden können (z. B. wegen Insolvenz), entstehen dem Bauherrn Kosten, die zumindest in großen Teilen vermeidbar sind ([356], [357]). Es ist plausibel, dass der betreffende Anteil an den Gesamtkosten einer größeren Freizeitanlage mit ausgedehnter Bade- und Wellnesslandschaft niedriger ist als bei einem kleineren Privatschwimmbecken. Der an einem ausgedehnten Schwimmbad niedrigere Kostenfaktor für die Begleitung durch einen Sachverständigen für Qualitätssicherung wird durch eine höhere Kontrolleffizienz infolge der Standardisierung bei der Vorbereitung und Abwicklung von Kontrollterminen bedingt. Hingegen fällt bei einem kleineren Bauvorhaben bereits der Anteil zur Durchsicht und Auswertung von Planungsunterlagen im Verhältnis zum Kontrollaufwand auf der Baustelle deutlicher ins Gewicht.

Durch qualifizierte Kontrollen eines Qualitätsüberwachers wird mit Sicherheit eine spürbare Anhebung der Bauwerksqualität erzielt. Wenngleich anlässlich der im Grunde nur stichprobenartig leistbaren Kontrolltermine sämtliche erkennbaren, d. h. nicht verdeckten Fehler aufgezeigt werden, ist ein Versprechen der Erzielung absoluter Mängelfreiheit – obwohl meist gewünscht – am Gesamtbauwerk naturgemäß unrealistisch ([356], [357]).

5 Schäden

5.1 Vielfalt schwimmbadspezifischer Schäden – ein Überblick

Vor dem Hintergrund des in Schwimmbädern insgesamt hohen Beanspruchungspotenzials erstrecken sich Schäden auch nahezu über sämtliche Bereiche der baulichen und gebäudetechnischen Anlagen sowie deren konstruktive Details. Die in der Praxis vorzufindenden Schadensbilder sind somit auch äußerst vielgestaltig.

Wesentliche Beanspruchungsgruppen sind die für Schwimmbäder typischen Klimate, die in Schwimmbädern eingesetzten Chemikalien sowie die im Schwimmbadbetrieb gute Wachstumsbedingungen vorfindenden Mikroorganismen.

Die Schadensursachen überspannen nahezu sämtliche Bereiche der Hochbaukonstruktion und der technischen Anlagen.

Bei der Entstehung von Schäden in Schwimmbädern lassen sich im Allgemeinen auch keine Herstellungsphasen ausgrenzen. Schadensauslösende Fehler fallen sowohl in Entwürfen als auch in der Planung, der Bauausführung und -überwachung an.

Im Wesentlichen lässt sich zwischen Feuchteschäden, Korrosionsschäden, statisch-konstruktiven Schäden, auf biologisch-chemische Ursachen zurückzuführende Schäden sowie haus- bzw. schwimmbadtechnischen Schäden unterscheiden.

In das Gebiet der Feuchteschäden fallen beispielsweise Schäden infolge fehlerhafter Bauwerks- oder Beckenabdichtung (siehe beispielsweise Kapitel 5.5) oder infolge mangelhaften Tauwasserschutzes (siehe beispielsweise Kapitel 5.6).

Korrosionsschäden treten insbesondere infolge ungenügender Beachtung der schwimmbadspezifischen Chloridbeanspruchung auf (siehe beispielsweise Kapitel 5.7).

Statisch-konstruktive Schäden entstehen häufig infolge einer unzureichenden Berücksichtigung von Bauteilverformungen. Diese können lastbedingt, hygrisch oder thermisch bedingt sein oder aus Schwinden und Kriechen resultieren.

Für biologische Problematiken sorgt in Schwimmbädern ein auch auf chemische Wechselwirkungen und konstruktive Fehler zurückzuführender Mikroorganismenbefall (siehe beispielsweise Kapitel 5.9). Auch chemische Unverträglichkeiten von Baustoffen führen zu erheblichen Schäden.

In den Kapiteln 5.2 bis 5.12 erfolgt eine Beschreibung ausgewählter Schadensfälle aus dem an Schwimmbädern breit gefächerten Spektrum.

5.2 Epoxidharzabdichtung eines Krankenhausschwimmbeckens – durch den Fliesenbelag getretene gelbliche Flüssigkeit

Besonders aus Zeit- und Kostengründen werden häufig beim Errichten von Epoxidharzabdichtungen Ausführungsregeln vernachlässigt. Dies kann zu folgenschweren Abdichtungsmängeln führen. Auch wenn keine Nässeschäden außerhalb des Beckens wegen austretenden Wassers entstehen, können Abdichtungsfehler teils äußerst aufwendige Sanierungen aus anderen Gründen nach sich ziehen, wie vorliegender Schadensfall zeigt.

Schadensbild

In einem neu errichteten rechteckigen Krankenhausschwimmbecken aus normalem Stahlbeton trat kurze Zeit nach Inbetriebnahme folgendes Schadensbild auf:

Vorwiegend in den Zeiträumen des zu Reinigungszwecken entleerten Beckens drang im unteren Wandbereich und an der Bodenfläche aus den Fliesenbelagsfugen eine gelbliche zähe Flüssigkeit aus (Bild 203 und Bild 204). Diese Flüssigkeit besaß einen charakteristischen Geruch (ähnlich dem eines Lösemittels). Auch nach mehreren Reinigungsversuchen lies der Flüssigkeitsaustritt nicht nach. An der Oberfläche von Fliesen und Verfugungsmörtel existierten keine Material- oder Gefügestörungen. Der Fugenmörtel wirkte vergleichsweise hart und dicht.

Die Beeinträchtigungen infolge der austretenden Flüssigkeit wurden in dem medizinisch und hygienisch besonders sensiblen Krankenhausbereich von Betreiber- bzw. Nutzerseite als sehr störend empfunden.

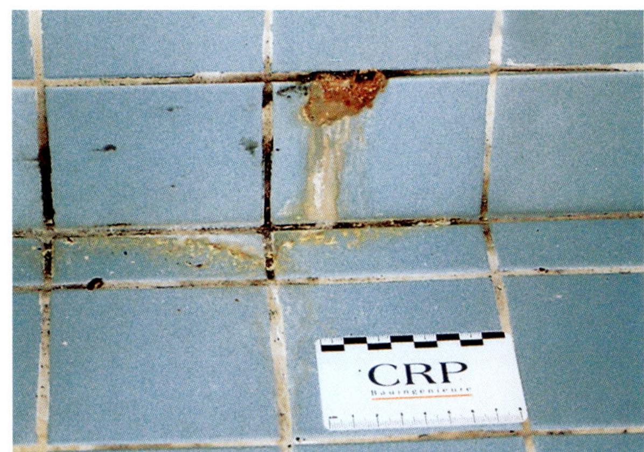

Bild 203 ▪ Übergang zwischen Wand- und Bodenfläche: durch die Fliesenfugen dringende gelbliche, zähe Flüssigkeit

Bild 204 ▪ Bodenfläche: durch die Fliesenfugen dringende gelbliche, zähe Flüssigkeit

Schadensursache

Im Zuge der Ermittlungen, bei denen auch Untersuchungsöffnungen angelegt worden sind, wurde herausgefunden, dass der Fliesenmörtel sowie der Fliesenuntergrund eine ähnlich gelbe Farbe aufwies wie die an der Oberfläche ausgetretene Flüssigkeit. Der Fliesenuntergrund bestand aus einer zähelastischen Schicht. Diese besaß ebenfalls den an der Flüssigkeit festgestellten charakteristischen Geruch. Der Fliesenverlegemörtel ließ keine Gefügestörungen erkennen. Zuverlässige Hinweise auf die tatsächliche Schadensursache waren allein hieraus jedoch noch nicht ableitbar.

Ebenso lieferten die Randbedingungen des Badebetriebs keine begründbaren Ursachenhinweise. Das Beckenwasser wurde mit einer üblichen Temperatur beheizt, besaß einen nahezu neutralen, leicht sauren pH-Wert und wurde mit einer Kombination aus vergleichsweise geringer Chlorierung und Ozonierung desinfiziert.

Eine regelmäßige Beckenreinigung erfolgte mit alkalischem Industriereiniger sowie mit Kalkentferner.

Einen wesentlichen Hinweis lieferten erst Informationen über die zur Beckenauskleidung verwendeten Materialien.

Als Abdichtungsprodukt war ein streichfähiges System auf Epoxidharzbasis verwendet worden. Die Verwendbarkeit des Systems bzw. der einzelnen Komponenten war durch ein allgemeines bauaufsichtliches Prüfzeugnis (abP) geregelt. Das System bestand aus einer Grundierung und rissüberbrückenden pigmentierten Deckschichten (beides Lösemittel-Härter-Kombinationen auf Epoxidharzbasis).

Im Verbund mit der Abdichtung war ein Fliesenbelag in hydraulisch erhärtendem Mörtel verlegt worden. Gemäß Herstellerangabe handelte es sich hierbei um einen hoch flexiblen einkomponentigen Dünnbettmörtel nach Teil 3 der DIN 18156 [19].

Die Verfugung des Fliesenbelags war wiederum mit einem dreikomponentigen Material auf Epoxidharzbasis erfolgt (sogenanntes Reaktionsharzsystem).

Entsprechende Laboruntersuchungen ergaben, dass die ausgetretene gelbliche Flüssigkeit einen hohen Anteil an Benzaldehyd besitzt. Benzaldehyd ist ein Reaktionsprodukt von Benzylalkohol.

Insofern lagen zur Ursachenergründung nunmehr die beiden wesentlichen Erkenntnisse vor, dass für die Abdichtung und die Fliesenverfugung Epoxidharzprodukte eingesetzt wurden und dass die ausgetretene Flüssigkeit einen hohen Benzaldehyd-Gehalt aufweist.

Diese Erkenntnisse lieferten den plausiblen Rückschluss, dass die gelbliche Flüssigkeit Resultat einer gestörten bzw. unterbundenen Epoxidharzerhärtung ist. Begründbar ist dies wie folgt:

Epoxidharzprodukte enthalten in der Regel zur Reaktion notwendige und teils flüchtige Anteile wie Benzylalkohol in der Erhärtungskomponente. Gegebenenfalls ist Benzylalkohol auch in Lösemittelkomponenten enthalten. Sobald die Epoxidharzreaktion abgeschlossen ist, sind sämtliche Komponenten gebunden und es liegen keine flüchtigen Anteile mehr vor. Insofern werden nach Abschluss der Epoxidharzreaktion auch keine Bestandteile mehr freigesetzt. Reaktionsharze gelten im abgebundenen Zustand als chemisch inert [233].

Das Freisetzen des vorgefundenen Benzaldehyds als ein Reaktionsprodukt von Benzylalkohol deutete also auf eine mit Sicherheit nicht vollständig abgelaufene Epoxidharzreaktion bzw. den mangelhaften/gestörten Abbindevorgang eines Epoxidharzprodukts hin.

Die Frage, welches der beiden Epoxidharzprodukte im vorliegenden Fall – Abdichtung oder Verfugungsmörtel – nicht vollständig erhärtet war, ließ sich an dieser Stelle leicht beantworten.

Am Verfugungsmörtel war eine Abbindestörung auszuschließen, da diesbezüglich keine begründeten Hinweise, wie z. B. offensichtliche Gefügestörungen oder Festigkeitsminderungen, existierten.

Da Epoxidharzmaterial grundsätzlich für Abdichtungen geeignet ist (vgl. Kapitel 3.2.3, Abdichtungen) und im vorliegenden Fall auch die Verwendbarkeit durch ein entsprechendes Prüfzeugnis (abP) belegt war, ließ sich der gestörte Abbindevorgang bzw. die austretende Flüssigkeit lediglich auf Fehler bei der handwerklichen Verarbeitung des Reaktionsharzprodukts bzw. bei der Erstellung der Beckenauskleidung zurückführen (z. B. Fehler beim Anmischen der Komponenten, fehlerhafte Verarbeitungsrandbedingungen bezüglich Feuchte und Temperatur).

Ein wesentliches Kriterium für eine mangelfreie Erhärtung von Epoxidharz ist auch die Einhaltung herstellerseitiger Vorgaben für Ablüftfristen vor dem Aufbringen der nächsten Materialschichten. Wird Epoxidharz zu früh mit einer weiteren Schicht bedeckt, können zur Erhärtung notwendige flüchtige Inhaltsstoffe (z. B. Benzylalkohol) nicht entweichen und der Erhärtungsprozess wird deshalb behindert bzw. unterbunden.

Obwohl Epoxidharz als weitgehend unempfindlich gegen Feuchteeinfluss in der Erhärtungsphase eingeschätzt wird [233], können ein Auftragen von Epoxidharzmaterial auf nasse bzw. feuchte Untergründe wie auch eine direkte Nässebeaufschlagung zu einer Reaktionsstörung führen. Auf diesen besonders kritischen Fakt wurde bereits vor etwa einem Jahrzehnt in [333], [335] und [344] eindringlich hingewiesen. Eine diesbezüglich konkrete Einschätzung war im vorliegenden Fall in Ermangelung dezidierter Bauablaufinformationen nicht möglich, jedoch für eine sachgerechte Sanierungsvorgabe auch nicht zwingend notwendig.

Im vorliegenden Fall musste davon ausgegangen werden, dass entweder die Abdichtung auf zu feuchten bzw. nassen Untergrund aufgebracht, eine zu frühe Probefüllung gemäß [202] erfolgte und/oder der Fliesenbelag zu früh auf die Abdichtung aufgebracht worden ist (unzureichendes Ablüften). Darüber hinaus erfolgte eine Nässebeaufschlagung der nicht vollständig erhärteten Abdichtung infolge Beckenbefüllung und dann naturgemäßer Durchfeuchtung des Fliesenbelags. Insofern war letztendlich auch keine abschließende Epoxidharzreaktion möglich. Die Konsequenz hieraus war dann das fortwährende Austreten benzaldehydhaltiger gelblicher Flüssigkeit.

Speziell bezüglich der Feuchtebeeinflussung bei einer Epoxidharzerhärtung ist zu berücksichtigen, dass Beton in der Erhärtungsphase aufgrund der Abgabe von Überschusswasser [225] noch längere Zeit einen feuchten Untergrund zur Erstellung der Abdichtung bzw. des Fliesenbelags darstellen kann. Aktuellen Erkenntnissen gemäß erfolgt beispielsweise bei wasserundurchlässigen Betonbauteilen in Abhängigkeit von den konstruktiven Randbedingungen (z. B. w/z-Wert, Rohdichte, Hydratationsgrad) über einen längerfristigen Zeitraum grob überschlägig eine Wasserabgabe von $m_A \approx 10$ g/m^{2}d in einer oberflächennahen Austrocknungszone mit einer Tiefe $t_A \approx 80$ mm [173], [262]. Diesbezüglich wird in [335], [344] und [345] der Hinweis erteilt, dass die Abdichtungshersteller den Feuchtegehalt im Untergrund teils auf in der Praxis häufig kaum erzielbare 3 M-% begrenzen.

Darüber hinaus kann auch eine fälschlicherweise vor Abdichtungsbeginn der Normalbetonkonstruktion durchgeführte – nach ZDB-Merkblatt SCHWIMMBADBAU [202] und DGfdB-Merkblatt 25.01 [178] obligate – Probebefüllung die Betonaustrocknung stark verzögert bzw. behindert haben.

Die mit Blick auf eine Vermeidung schädlicher Schwindverformungen für die Fliesenbelagserstellung einzuhaltende Wartefrist [202] ist auch einer möglichst weitgehenden Betonaustrocknung vor einer Erstellung der Beckenauskleidung mit Reaktionsharzprodukten (Abdichtung im Verbund mit Fliesen) sehr zuträglich. Diese Frist erscheint unter dem immer wichtigeren Aspekt der schnellstmöglichen Baufertigstellung sicher sehr lang. Eine kürzere Frist sollte jedoch lediglich nach reiflichen ingenieurmäßigen Erwägungen sowie auf Grundlage zuverlässiger Messergebnisse zur aktuellen Betonfeuchte erfolgen.

Die Wartefrist zur Vermeidung schädlicher Schwindverformungen bleibt davon jedoch unberührt (Mindestfrist von sechs Monaten gemäß [202] oder rechnerische ingenieurmäßige Überlegungen zum Schwindverhalten; vgl. Kapitel 3.2.6).

Sanierung

Nachvollziehbares Argument der verantwortlichen Bauausführungs- bzw. Bauüberwachungsseite war die Vermeidung eines unnötigen/unangemessenen Sanierungsaufwandes. Insofern wurde anfänglich die Frage aufgeworfen, inwieweit denn mit einem Andauern des bemängelten Flüssigkeitsaustritts zu rechnen ist. Darüber hinaus wurde vorgeschlagen, zunächst durch weitere Reinigungsversuche austretende gelbliche Substanz erschöpfend zu beseitigen.

Dementgegen war jedoch ausdrücklich klarzustellen, dass eine Sanierung aufgrund folgender wesentlicher Gründe zwingend notwendig ist:

Ungebunden vorliegende reaktive Komponenten sind gesundheitsgefährdend, da diese generell physiologische Auswirkungen auf den menschlichen Organismus besitzen. Je nach Kontaktart kann es zu gesundheitlichen Beeinträchtigungen kommen (Haut-, Augen- oder Schleimhautreizungen, Verätzungen etc.). Insofern besteht bei Epoxidharzprodukten prinzipiell die Notwendigkeit eines zuverlässigen Schutzes gegen unbeabsichtigtes Freisetzen reaktiver Komponenten. Direkter Kontakt ist zu vermeiden [233]. Insbesondere, da im vorliegenden Fall keine gesundheitlichen Störungen angezeigt worden sind, wurde die Beeinträchtigung der Wasserqualität infolge der ausgetretenen gelblichen Substanz nicht näher untersucht. Zweifellos war jedoch der Austritt jeglicher Reaktionsharzkomponenten – unabhängig von der tatsächlich vorliegenden Konzentration – in dem äußerst sensiblen medizinischen Bereich inakzeptabel. Bereits deshalb bestand ein zwingender Handlungsbedarf.

Überdies besteht bei jeglicher nicht zuverlässig funktionierenden Abdichtung – also auch bei der im vorliegenden Fall nicht ausgehärteten Epoxidharzabdichtung – ein latentes Risiko zukünftiger Feuchte- bzw. Nässeschäden. Insofern war also auch eine Sicherstellung der Abdichtungsfunktion zwingend notwendig.

Grundsätzlich ist auch keine Prognose möglich, inwiefern mit fortwährend austretender Substanz zu rechnen ist und deshalb gegebenenfalls auf Sanierungsmaßnahmen verzichtet werden kann. Deshalb konnte auch keine zuverlässige Abschätzung des vorliegenden Gefahren- bzw. Schadenspotenzials erfolgen. Bereits wegen der inakzeptablen hygienischen Beeinträchtigung und auch wegen der Schadensträchtigkeit der mangelhaften Abdichtung besaß dies jedoch auch keine Relevanz.

Eine nicht nur punktuell schadhafte, sondern insgesamt fehlerhafte Abdichtung lässt sich im Allgemeinen nur durch vollständigen Rückbau und Neuerstellung der gesamten Beckenauskleidung sanieren. Speziell bei unvollständig abgebundenem Epoxidharz ist ein Rückbau des fehlerhaften Materials aus folgenden Gründen handwerklich äußerst schwierig bzw. aufwendig und insofern kostenintensiv:

Das Material erlangt infolge der Grundierung meist eine überaus intensive Haftung zum Untergrund. Ferner ist das nicht abgebundene Material in der Regel zu weich zum Abstemmen oder Abschleifen. Hingegen lässt es sich wegen der zähen Elastizität auch sehr schwer abschaben. Auch ist zu bedenken, dass – wie bereits eingangs genannt – nicht abgebundene reaktive Komponenten nach wie vor ein gesundheits- und umweltgefährdendes Potenzial besitzen und deshalb unter Schutzvorkehrungen zurückgebaut und auch auf besonderem Weg entsorgt werden müssen.

Aufgrund der aus vorstehenden Überlegungen erwartungsgemäß hohen Sanierungskosten beinhalteten erste gedankliche Ansätze auch Sanierungsalternativen. So wurde eine »Versiegelung« durch das Aufbringen einer vollständig neuen Beckenauskleidung (Abdichtung und Fliesenbelag) auf die Oberfläche des bestehenden Fliesenbelags erwogen. Hierbei war besonderes Augenmerk auf die Haftfestigkeit der neuen Auskleidung auf dem vergleichsweise weichen Untergrund aus nicht vollständig erhärtetem Epoxidharzmaterial zu richten (vgl. Kapitel 2.3). Auch musste davon ausgegangen werden, dass eine besondere Detailentwicklung für Anschlüsse wie zum Beispiel an den Fliesenbelag des Beckenumgangs, im Rinnenbereich, an Beckeneinbauten (Abläufe, Wasserumwälzung, Strahldüsen, Scheinwerfer etc.) erforderlich wird.

Derartige Sonderlösungen sind zwar technisch denkbar und unter Umständen auch handwerklich realisierbar, müssen jedoch von auf diesem Gebiet sachkundigen Fachkräften äußerst sorgfältig und in enger Zusammenarbeit mit den Herstellern der entsprechenden Abdichtungs- und Fliesenmörtelsysteme geplant werden. Die wirtschaftliche Angemessenheit solcher Maßnahmen ist insbesondere vor dem Hintergrund des zu erwartenden Kosten-zu-Nutzen-Verhältnisses in jedem Einzelfall besonders zu prüfen.

Stellungnahme

Die vorstehenden Ausführungen verdeutlichen, dass neben einer sorgfältigen Planung des Einsatzes von Epoxidharzprodukten insbesondere auch ein besonderes Augenmerk auf die handwerkliche Ausführung zu richten ist. Auch wenn ein sachgerechter Entwurf und eine sorgfältige Ausführungsplanung erfolgt ist sowie bauaufsichtlich geregelte und geprüfte Bauprodukte eingesetzt werden, können folgenschwere Verarbeitungsfehler Schäden auslösen, die äußerst kostenintensive Sanierungen nach sich ziehen.

Insofern muss insbesondere an einer Schwimmbeckenabdichtung – die im Übrigen zu einem späteren Zeitpunkt nur unter außerordentlich hohem Aufwand sanierbar ist – neben dem Einsatz qualifizierter Ausführungsfachkräfte auch eine besonders kritische Ausführungskontrolle erfolgen. Die ausführenden Fachkräfte sind zur strikten Einhaltung der herstellerseitigen Verarbeitungsvorgaben anzuhalten. Entsprechende Kontrollen sind nachweislich zu protokollieren.

Besonders in der ausführungskritischen Phase der Abdichtungserstellung werden neben der regulären Bauüberwachung gesonderte Kontrollen durch einen auf dem Gebiet der Abdichtung und des Feuchteschutzes sachkundigen Fachmann dringend angeraten.

Vor Tätigkeitsbeginn des Folgegewerks (z. B. Fliesenarbeiten) sollte eine Ausführungsfreigabe auf Grundlage der protokollierten Kontrollergebnisse erfolgen.

5.3 Bewegungsbecken eines Krankenhauses – Nässeschäden infolge mangelhafter Bitumenbahnenabdichtung

Der Fall eines Bauvorhabens aus den 1980er-Jahren zeigt in eindrucksvoller Weise, welche Schwierigkeiten und Unsicherheiten die Planung und Ausführung einer mittlerweile im Grunde nicht mehr üblichen Abdichtung von Schwimmbecken und Schwimmbeckenumgängen mit Bitumenwerkstoffen birgt. Insbesondere sind vergleichsweise aufwendige Maßnahmen zur Einbettung und zum Schutz der Abdichtung, zur Realisierung von Dehnfugen und Durchdringungen wie auch zur Abdichtungsherstellung selbst notwendig.

Schadensbild

Bei der vertragsgemäß vereinbarten Wasserprobe an einem neu errichteten Bewegungsbecken (Bild 205) in einem um- und ausgebauten Krankenhaus fielen an mehreren Stellen unterhalb des Beckenumgangs Nässespuren auf (Ablauffahnen). Hierauf mehrmals durchgeführte handwerkliche Abdichtungsnachbesserungen führten zunächst nicht zum Erfolg. An dem dennoch in Betrieb genommenen Schwimmbecken waren dem Betreiber die anfänglich festgestellten Nässespuren zwar bewusst. Jedoch wurde diesen keine nennenswerte schadensrelevante Bedeutung beigemessen. Allmählich entwickelten sich entlang der Auflagerkonsole des Beckenumgangs, an diversen Rohrdurchführungen sowie an den schwimmbadtechnischen Anlagen ausgeprägte Ablagerungen (Bild 206).

Das Becken bestand aus monolithischem Stahlbeton, der Beckenumgang aus Stahlbetonfertigteilen und die Überlaufrinne aus U-förmigen Betonschalen (Bild 207). Die Abdichtung war aus einer dreilagigen Kombination mit nackten Bitumenbahnen hergestellt. Die horizontalen Abdichtungsflächen waren durch Estriche und die Abdichtung an den Beckenwänden durch eine Klinkervormauerung geschützt. In den Flächen des Beckenumgangs war die Abdichtung unter einem Heizestrich verlegt worden.

Bild 205 ▪ Krankenhaustherapiebecken mit einfacher Beckengeometrie und einem an einer Längsseite abgesenkten Beckenumgang zur besseren Patientenbetreuung (sogenannter Bademeistergang); Untertritt an der Beckenseite (siehe Pfeil)

Bild 206 ▪ Unterseite der Auflagerkonsole für den Beckenumgang: sich deutlich abzeichnende Nässespuren bzw. Ablagerungen

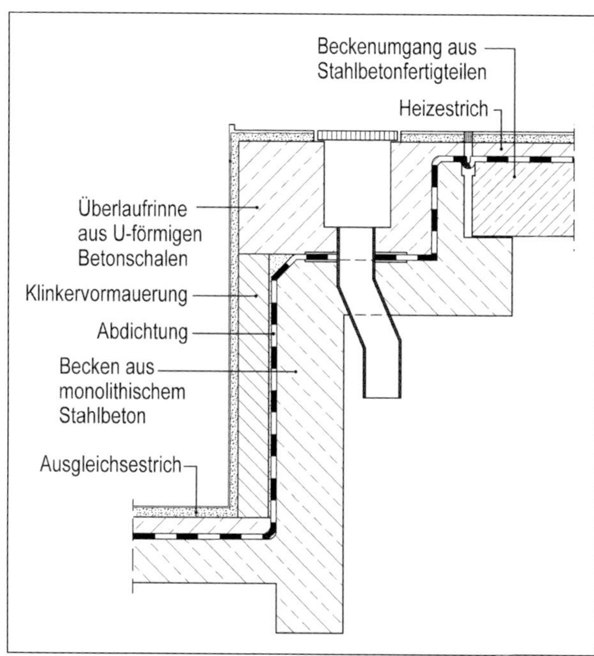

Bild 207 ■ Detailzeichnung der geplanten Ausführung: Vertikalschnitt durch die Beckenwand, den Beckenkopf und das Umgangsauflager (unmaßstäbliche Prinzipskizze)

Die Undichtigkeiten waren im Wesentlichen das Resultat von planerischen Unzulänglichkeiten wie auch von Ausführungsfehlern. Die tatsächlichen Undichtigkeiten waren infolge der mehrfachen Nachbesserungsversuche letztlich nicht mehr dezidiert auffindbar. Das Schadensbild ließ jedoch eine Eingrenzung auf Undichtigkeiten an der Dehnfuge zwischen Beckenkopf und Umgang zu. Dies begründete sich insbesondere damit, dass lediglich in der Fuge zwischen Beckenumgang und Auflagerkonsole und auch nur bei eingeschalteter Wasserumwälzung Nässe durchtrat. Im Zuge der Ermittlungen stellte sich eine insgesamt sehr komplexe Mängelsituation dar.

Mängelsituation

Ein ganz wesentlicher Fehler bestand darin, dass die Klinkerschutzschicht vor den Wandabdichtungen nicht mit der Beckenkonstruktion verbunden war. Eine entsprechende Verbindung hätte mit in die Abdichtung integrierten Telleranken erfolgen müssen. Bei Beckenentleerung bestand die Gefahr eines Abdrückens der wassergesättigten Klinkerschale infolge des dann fehlenden Wasserdrucks auf die Wandkonstruktion. Auch hieraus resultierende Hohllagen bzw. die Aufhebung der notwendigen Abdichtungseinbettung waren nicht auszuschließen. Es bestand auch eine Gefahr der Abdichtungsbeschädigung infolge senkrecht auf die Bahnen wirkender Zugbeanspruchung.

Bild 208 ▪ Untersuchungsöffnung in der Beckenwand: im Verband gemauerte und nicht gefugte Ecke des Schutzmauerwerks (Bildmitte)

Das Mauerwerk war auch entlang der Beckenwände und in den Ecken nicht gefugt (Bild 208). In [226] ist die sachgerechte Herstellung einer gefugten Abdichtungsrücklage bzw. eines gefugten Abdichtungsschutzmauerwerks dargestellt. Diese Darstellung gilt äquivalent auch für den Schutz einer innen liegenden Schwimmbeckenabdichtung.

Zwischen der Vormauerung und der Abdichtung war eine lediglich 2 cm dicke Mörtelfuge hergestellt worden (vgl. Bild 207 und Bild 208). Eine derartige Fugenbreite ist für eine zuverlässig hohlraumfreie Vermörtelung zu gering. Empfohlen wird eine Mörtelschichtdicke von mindestens 3 cm, besser jedoch etwa 4 cm.

Die unterhalb der Rinnenfertigteile hindurchgeführte Abdichtung war nicht mit einer Schutzschicht gemäß der bauzeitlichen Ausgabe Teil 10 der DIN 18195-10 [22] versehen worden (vgl. Bild 207). Es bestand zumindest zum Zeitpunkt der Betonfertigteilmontage eine besondere und auch schadensträchtige mechanische Beanspruchung. Demnach ließ sich auch nicht einschätzen, inwieweit die Abdichtung entlang der Rinnen noch zuverlässig funktioniert.

Für die vorliegende Abdichtungskombination mit nackten Bitumenbahnen schrieb die bauzeitliche DIN 18195 [22] einen Einpressdruck von $\geq 0{,}01$ MN/m^2 vor ($\triangleq$ 10 kN/m^2). Dies ist durch einen Estrich mit Fliesenbelag kaum zu gewährleisten (lediglich $\approx 1{,}5$ bis 2 kN/m^2). Unzureichende Einpressung der nackten Bitumenbahnen führt jedoch langfristig zu Quell- und Verrottungserscheinungen der Rohfilzeinlagen und ist somit ebenfalls schadensträchtig.

Die nach der bauzeitlichen DIN 18195 [22] zur Sicherheitsabgrenzung vorgeschriebene Temperaturdifferenz von 30 K gegenüber dem Erweichungspunkt des Bitumenmaterials wurde durch die planmäßige Vorlauftemperatur der Fußbodenheizung deutlich unterschritten, sodass auch an dieser Stelle ein erhebliches Abdichtungsrisiko bestand.

Auch besaß der Beckenumgang kein sachgerechtes Abdichtungsgefälle. Für eine sichere Wasserableitung soll das Gefälle allgemein mindestens 2 % betragen (ein zu großes Gefälle ist jedoch mit Blick auf die Rutschsicherheit auch zu vermeiden; vgl. Kapitel 3.2.7).

Ein essenzieller, jedoch nicht auf die bituminöse Abdichtungsweise zurückzuführender Fehler war letztlich, dass der Dehnfugenverlauf in der Rohkonstruktion nicht auch in den Fußbodenaufbau übernommen worden ist.

Sanierung

Vorwiegend die mangelhafte Situation der Abdichtungseinbettung führte zur Entscheidung einer grundsätzlichen Erneuerung und teils auch konstruktiven Änderung der gesamten Abdichtungs- und Entwässerungssituation. Da zum damaligen Zeitpunkt noch keine ausreichenden Erfahrungen bzw. entsprechende Unsicherheiten bei der Herstellung von Verbundabdichtungen vorherrschten (erstmalige Ausgabe des ZDB-Merkblatts 1988 [204]; vgl. auch Kapitel 3.2.3), wurde entschieden, erneut eine Bitumenbahnabdichtung gemäß den Vorgaben der DIN 18195 [22] herzustellen. Erst seit dem Ende der 1990er-Jahre wurden Verbundabdichtungen in das technische Regelwerk mehr und mehr eingebunden. In diesem Zeitraum wurde auch verstärkt in einschlägiger Fachliteratur darauf hingewiesen, dass eine Verbundabdichtung sinnvoll bzw. technisch realisierbar ist (z. B. [317]; vgl. auch Kapitel 3.2.3).

Da der in den horizontalen Flächen erzielbare Einpressdruck zu gering für den Einsatz nackter Bitumenbahnen war (siehe oben), musste im Beckenumgang und am Beckenboden eine andere Bahnenkombination gewählt werden (mit hohem Erweichungspunkt nach Ring und Kugel [64] für die beheizten Umgangsflächen).

Die nach wie vor unter den Rinnenfertigteilen durchlaufende Abdichtung war vor dem Neuverlegen der Rinnenteile mit einer sachgerechten Schutzschicht zu versehen (druckfest und nässebeständig).

Ein nachträglicher Einbau von Telleránkern zur Verbindung des Schutzmauerwerks mit den tragenden Beckenwänden war zwar prinzipiell technisch realisierbar, jedoch mit einem hohen handwerklichen Ausführungsrisiko bzw. dem Risiko erneuter Undichtigkeiten verbunden.

Deshalb war der umfassende Rückbau sämtlicher Schutzschichten und Abdichtungsflächen sowie eine Neuerstellung unter Verwendung geeigneten

Bahnenmaterials einer stellenweisen bzw. partiellen Erneuerung vorzuziehen. Hierbei waren dann auch Telleranker zu integrieren und hieran die Vorsatzschale zu befestigen. Zwischen Abdichtung und Schutzmauerwerk war eine dickere Mörtelschicht einzubauen. Das Mauerwerk war in Abständen von ≈5 m sowie in den Ecken mit Fugen zu versehen. Auch waren nach vollständigem Rückbau eine problemlose Korrektur der Abdichtungsgefälle und eine Übernahme der Dehnfugenverläufe in den Fußbodenaufbau möglich.

Stellungnahme

Die Planung und Ausführung hoch beanspruchter Bitumenabdichtungen für Schwimmbecken und Beckenumgänge ist im Gegensatz zu den mittlerweile dem Stand der Technik und zum Teil den anerkannten Regeln der Technik entsprechenden Verbundabdichtungen (vgl. Kapitel 3.2.3) vergleichsweise aufwendig. Daneben zeigt der vorliegende Fall auch einmal mehr, dass schadensträchtige Planungs- und Ausführungsfehler besonders kostenintensive Sanierungen nach sich ziehen. Zur Erlangung einer dauerhaft und zuverlässig funktionierenden Abdichtungskonstruktion war im vorliegenden Fall ein umfassender Rück- und Neuaufbau notwendig.

Insbesondere vor dem Hintergrund der immer größer werdenden Nachfrage nach fantasievollen Badelandschaften ist der bei bereits einfachen Beckengeometrien hohe Aufwand zur Abdichtung mit Bitumenwerkstoffen nicht mehr angemessen. Bei einfachen Beckengeometrien, wie z. B. im medizinisch-therapeutischen Bereich oder in Familienbädern, sind auch noch in jüngerer Vergangenheit erstellte Bitumenbahnabdichtungen vorzufinden.

Auch wird an dieser Stelle einmal mehr klar, dass bei einer meist in Architektenhand liegenden Ausführungsplanung auch eine Fachplanung durch Abdichtungsspezialisten ein unverzichtbarer Bestandteil sein muss. Umfassendes Hintergrundwissen für komplizierte Abdichtungsplanungen, wie speziell im Schwimmbadbau, kann von der Ausbildungsrichtung eines Architekten entsprechend nicht erwartet werden und ist auch nicht allgemein üblich (wenn auch wünschenswert).

In der Praxis wird häufig zur Erstellung nicht detailliert geplanter Konstruktionen ausreichendes Fachwissen bei den Ausführungsunternehmen erwartet. Es ist jedoch in keiner Weise Aufgabe der Ausführenden, unzureichende Planung durch handwerkliche Bauausführung zu kompensieren, wenngleich unter Voraussetzung entsprechender Qualifikation sachdienliche Hinweise auf Planungsfehler erwartet werden können (Hinweispflicht!). Eine unzureichend detailliert geplante bzw. ausgeschriebene Konstruktion wie auch eine bedenkenlose Bauausführung führt nahezu unweigerlich zu folgenschweren Fehlern bzw. Schäden.

5.4 Schwimmbad einer Krankenpflegeschule – Stalaktitenbildung an der Unterseite des Beckenumgangs

Eine nicht nur mangelhafte, sondern absolut unzureichende Abdichtungssituation führte zu langfristig unbemerkten bzw. im Anfangsstadium unbeachteten und deshalb nicht reklamierten Nässeschäden im Kriechkeller unterhalb eines Beckenumgangs.

Schadensbild

An dem betroffenen rechteckigen Becken mit hoch liegendem Wasserspiegel und finnischem Überflutungssystem (vgl. Bilder in Kapitel 3.2.4) verlief im Fliesenbelag zwischen Beckenkopf und Beckenumgang eine umlaufende mit dunklem Dichtstoff ausgefüllte Fuge (Bild 209). Der aus Stahlbeton bestehende Beckenumgang war auf einer umlaufenden Konsole am Stahlbetonbecken aufgelagert.

Insbesondere an der Unterseite der umlaufenden Fuge zwischen Becken und Umgang hatten sich im Laufe der Zeit ausgeprägte Stalaktiten gebildet. Auf dem Fußboden unterhalb der Stalaktiten begannen sich auch Stalagmiten zu bilden (Bild 210 und Bild 211).

Bild 209 ▪ Schwimmbecken mit hoch liegendem Wasserspiegel: sich deutlich als dunkle Linie abzeichnende elastische Dehnfuge zwischen Beckenkopf und -umgang (siehe Pfeil)

Bild 210 ▪ Kriechgang unter dem Beckenumgang: an der Vorderkante der Auflagerkonsole entstandene Stalaktiten (siehe Pfeil); Warmluftkanal (rechts im Bild)

Bild 211 ▪ Kriechgang unter dem Beckenumgang: unterhalb der Auflagerkonsole erkennbar beginnende Stalagmiten (siehe Pfeil)

Bild 212 ▪ Ebenerdig in die Oberfläche des Beckenumgangs integrierter Warmluftauslass (siehe Pfeil)

Bild 213 ▪ Ausgeprägte Ablagerungen an der Wandungsaußenseite einer Ausblasöffnung (vgl. Bild 212)

Bild 214 ▪ Dicht über dem Schwimmbadboden liegende Revisionsöffnung ohne ausreichenden Feuchteschutz

Unterhalb des Beckenumgangs verliefen Warmluftkanäle zur Schwimmbadbeheizung. An der Außenseite der Wandungen der ebenerdigen Luftauslässe (sogenannte Ausblasöffnungen) waren ebenfalls ausgeprägte Ablagerungen entstanden (Bild 212 und Bild 213).

Die Unterkanten von feuchteschutztechnisch nicht abgedichteten Revisionsöffnungen in den Wänden des Bades befanden sich teilweise nur wenige Zentimeter über der Fußbodenfläche (Bild 214).

Schäden in nahezu sämtlichen Räumen des Schwimmbads (Flure, Umkleiden, Toiletten, Gymnastikraum etc.).

Schadensbild

An den Außenseiten der umlaufend über den Beckenumgang hinausragenden Beckenwände (h ≈ 60 cm; Bild 215) waren ausgeprägte Ablaufspuren und Ablagerungen entstanden (Bild 216 und Bild 217).

Besonders auffällig waren intensive, teils raumhohe Nässeschäden an weit vom Schwimmbecken entfernten, aus Gipsvollplatten hergestellten Trennwänden (Bild 218).

Bild 215 ▪ Therapie-Schwimmbecken mit allseits gegenüber dem Becken abgesenktem Umgang

Bild 216 ▪ Ausgeprägte Ablagerungen und Ablaufspuren an der Beckenaußenseite

Bild 217 ▪ Ausgeprägte Ablagerungen insbesondere an den Fugen der Beckenkopfverfliesung

Bild 218 ▪ Großflächige Farbabblätterungen und Ausblühungen

Darüber hinaus befanden sich in sämtlichen Fußbodenflächen feuchtebedingte Schäden (Ausblühungen in Belagsfugen, Blasenbildungen in PVC-Belägen etc.). Sämtliche Fußpunkte der Türzargen waren teilweise erheblich korrodiert.

Im Kriechkeller unterhalb des Beckenumgangs bzw. entlang der Beckenaußenseiten existierten dagegen keine nennenswerten Feuchteschäden.

Das aus WU-Beton hergestellte Becken wies an sich auch keine nennenswerten Undichtigkeiten auf. Lediglich im Bereich der Arbeitsfugen sowie an vereinzelten Rissen befanden sich an der Beckenaußenseite einige bereits abgetrocknete Sinterspuren.

Schadensursache

Die Nässeschäden waren Resultat einer Wasserausbreitung über den Beckenrand. Ausschlaggebende Ursache für das am Beckenkopf entweichende Wasser war die Eigenschaft der kapillaren Wasserleitung des zur Verlegung/Verfugung der Fliesenbeläge und keramischen Rinnenformteile verwendeten zementären Mörtels.

Allgemein stellt der prinzipiell durchfeuchtete Mörtel am Beckenkopf eine kapillarleitende Verbindung zwischen der wasserbeaufschlagten Beckenwandung und der Beckenaußenseite bzw. dem dort angrenzenden Beckenumgang dar.

In Bild 219 ist der kapillare Transportweg des Wassers in dem beschriebenen Schadensfall farbig gekennzeichnet. Es ist deutlich erkennbar, dass das Beckenwasser sowohl durch den Verlegemörtel als auch über die Stoßfugen der Rinnenelemente dringt und in die Verfliesung des Beckenkopfes gelangt. Dieser Prozess wird neben der kapillaren Leitfähigkeit des Mörtels auch durch den hydrostatischen Wasserdruck nach dem physikalischen »Prinzip der kommunizierenden Röhren« bewirkt (vgl. Kapitel 3.2.4).

Das an der Beckenaußenseite im Fliesenmörtel absickernde Wasser tritt unter anderem aus dem Fliesenbelag aus und verursacht dabei Abläufer bzw. Aussinterungen (vgl. Bild 216 und Bild 217). Freie Kalkanteile aus dem Fliesenmörtel bzw. der Betonoberfläche gehen mit dem Wasser in Lösung und lagern sich bei Verdunstung an der Oberfläche ab.

Auch die an den Beckenkopf angrenzende Abdichtungssituation war fehlerhaft:

Die in der Rohkonstruktion verlaufende Dehnfuge zwischen Becken und Umgang war nicht in die im Beckenumgang – im Übrigen gefällelos verlegte – bituminöse Abdichtung übernommen. Zudem war die Abdichtung in einem rechten Winkel geknickt nach oben geführt (vgl. Bild 219). Die Abdichtungsaufkantung haftete auch nicht fest auf dem Untergrund.

Das an der Beckenaußenseite im Fliesenmörtel herabsickernde Wasser gelangte somit in den Fußbodenaufbau oberhalb der Abdichtung und – da es die lose Aufkantung unterwanderte – auch auf den Beton unterhalb der Abdichtung.

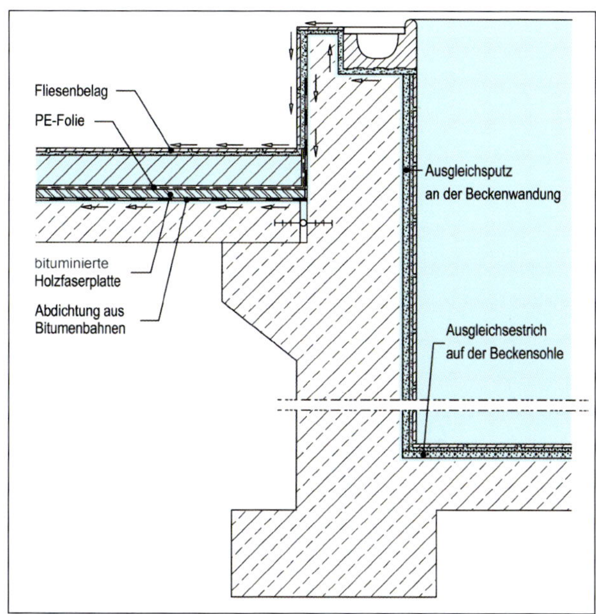

Bild 219 ▪ Schematische Darstellung der Schadenssituation anhand eines Querschnitts durch die Beckenwandung, den Beckenkopf sowie den Beckenumgang

Das auf die Abdichtung gelangte Wasser sorgte für ein Durchnässen der aus bituminierten Holzfaserplatten bestehenden Abdichtungsschutzschicht sowie des Estrichs (vgl. Bild 219).

Sowohl das auf der Abdichtung befindliche Wasser als auch das Wasser unter der Abdichtung breitete sich bis in die angrenzenden Räume insbesondere auch deshalb aus, weil keine Wasserbarrieren im Fußbodenaufbau eingeplant worden waren.

Lediglich ein in der Dehnfuge zwischen Becken und Umgang verlegtes Dichtband sowie die – wenn auch unbeabsichtigte – hohe Betondichte des Umgangs verhinderten, dass Wasser in den Kriechkeller gedrungen ist (vgl. Bild 219).

Sanierung

Wesentlicher Sanierungsansatz war es, zu verhindern, dass fortwährend Wasser über den Beckenkopf entweicht.

Zur Unterbrechung der kapillaren Wasserleitung des Fliesen- und Fugenmörtels war am oberen Rand der Beckenkopfinnenseite eine abdichtende Verfugung einzubauen (Bild 220; sogenannte kapillarbrechende Verfugung; vgl. auch Kapitel 3.2.4).

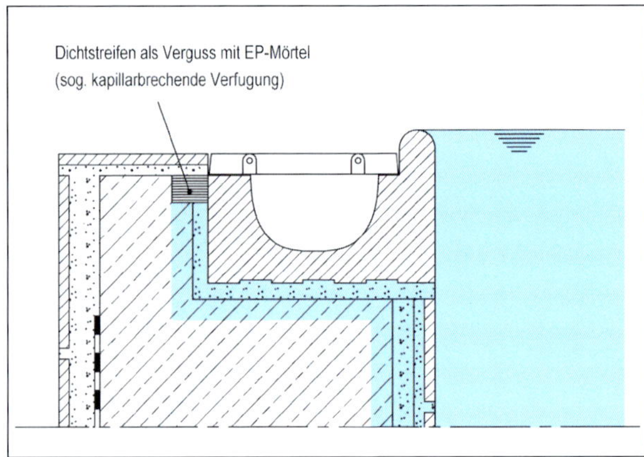

Bild 220 ▪ Detaildarstellung der Ausbildung einer abdichtenden Fugenfüllung zur Unterbrechung der kapillaren Wasserleitung

Darüber hinaus waren die geschädigten Fliesenbeläge des Beckenkopfes instand zu setzen. Da eine Beseitigung der ausgeprägten Ablagerungen als sehr aufwendig eingeschätzt wurde, war eine umfassende Erneuerung in Betracht zu ziehen.

Des Weiteren waren umfangreiche Arbeiten zur Trocknung und zur Wiederherstellung der geschädigten Wände und Fußböden in den angrenzenden Schwimmbadräumen notwendig.

Vor dem Hintergrund der fehlerhaften Abdichtungssituation am Beckenumgang sowie der mit den bituminierten Faserplatten eingeschlossenen Feuchte war ein umfangreicher Rückbau sowie eine Korrektur der Abdichtungs- und Entwässerungssituation (Abdichtungsgefälle zu den Entwässerungsabläufen, Abdichtungsaufkantungen und -verwahrungen etc.) im Beckenumgangsbereich unumgänglich.

Stellungnahme

Kenntnisse über die Wirkung der kapillaren Wasserleitung sowie des Wassertransports infolge hydrostatischen Drucks am Beckenkopf – insbesondere bei hoch liegendem Wasserspiegel – sind mittlerweile weit verbreitet.

Es entspricht den anerkannten Regeln der Technik, entsprechende kapillarbrechende Fugen bzw. kapillarbrechende Vergüsse in die Beckenkopfkonstruktionen zu integrieren. Fehlt dieses unscheinbare, jedoch sehr wesentliche Detail, sind ausgeprägte und teils auch weitreichende Nässeschäden vorprogrammiert.

Der nachträgliche Einbau von kapillarbrechendem Material erfordert bereits einen erheblichen Sanierungsaufwand.

Gegenüber dem geringen Einbauaufwand beim Neubau führt das Fehlen abdichtender Fugen in den meisten Fällen zu erheblichen Schadensbeseitigungskosten auch in den an das Becken/Bad angrenzenden Bereichen. Diesem Umstand ist sowohl bei der Planung und Ausschreibung als auch bei der handwerklichen Bauausführung besondere Beachtung zu schenken.

5.6 Tauwasserschäden an Beton-Sandwich-Außenwänden eines städtischen Schwimmbades

Im Innern eines ganzjährig betriebenen Schwimmbades herrschen gegenüber den nach Norm [6] anzusetzenden wechselnden Klimarandbedingungen allgemein konstante Innenklimate über den gesamten Jahreszeitraum vor (vgl. Kapitel 2.2.6). Dies wurde bei der Planung der Außenwandquerschnitte eines in den 1970er-Jahren errichteten Berliner Schwimmbades noch nicht berücksichtigt. Infolge des planerischen Fehlers fand eine langfristig ansteigende Durchfeuchtung (Feuchteakkumulation) statt und führte zu Schäden.

Schadensbild

Aufgrund von abtropfendem Wasser über dem Restaurantbereich des Schwimmbades wurde die Aufmerksamkeit des Betreibers auf die an der Schwimmhalle anliegenden Erdgeschossdeckenränder gelenkt. Dort trat in einer Linie entlang der Außenwandunterkanten Wasser aus (Abschnitte zwischen Erdgeschoss- und Hallendachdecke; Bild 221). Daraufhin durchgeführte Untersuchungen wiesen einen nahezu vollständig durchnässten Dämmstoff im Innern des Außenwandquerschnitts auf – insbesondere in Höhe der Erdgeschossdecke. Feuchtegehaltsermittlungen durch die Darrtrocknung entnommener Materialproben zeigten Feuchtegrade von $u \approx 25\,\%$ (Spitzenwerte über $\approx 100\,\%$) auf.

Durch die Gebäudehülle tretendes Niederschlagswasser war den Ermittlungen zufolge auszuschließen. Im gesamten Innenbereich wurden auch keine Spuren von Oberflächentauwasser vorgefunden. Tauwasserbildung innerhalb der Dachdecken (EG und Schwimmhalle; vgl. Bild 221) wie auch infolge unzulässiger Wärmebrücken waren ebenfalls auszuschließen.

wassermenge von $\Sigma m_{W,T} \approx 160$ g/m^2 sowie ein rechnerischer Feuchteeintrag in einem Dreijahreszeitraum von ca. 370 g/m^2.

Dies bedeutet, dass infolge nahezu unaufhörlicher Tauwasserbildung und unzureichender Verdunstungsmöglichkeit der Außenwandquerschnitt zu keinem Zeitpunkt des Schwimmbadbetriebs eine Gelegenheit zum Austrocknen hatte. Die festgestellte Nässe ist auf ein diesbezügliches Ansteigen der Feuchte im Außenwandquerschnitt (Feuchteakkumulation) zurückzuführen.

Eine Überprüfung auf Grundlage der seit November 2001 vorliegenden und mittlerweile als anerkannte Regel der Technik geltenden DIN EN ISO 13788 [115] zeigt für die Monate September bis Mai eine kumulierte Tauwassermenge von $m_{W,T} \approx 460$ g/m^2. Diese Menge reduzierte sich rechnerisch für die verbleibenden Monate Juni bis August lediglich um eine Verdunstungsmenge von $m_{W,V} \approx 150$ g/m^2, sodass gegenüber der Berechnung nach Jenisch eine weitaus höhere jährliche Tauwasserakkumulation von $M_a \approx 310$ g/m^2 zu erwarten ist.

Für die bauphysikalische Planung des Außenwandquerschnitts sind jedoch noch weit ungünstigere Innenklimate als diejenigen im vorliegenden Schadensfall anzusetzen. Sowohl nach dem Monatsmittelwertverfahren (Jenisch) als auch der DIN EN ISO 13788 [115] zufolge werden für die Bemessung eines Schwimmbadbauteils relative Innenluftfeuchten von 70 % $\leq \varphi_i \leq$ 80 % angesetzt.

Eine Planung nach dem Monatsmittelwertverfahren (Jenisch) führt zu dem nicht ganz korrekten Ergebnis, dass bereits die einfache Wahl eines diffusionsdichteren Fliesenbelags (z. B. ein größeres Fliesenformat 30 cm × 30 cm) zur Schadensvermeidung ausreichend ist. Das Berechnungsverfahren gemäß DIN EN ISO 13788 [115] zeigt demgegenüber, dass lediglich die Anordnung einer Dampfsperre auf der Innenseite der Wärmedämmung eine zuverlässige Schadensvermeidung bewirkt.

Während bei der planerischen Vorgabe eines diffusionsdichteren Fliesenbelags noch mit einer jährlich akkumulierten Tauwassermenge von $M_a \approx 350$ g/m^2 zu rechnen ist (Bild 223), führt bereits die Anordnung einer Dampfsperre mit einem s_d-Wert von ca. 30 m dazu, dass die von Oktober bis Juni kumulierte Tauwassermenge $m_{W,T} \approx 150$ g/m^2 durch eine kumulierte Verdunstungsmenge $m_{W,V} \approx 170$ g/m^2 von Mai bis Juli reduziert bzw. aufgehoben wird (Bild 224 und Bild 225).

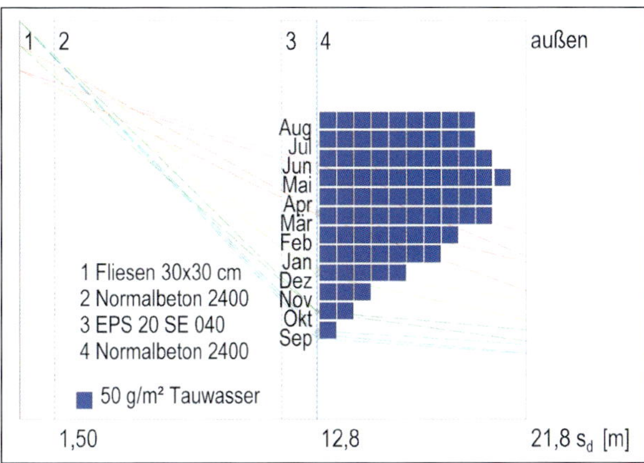

Bild 223 ▪ Grafische Darstellung der Feuchtebilanz nach DIN EN ISO 13788 [115] unter Ansatz eines diffusionsdichteren als des ausgeführten Fliesenbelags: kumulierte Tauwassermenge von September bis Mai $M_a \approx 450$ g/m², reduziert durch Verdunstung bis August auf $M_a \approx 350$ g/m² (unter Verwendung von [365])

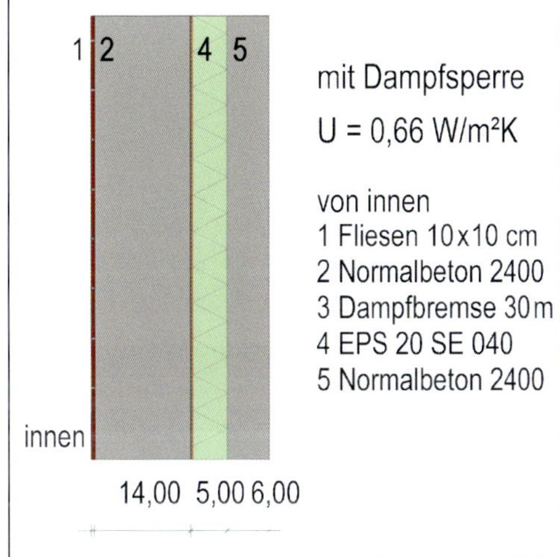

Bild 224 ▪ Querschnitt der Schwimmhallenaußenwand mit einer in der Dämmebene zur Raumseite orientierten Dampfsperrschicht

Eine fortschreitende Erhöhung des Dämmstoff-Feuchtegrads infolge Tauwasserakkumulation bewirkt darüber hinaus auch eine signifikant voranschreitende Senkung des Wärmedurchlasswiderstands des Dämmstoffs ($\Delta\lambda_{u=25\,\%} \approx 40\,\%$) sowie eine spürbare Erhöhung des Wärmedurchgangskoeffizienten für den Außenwandquerschnitt ($\Delta U_{\Delta\lambda=40\,\%} = 26\,\%$). Unabhängig davon, dass dadurch der Wärmeschutz des Außenwandbauteils unzureichend werden kann, findet auch eine progressiv voranschreitende Tauwasserakkumulation statt.

Die vorgefundenen Feuchteschäden sind letztlich die Folge einer Überschreitung der Sättigungsfeuchte des Wärmedämmstoffs bzw. des austropfenden Tauwassers.

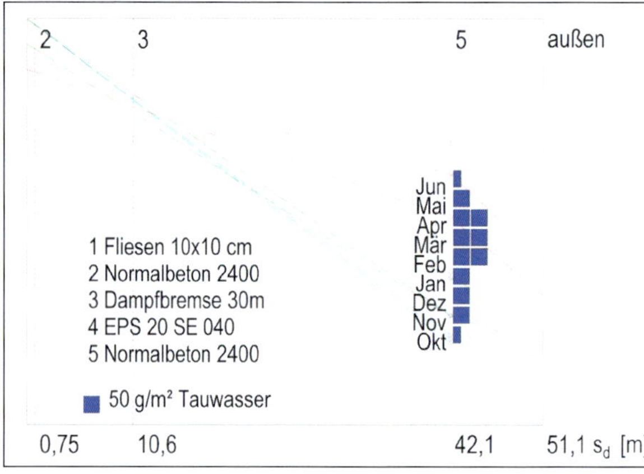

Bild 225 ▪ Grafische Darstellung der Feuchtebilanz nach DIN EN ISO 13788 [115] unter Ansatz einer Dampfsperre: kumulierte Tauwassermenge von Oktober bis Juli $M_a \approx 150$ g/m^2, aufgehoben durch Verdunstung bis August (unter Verwendung von [365])

Sanierung

Da die Fliesenbeläge an den Wandinnenflächen noch keine nennenswerten Schäden aufwiesen, wurde – auch vor dem Hintergrund einer ohnehin zwischenzeitlich notwendigen Fassadeninstandsetzung – entschieden, die wärmeschutztechnisch mangelhafte Konstruktion durch Aufbringen eines Wärmedämmverbundsystems mit einem weitestgehend diffusionsoffenen hydraulischen Putzmörtel zu sanieren (Bild 226). Weitere aufwendige Maßnahmen zum klimabedingten Feuchteschutz wurden damit als nicht notwendig erachtet.

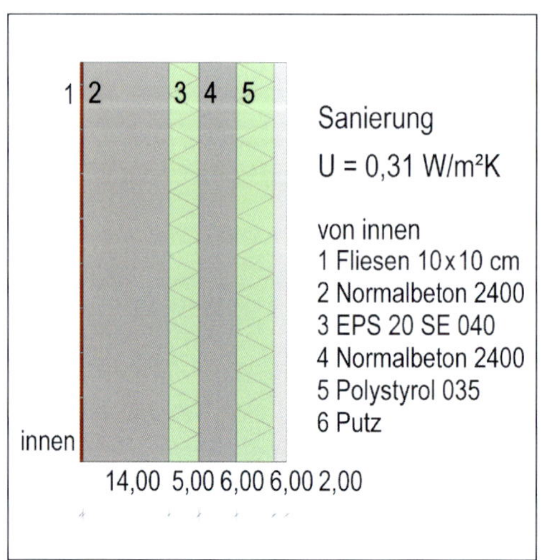

Bild 226 ▪ Querschnitt der Schwimmhallenaußenwand mit dem zur Sanierung außen angeordneten Wärmedämmverbundsystem

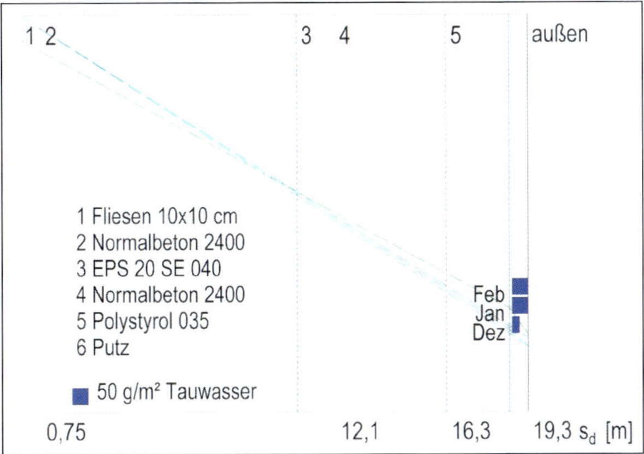

Bild 227 ▪ Grafische Darstellung der Feuchtebilanz nach DIN EN ISO 13788 [115] für die vorgeschlagene Sanierungsmaßnahme (unter Verwendung von [365]): Das in der kalten Jahreszeit anfallende Tauwasser verdunstet in der warmen Jahreszeit vollständig.

Unter Ansatz einer 60 mm dicken außenseitigen Dämmschicht wurde eine zuverlässige Tauwasserunterbindung prognostiziert. Damit wurde dem Außenwandquerschnitt auch vom Sanierungszeitpunkt an Gelegenheit zur vollständigen Austrocknung gegeben.

Eine diesbezüglich rechnerische Überprüfung nach dem Monatsmittelwertverfahren nach Jenisch zeigt auch, dass kein schädlicher Tauwasserausfall zu erwarten ist. Selbst eine Berechnung nach DIN EN ISO 13788 [115] zeigt, dass nicht mit einer nennenswerten Tauwasserbildung gerechnet werden muss (Bild 227).

Der Badebetrieb wurde durch die vorgeschlagene Maßnahme nur unwesentlich beeinträchtigt. Nach notwendiger Trocknung der Dämmstoffschicht waren im Schwimmbadinnern lediglich die Nässespuren zu beseitigen (Malerarbeiten zur Instandsetzung der betroffenen Decken- bzw. Wandkanten).

Infolge der chloridhaltigen Schwimmbadatmosphäre wurde auch ein schädlicher Chlorideintrag in die Betonkonstruktion befürchtet. Deshalb wurde zusätzlich eine Überprüfung des Chloridgehalts der Betonbauteile durchgeführt. Diesbezügliche Ergebnisse sicherten in Verbindung mit dem Sanierungsvorschlag ab, dass auch keine akute Gefahr einer chloridinduzierten Bewehrungskorrosion bestand (vgl. Kapitel 2.3).

Stellungnahme

Die Bedeutung eines Ansatzes der von der Norm [6] abweichenden schwimmbadspezifischen Klimarandbedingungen zur bauphysikalischen Planung wird durch den vorliegenden Schadensfall einmal mehr verdeutlicht (vgl. Kapitel 2.2.6).

Auch an dieser Stelle lassen sich kostenintensive Schadensbeseitigungen bzw. Sanierungen durch einen vergleichsweise geringen planerischen Aufwand zuverlässig vermeiden (Diffusionsnachweis).

Anstelle einer Planung auf Grundlage stationärer Berechnungsansätze gemäß der als anerkannte Regel der Technik geltenden DIN EN ISO 13788 [115] kann in speziellen Einzelfällen auch eine Planung bzw. Überprüfung auf Grundlage instationärer Berechnungsansätze erfolgen. Die hierfür einsetzbare Berechnungssoftware WUFI® (Wärme und Feuchte instationär) [366] ermöglicht eine realitätsnahe Wiedergabe der zeitlichen Temperatur- und Feuchteentwicklung sowie der entsprechenden Speichereffekte.

Hierfür werden die von der geografischen Lage des zu untersuchenden Bauwerks abhängigen klimatischen Umgebungsrandbedingungen aus Referenzjahren wie Temperatur und relative Feuchte der Außenluft, Niederschlagsmenge und Solarstrahlung sowie die im Innern tatsächlich vorliegenden Klimarandbedingungen wie Temperatur, relative Feuchte und atmosphärischer Druck der Raumluft herangezogen.

5.7 Korrosion an Metallkonstruktionen trotz Verwendung von Edelstahl

Insbesondere für Metallbauteile in Schwimmbädern wie Rinnen, Abdeckungen, Haltestangen und Leitern wird mit Blick auf einen zuverlässigen Korrosionsschutz in der Regel durch Legieren vergüteter Stahl (Edelstahl) eingesetzt. Hingegen entsprechen pulver-, nass- oder duplexbeschichtete Stahlbauteile – insbesondere auch vor dem Hintergrund zuverlässiger Reinigungsfähigkeit – nicht mehr dem Stand der Technik.

Allgemein besteht in vielen Fällen noch immer die Auffassung, dass bei Einsatz von Edelstahl Korrosion von vornherein ausgeschlossen ist. Tritt dann dennoch Rost auf, führt dies häufig zu großem Erstaunen. Obwohl Korrosionsprobleme trotz Edelstahlverwendung im Schwimmbadbereich in der Fachwelt immer häufiger diskutiert und publiziert werden (z. B. bereits seit 2002 in [318]), treten aufgrund wesentlicher Konstruktions- und Ausführungsfehler noch immer Rostschäden auf. In [267] wurde bereits 1995 auf die besondere Korrosionsgefahr unsachgerechter Edelstahlsorten in der Schwimmbadatmosphäre hingewiesen (siehe z. B. Farbabb. 14.9 in [267]).

Schadensbilder

Kurze Zeit nach Inbetriebnahme eines medizinischen Schwimmbeckens traten Rostspuren an Handläufen, Leitergängen und Bodenabläufen auf. Zudem wurden im Zuge von Arbeiten an der Beleuchtungsanlage Rostspuren am Metallgehäuse eines Unterwasserscheinwerfers bemerkt (Scheinwerferanlage in den Beckenwänden). Für die Baubeteiligten war dies unerklärlich, da die betreffenden Bauteile als rostfreie Edelstahlbauteile – überwiegend zusätzlich mit der Bezeichnung V4A – ausgeschrieben worden waren. Die zur Ergründung der Schadensursachen angestellten Untersuchungen ergaben, dass für die Rostspuren unterschiedliche chemische und mechanische Abläufe auslösend gewesen sind. Hierauf wird im nachfolgenden Abschnitt Schadensursachen eingegangen. Folgende Schäden waren aufgetreten:

Handläufe

Die entlang des Beckenkopfes verlaufenden Handläufe waren mittels Edelstahlstegen an der Rohkonstruktion befestigt. Jeweils am Übergang zwischen Steg und Fliesenoberfläche war ausgeprägter Rost aufgetreten (Bild 228 und Bild 229). Entsprechende Untersuchungen ergaben Folgendes (Bild 230):

Bild 228 ▪ Schwimmbeckenwand mit Handlauf (rechts im Bild) und Leiterkonstruktion (links)

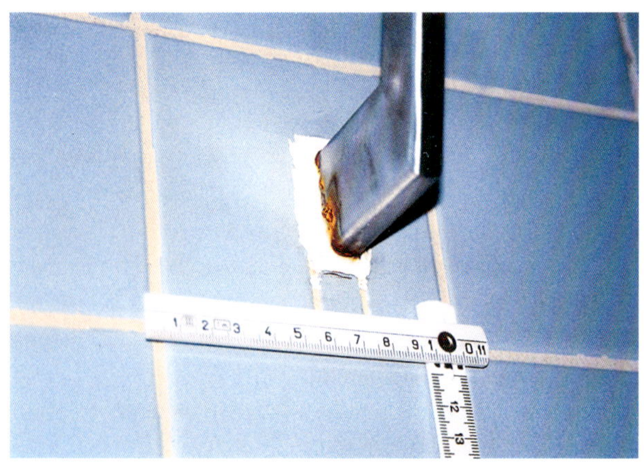

Bild 229 ▪ Ausgeprägter Rost am Befestigungspunkt eines Handlaufstegs (vgl. Bild 228)

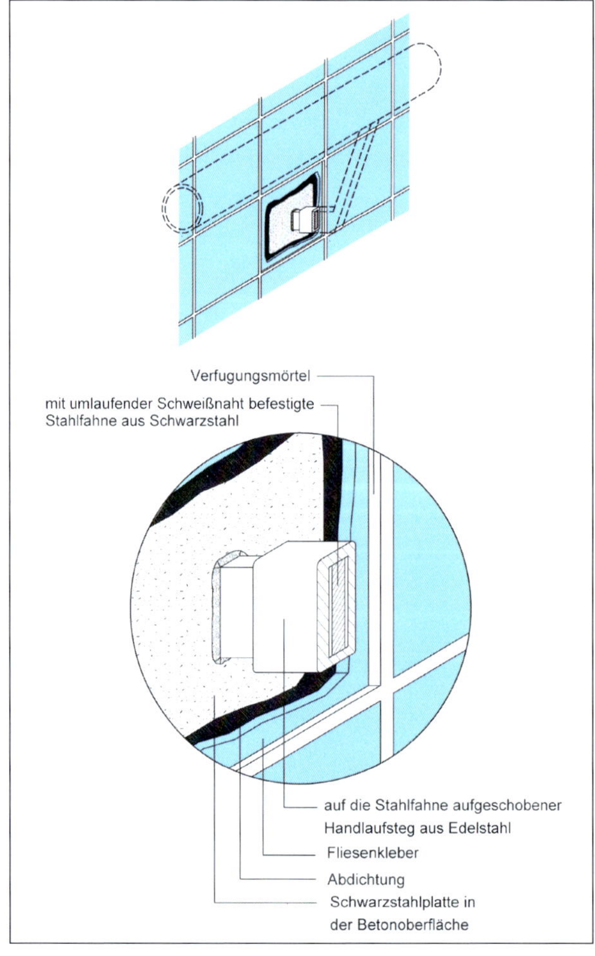

Bild 230 ▪ Prinzipielle Darstellung einer Handlaufbefestigung (nicht maßstäblich; Handlauf durch gestrichelte Linien angedeutet)

Aus der Wandebene standen Metallfahnen heraus, an denen die als geschmiedete Aufschieblinge ausgebildeten Stege befestigt waren. Die Metallfahnen waren auf einbetonierte Metallplatten geschweißt (Betoneinbauteile). Beckenabdichtung und Fliesenbelag waren über die Einbauteile bis an die Befestigungsfahnen herangeführt. Die zwischen Stegen und Fliesenbelag umlaufenden Fugen waren – im Übrigen auf unfachgerechte Weise – mit Silikon verfüllt (vgl. (Bild 229).

Durch Anlegen eines Permanentmagneten wurde bemerkt, dass die Betoneinbauteile einschließlich Anschlussfahnen intensiv ferromagnetisch wirken, hingegen die Handlaufstege wie auch die Handläufe keine nennenswerte ferromagnetische Wirkung aufweisen. Diese Erkenntnis führte zu folgendem – auch durch entsprechende Laborergebnisse untermauerten – Schluss:

Entgegen den aus Edelstahl bestehenden Handlaufstegen und Handläufen bestanden die Betoneinbauteile und Anschlussfahnen aus einem unvergüteten ferritischen Stahl (sogenannter rostender Stahl oder »Schwarzstahl«), allenfalls aus einem korrosionsträgen ferritischen, d. h. niedrig vergüteten Edelstahl.

Darüber hinaus wurde labortechnisch nachgewiesen, dass bei den Handläufen und Stegen die Ausführungsvorgabe »Edelstahl V4A« nicht eingehalten worden ist und der verwendete Stahl einer Güte 1.4301 entspricht (handelsübliche Bezeichnung: V2A; fachlich exakte Kurzbezeichnung: X5CrNi18-10).

Leitern

Insbesondere an den Schweißnähten der Leiterkonstruktionen (vgl. Bild 228) existierten lediglich punktuelle, jedoch als sehr störend bemängelte Roststellen (Bild 231). Ein ähnliches Schadensbild wurde bereits 1995 in einem etwas anders gelagerten Schadensfall in [267] unter Verweis auf Rostbildung infolge Benetzung mit angesäuertem Wasser dargestellt (siehe Kapitel 14.2.11 sowie Farbabb. 14.10 in [267]).

Zur Herstellung der Leitern war – anders als bei den Handläufen – kein rostender Stahl eingesetzt worden. Sämtliche Teile bestanden aus austenitischen Edelstählen.

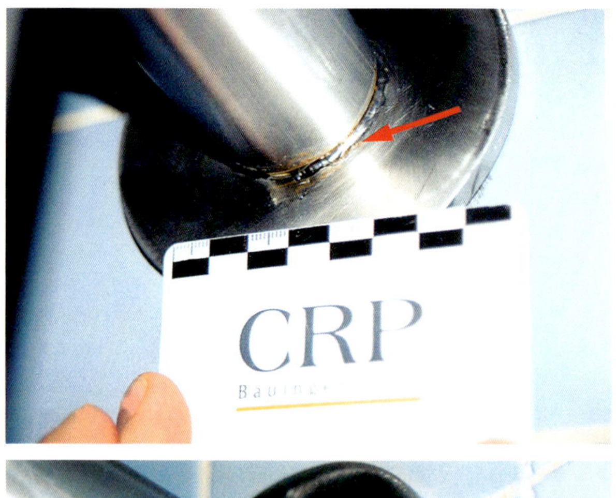

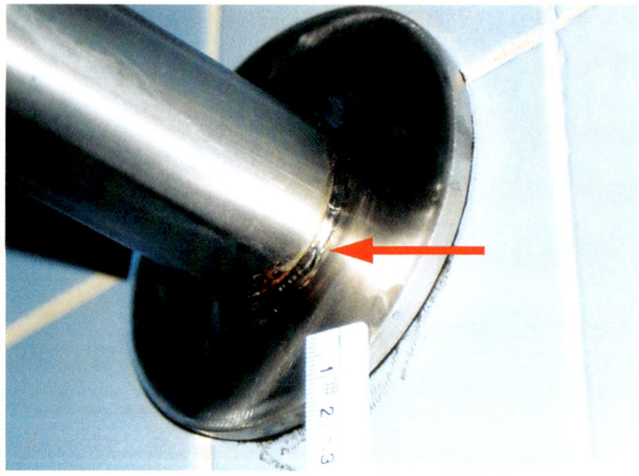

Bild 231 ▪ Punktuelle Korrosionsspuren an Schweißnähten der Leiterkonstruktionen (Ausschnitte aus Bild 228)

Bodenabläufe

In der Bodenfläche des Schwimmbeckens waren Entwässerungsabläufe installiert. Die Ablaufsiebe waren mit Edelstahlschrauben auf den Ablauftöpfen befestigt. Insbesondere an den Verschraubungspunkten fanden sich ausgeprägte Rostspuren (Bild 232 und Bild 233). Vom Schwimmbadbetreiber wurde berichtet, dass bereits ein Austausch ehemals verwendeter Schwarzstahlschrauben gegen Edelstahlschrauben erfolgt sei, jedoch nach entsprechender Beseitigung der Korrosionsprodukte (Reinigung, Politur) nach wie vor Rost an den Abläufen auftritt.

Bild 232 ▪ Ausgeprägte Rostspuren an einer Verschraubung der Ablaufsiebe am Boden des Schwimmbeckens

Bild 233 ▪ Nach Demontage eines Ablaufsiebes sichtbare Rostspuren an der Verschraubung eines Bodenablaufs; vgl. Bild 232

Unterwasserscheinwerfer

Nach Demontage eines Scheinwerfereinsatzes fielen an der Rückwand des im Beton integrierten Edelstahlgehäuses (Einbautopf) eine zum Beckeninnern gerichtete Beule und eine daran angrenzende Rostfahne auf (Bild 234). Den Produktunterlagen zufolge bestand der Einbautopf aus Edelstahl der Bezeichnung V4A. Auch diesbezügliche Laborergebnisse belegten, dass es sich tatsächlich um einen hoch korrosionsbeständigen Edelstahl handelt. Labortechnische Untersuchungen des Korrosionsproduktes (Rostfahne) hinsichtlich der enthaltenen Metallbestandteile ergaben hingegen keine Hinweise auf Legierungsbestandteile wie z. B. Chrom, Molybdän, Nickel oder Vanadium. Es wurden lediglich Eisenanteile vorgefunden.

Grundsätzlich sollten Schweißarbeiten an Edelstahlkonstruktionen von qualifiziertem Personal durchgeführt werden, um rein handwerkliche Fehler bei der Durchführung des jeweils gewählten Schweißverfahrens weitestgehend ausschließen zu können.

Das Schweißgut sollte gegenüber den Werkstücken eine gleich- oder höherwertige Materialgüte besitzen. Hierbei wird ein Zusatzwerkstoff mit angehobenem Nickelgehalt empfohlen. Die verwendeten Schweißelektroden müssen eine ausreichend hohe Widerstandsfähigkeit besitzen.

Auch ist darauf zu achten, dass beim Schweißvorgang keine Verunreinigungen in das Schweißgut eingetragen werden, da insbesondere diese Stellen korrosionsgefährdet sind.

Die prinzipiell notwendigen Schweißnahtnachbehandlungen dürfen keine Korrosionsschäden auslösen, z. B. durch unsachgemäßes mechanisches oder chemisches Entfernen von Metallspritzern, Zunder und/oder Anlauffarben.

Ursache der Korrosion an den Bodenabläufen

In erster Linie waren die Rostspuren auf eine Verwendung von Schrauben aus Schwarzstahl zurückzuführen.

Nachdem die Schwarzstahlschrauben gegen Edelstahlschrauben ersetzt worden waren, ließ sich die fortwährende Korrosion lediglich dadurch erklären, dass auch die neuen Schrauben aus nicht ausreichend hoch vergütetem bzw. aus rostendem Stahl bestanden. Darüber hinaus waren die Schäden auch auf Spaltkorrosion innerhalb der Gewindegänge zurückzuführen (Spalten an der Grenzfläche zwischen Schrauben und Werkstücken). Deutlich voneinander abweichende Schrauben- bzw. Werkstücklegierungen ließen auch auf Kontaktkorrosion als Schadensursache schließen.

In diesem Zusammenhang war auch zu berücksichtigen, dass eine nicht sachgerechte Beseitigung der Korrosionsprodukte zur Zerstörung der Stahlpassivierung führen kann. Hierbei kann sich unter Umständen bei direkt anschließender Beckenbefüllung auch keine ausreichende Passivierungsschicht ausbilden, sodass unweigerlich erneut Korrosion auftritt.

Ursache der Korrosion am Gehäuse der Unterwasserleuchte

Zunächst lag insbesondere aufgrund der Laborergebnisse (lediglich Eisenanteil; kein Vanadium-, Chrom, Molybdän- oder Nickelanteil) die Vermutung nahe, die Rostspuren seien auf Rückstände eines im Zuge der Bauausführung mit dem Gehäuse in Berührung gekommenen ferritischen, ggf. bereits korrodierten Stahls entstanden (Fremdrostablagerung). Eine Korrosion des Edelstahlbauteils an sich war aufgrund vorliegender Herstellererklärung (V4A-Material) sowie diesbezüglich labortechnischer Bestätigung auszuschließen.

Die zum Beckeninnern gerichtete Beule führte zur Veranlassung tiefergehender Untersuchung, bei der sich herausstellte, dass ein nicht plangerechter Bewehrungsstahl im Wandbeton an der Rückseite des Einbauteils anlag und im Scheitel der Beule zu einem visuell kaum wahrnehmbaren Riss geführt hatte. Dies wurde offensichtlich durch Fehler beim Schalen, Bewehren oder Betonieren hervorgerufen (mechanische Einwirkung).

Insbesondere aufgrund des vergleichsweise geringen Ausmaßes der Korrosionsprodukte und vor dem Hintergrund der Tatsache, dass sich der betreffende Bewehrungsstahl im von der Abdichtungsebene geschützten Bereich befindet, musste davon ausgegangen werden, dass die Korrosion bei einer Feuchteeinwirkung im Zuge der Beckenerstellung erfolgt war. Es gab auch keine Merkmale für eingedrungenes Beckenwasser wie z. B. Ablagerungen oder einen Wassersaum.

Möglichkeiten der Schadensbeseitigung

Im Gegensatz zum vergleichsweise geringen Aufwand, der für die bloße Beseitigung von Korrosionsprodukten entsteht, ist für die Beseitigung von Korrosionsursachen meist ein erheblicher Aufwand notwendig.

Korrosionsprodukte lassen sich im Allgemeinen recht einfach durch Beizen, Bürsten oder Schleifen beseitigen. Bei geringer Ausprägung können handelsübliche Chrompoliermittel eingesetzt werden. Erneute Korrosion wird dann anschließend durch eine regelmäßige und sachgerechte Reinigung vermieden. Insbesondere Beizen oder mechanische Oberflächenbearbeitung führen jedoch zur Verstumpfung und insofern zu einer mehr oder minder großen Beeinträchtigung des optischen Erscheinungsbildes. Auch eine nachträgliche Korrosionsschutzbeschichtung stellt eine signifikante, meist nicht akzeptable Veränderung des optischen Erscheinungsbildes dar und mindert überdies die Reinigungsfähigkeit.

Speziell bei betroffenen Bauteilen, die im laufenden Betrieb unter Wasser liegen, muss mit erneut einsetzender Korrosion gerechnet werden, da gerade dort regelmäßige Pflegemaßnahmen nur sehr eingeschränkt durchführbar sind und gleichzeitig ein hoher korrosiver Angriff besteht.

Da im vorliegenden Fall insbesondere die festgestellte falsche Materialwahl sowie das chloridhaltige korrosive Medium neue Schäden erwarten ließen, war im Wesentlichen eine Sanierung durch Austausch der geschädigten gegen mangelfreie Bauteile ratsam. Hierbei handelt es sich zwar um die Empfehlung einer vergleichsweise aufwendigen und damit auch teuren Maßnahme. Jedoch spricht gegen eine umfangreiche handwerkliche Überarbeitung insbesondere die Tatsache, dass hierdurch überwiegend keine Beseitigung der eigentlichen Korrosionsursachen möglich ist.

An den Handlaufbefestigungen sollte ein Austausch der ferritischen gegen vergütete Stahlbauteile erfolgen. Insbesondere dies stellte eine überaus aufwendige Maßnahme dar, da hierfür der Fliesenbelag und die Abdichtung geöffnet und anschließend fachgerecht wieder geschlossen werden mussten. Insbesondere eine Abdichtungsergänzung ist stets mit dem Risiko verbleibender Undichtigkeiten verbunden. Optisch beeinträchtigende Abweichungen der Reparaturstellen im Fliesenbelag sind darüber hinaus nahezu unvermeidlich.

Vor dem Hintergrund hoher Dauerhaftigkeitsanforderungen an die lediglich aus molybdänfreiem Edelstahl hergestellten Handläufe war auch an dieser Stelle ein Austausch gegen geeignetes Material anzuraten.

Bezüglich der korrodierten Schweißnähte an den Leiterkonstruktionen war zunächst der Versuch eines vorsichtigen partiellen Abbeizens nahezulegen. Grundsätzlich sollte ein Bauteilaustausch erst dann durchgeführt werden, wenn diese Methode nicht erfolgreich ist oder aber die optischen Beeinträchtigungen ein inakzeptables Ausmaß annehmen. Allgemein kann auch eine handwerkliche Schweißnahterneuerung unter Verwendung geeigneter Schweißzusätze erfolgen.

An den Ablaufsieben war eine Ursachenbeseitigung im Wesentlichen bereits durch Austausch der Schwarzstahlschrauben gegen Schrauben aus legiertem Stahl erfolgt. Da jedoch insbesondere bei im Wasser liegenden Verschraubungen auch mit Spaltkorrosion in den Gewindegängen gerechnet werden muss, ist im Allgemeinen eine Herstellung derartiger Verschraubungen aus hoch korrosionsbeständigem (hochlegiertem) Edelstahl sowie die Verwendung von Silikondichtmasse beim Einschrauben zweckdienlich. Überdies ist eine Beseitigung der Korrosionsprodukte auf eine der bereits beispielhaft beschriebenen Weisen möglich.

Insbesondere der Aufwand zur handwerklichen Überarbeitung eines geschädigten Scheinwerfergehäuses wurde als vergleichsweise hoch eingeschätzt. Auch an dieser Stelle war ein Bauteilaustausch sinnvoll, wobei in diesem Zusammenhang auch ein fehlerhaft verlegter Bewehrungsstahl entsprechend korrigiert bzw. gekürzt werden konnte.

Unter Berücksichtigung des jeweiligen Sanierungsziels sind generell auch Sanierungsalternativen im Hinblick auf deren Angemessenheit zu prüfen. Insbesondere hierbei ist jedoch zur Sicherstellung des Sanierungserfolgs eine sorgfältige Planung notwendig. Lediglich beispielhaft werden an dieser Stelle nachstehende Alternativen angeführt:

Ferritische Stahlteile, die im fertigen Zustand nicht mehr sichtbar sind, können auch mit einer Schutzbeschichtung gegen Kontakt mit chloridhaltigem Beckenwasser (Elektrolyt) versehen werden. Hierfür muss aber sichergestellt sein, dass der ausgewählte Beschichtungsstoff einen zuverlässigen Oberflächenschutz liefert. Entsprechende Auswahl hat durch einen auf diesem Gebiet erfahrenen Fachmann in enger Zusammenarbeit mit dem jeweiligen Beschichtungsanbieter bzw. -hersteller zu erfolgen.

Sofern ein Edelstahl mit minderer als der vorgegebenen Güte verwendet worden ist (z. B. molybdänloser V2A-Stahl), jedoch Korrosionsschäden hierauf nicht ursächlich zurückzuführen sind, können die betreffenden Bauteile aus technischer Sicht auch in der Konstruktion belassen werden, sofern die Verwendbarkeit vor dem Hintergrund der konkreten Nutzungsbedingungen nachgewiesen wird. Orientierungsgrößen für Chloridkonzentrationen, bei denen an glatten und spaltenfreien Edelstahlkonstruktionen erfahrungsgemäß keine Korrosionsschäden auftreten, enthält das ISER-Merkblatt 831 [212].

Zusammenfassung

Die beschriebenen Korrosionsschäden verdeutlichen, dass allein der Einsatz von Edelstahl im Schwimmbeckenbereich nicht zuverlässig vor Korrosionsschäden schützen kann. Demgegenüber lassen sich durch Einhaltung wesentlicher Planungs- und Ausführungsgrundsätze korrosionsfreie Anlagen erzielen.

Hierzu zählt in erster Linie die Auswahl geeigneter Edelstahlsorten vor dem Hintergrund des geplanten Einsatzzwecks durch einen auf diesem Gebiet sachkundigen Fachmann (bzw. Inanspruchnahme entsprechend fachlicher Beratung). Im Schwimmbadbau werden grundsätzlich Legierungen mit hohen Nickel- und Molybdänanteilen empfohlen.

Des Weiteren ist besonderes Augenmerk auf korrosionsschutzgerechtes Konstruieren zu richten. Hierzu gehört unter anderem die isolierende Trennung von Metallen unterschiedlicher chemischer Wertigkeit zur Vermeidung von Kontaktkorrosion sowie das Verschließen konstruktiv bedingter Metallfugen zur Vermeidung von Spaltkorrosion (z. B. durch wasserdichtes Verschweißen oder Verkleben bzw. auch durch Verwendung von Silikondichtstoff bei der Ausführung von Verschraubungen etc.).

Nicht zuletzt ist auf eine Vermeidung handwerklicher Ausführungsfehler, insbesondere auch durch sorgfältige Ausführungskontrolle, besonders zu achten. Hierzu zählen der Einbau von plangerechtem bzw. vorgegebenem

Edelstahlmaterial, die Verwendung gleich- oder höherwertigen Materials für Verbindungsmittel (z. B. Schrauben, Niete, Schweißzusätze) sowie die handwerklich richtige Edelstahlverarbeitung (Schneiden, Fügen, Nachbehandeln etc.). Aber auch der Korrosionsschutz von im abdichtungsgeschützten Bereich liegenden unvergüteten Stahlbauteilen ist durch Vermeidung von Abdichtungsmängeln oder -beschädigungen sicherzustellen.

Neben den beschriebenen Besonderheiten bei der Planung und handwerklichen Ausführung ist auch besonders auf eine äußerst sorgfältige Bauüberwachung insbesondere ausführungskritischer bzw. schadensträchtiger Konstruktionsdetails zu achten. Ergänzend ist zur frühzeitigen Erkennung gegebenenfalls folgenschwerer Fehler auch eine zusätzliche ausführungsbegleitende Kontrolle durch einen auf dem Gebiet der Edelstahlkonstruktion sachkundigen Fachmann äußerst ratsam.

5.8 Wachsen Schimmelpilze unter Wasser?

Bereits seit vielen Jahren ist bekannt, dass Mikroorganismen Ursache unansehnlicher schwarzer Verfärbungen in Schwimmbecken sein können [301], [336], [342], [343]. Neben Bakterien und Algen zählen auch Pilze zu den im Schwimmbadbereich ungewollten Mikroorganismen (umgangssprachlich: Mikroben). Der nachfolgend beschriebene Schadensfall zeigt, dass selbst Schimmelbefall unter Wasser auftreten kann.

Sachverhalt

In einem medizinischen Bade- und Schwimmbecken eines Rehabilitationszentrums traten kurze Zeit nach Inbetriebnahme in divergierender Intensität schwarze Verfärbungen der Fliesenbelagsfugen in der Bodenfläche des Beckens auf (Bild 235 und Bild 236). Diese hafteten fest auf der Oberfläche des Fugenmörtels und kehrten auch nach mehrmaligen Reinigungsversuchen wieder. Die übrigen Fliesenflächen des betroffenen Beckens wiesen keine Verfärbungen auf.

Den in der Fachwelt vorliegenden allgemeinen Kenntnissen folgend wurde in erster Linie ein Mikroorganismenbefall infolge von Wasseraufbereitungsfehlern kritisiert. Da an der Aufbereitungsanlage jedoch keine Fehler existierten, herrschte zunächst Ratlosigkeit. Insbesondere wurde durch die Beteiligten hinterfragt, ob denn tatsächlich Mikroorganismen auslösend für die Verfärbungen waren und warum sich der Befall lediglich auf die Bodenfläche des Beckens beschränkt.

Bild 235 ▪ Fliesenbelag am Boden eines Beckens: deutlich erkennbare schwarze Verfärbungen der Fliesenfugen

Bild 236 ▪ Deutlich erkennbare schwarze Verfärbungen der Fliesenfugen am Rand des Beckenbodens

Schadensursache

Laboruntersuchungen von entnommenem Probenmaterial zeigten, dass die Ursache der bemängelten schwarzen Flecken tatsächlich ein Mikroorganismenbefall und im vorliegenden Fall speziell ein Pilzbefall war. Besonders erstaunte das Laborergebnis, demzufolge eine Ansiedlung von unter Wasser wachsenden Schimmelpilzen erfolgt war. Die ermittelten Pilzarten (u. a. *Alternaria alternata, Phoma glomerata, Aspergillus fumigatus)* bilden charakteristische schwarzbraune bis schwarze Kolonien. Teils handelt es sich hierbei um gut bekannte Schimmelarten wie *Aspergillus* (Gießkannenschimmel), *Fusarien* und *Alternaria*. Bei einem Teil der Pilze handelte es sich um Vertreter, die aus typischen Außenluftkeimen entstehen. Die schwarze Verfärbungen auslösenden Pilze waren wärmeliebend (thermophil).

Grundsätzlich existieren viele unterschiedliche Faktoren, die einen Mikrobenbefall auslösen können. Nicht immer lassen sich bei einem Mikrobenbefall die konkret verantwortlichen Umstände eindeutig ermitteln. Zumindest ist jedoch meist eine weitgehende Eingrenzung möglich. Hierüber liegen bereits umfangreiche Publikationen vor (Zeitschriftenartikel, Fachvorträge [301], [336], [342], [343], [344] und [352]). Im vorliegenden Fall waren zwei wesentliche Umstände auslösend für den Pilzbefall:

Eine Besiedlung erfolgt im Wesentlichen dann, wenn eine ausreichende Nährstoffgrundlage vorliegt (organische Substanzen) und wenn lebensbegünstigende klimatische Randbedingungen vorherrschen (geringe Wasserbewegung, neutrales bzw. saures Milieu, Wärme, rauer bzw. porenreicher Untergrund).

Entsprechende Nährstoffgrundlage kann im klassischen Sinn aus nutzungsbedingten Verunreinigungen entstehen (z. B. Hautschuppen, Haare, Körpersekrete etc.). Aber auch Ablagerungen aus Staub, Cremes, Kosmetika etc. liefern organische Nährstoffe. In [352] wurde hierzu referiert, dass im ungünstigen Fall eine Abgabe von organischem Material in der Größenordnung von etwa 50 g je Person und Schwimmbadbesuch erfolgt. Auch ins Wasser gelangte Bestandteile von im Beckenbereich positionierten Pflanzkübeln können entsprechende Nahrungsgrundlage bilden (Blütenreste, welke Blätter, Pflanzerde etc.). Teils wurde auch schon bemerkt, dass zur Mörtelherstellung verwendetes Anmachwasser einen hohen organischen Anteil enthielt. Auch können vor der Inbetriebnahme des Beckens auf den Fliesenbelag gelangte und nicht entfernte Sprühnebel organischer Deckenbeschichtungen einen Nährstoff darstellen.

In der Praxis ist es ein weitverbreitetes Phänomen, dass – wie im vorliegenden Fall – ausschließlich der Schwimmbeckenboden von Mikroben befallen wird. Dies ist meist speziell damit zu erklären, dass sich bei abschließender Reinigung vor Inbetriebnahme abgewaschene/abgespülte organische Substanzen sehr häufig auf dem Boden ablagern und nicht ausreichend sorgfältig entfernt werden (z. B. Farbreste, mit Schuhen eingetragene Verschmutzungen etc.). Sehr häufig lagern sich auch Reste der von fertiggestelltem Mosaik abgespülten Netzverklebung auf dem Boden ab (Papier-/Klebstoffreste). Aber auch die bei laufender Nutzung anfallenden Verunreinigungen sinken hauptsächlich auf die Bodenfläche.

Auf Grundlage vorliegender Informationen zur Beckenreinigung im laufenden Betrieb bzw. zur abschließenden Reinigung vor Inbetriebnahme mussten die zuvor beschriebenen Auslöser jedoch als Schadensursache ausgeschlossen werden.

Da der Schimmelbefall nicht nur einzelne Teilbereiche der Bodenfläche betraf, musste eine sehr häufig anzutreffende unzureichende Wasserumwälzung (z. B. in Ecken fantasievoll gestalteter Badelandschaften; sogenannte Totzonen) im vorliegenden Fall als Ursache ausgeschlossen werden.

Mikroben bevorzugen in der Regel ein warmes und leicht saures Wasserklima. Insbesondere deswegen trat das Problem einer Mikrobenbesiedlung kaum in Schwimmbecken auf, die mit hydraulisch gebundenen Mörteln (zementär) verfugt worden sind. Diese Fliesenbeläge stellten aufgrund naturgemäßer Alkalität einen lebensfeindlichen Untergrund für Mikroorganismen dar. Der pH-Wert ist dort mit anfangs 11 sehr hoch und sinkt erst allmählich mit fortschreitender Karbonatisierung. Darüber hinaus liefern die höheren Temperaturen in den heute immer beliebter werdenden Freizeit- und Wellnesslandschaften günstige Wachstumsbedingungen für die meist auch thermophilen Mikroben.

Auch in medizinischen Bereichen vorherrschende, vergleichsweise hohe Wassertemperaturen stellen in Verbindung mit entsprechendem Nährstoffangebot ideale Lebensbedingungen für Mikroben dar.

Ein Nährstoffangebot wurde in dem betroffenen Schwimmbecken aus der mit Epoxidharzmaterialien erfolgten Beckenauskleidung bereitgestellt (Kohlenwasserstoffverbindungen). Dies sowie die recht hohe Wasserbetriebstemperatur von etwa 30 bis 33 °C war im vorliegenden Fall auch tatsächlich der auslösende Fakt für den Befall mit den festgestellten thermophilen Pilzen bzw. für die schwarzen Verfärbungen.

Der ausschließliche Befall der Bodenfläche (und nicht der Wände) erklärte sich damit, dass die Beckenwände zeitlich vor dem Boden bekleidet worden waren. Die Bodenbekleidung erfolgte letztlich unter dem terminlichen Druck der beabsichtigten Fertigstellung bzw. Inbetriebnahme mit handwerklichen Unzulänglichkeiten bei der Epoxidharzverarbeitung.

Besonders in den vergangenen zwei Jahrzehnten verbreitete sich in der Fachwelt die Kenntnis darüber, dass insbesondere nicht vollständig durchgehärtete bzw. abgebundene Epoxidharzprodukte (z. B. Abdichtungen, Fliesenkleber und Fugenmörtel; siehe hierzu auch Kapitel 5.2 und 5.9) organische Substanzen freisetzen und dann insbesondere auch vor dem Hintergrund eines nahezu neutralen, häufig leicht sauren Wassermilieus eine besonders gute Nährstoffgrundlage für Mikroben liefern.

Säurehaltige Reiniger sollten auch aus Gründen des Korrosionsschutzes von Edelstahlbauteilen nicht verwendet werden (vgl. Kapitel 5.7). Ein effektiver Schutz gegen Kalkablagerungen erfolgt ohnehin durch eine wirksame Entkalkung im Zuge der Wasseraufbereitung. Dennoch anfallende Kalkablagerungen sollten unter den vorgenannten Gesichtspunkten mit besonderem Augenmaß entfernt werden.

Stellungnahme

Unabhängig davon, dass auch unter Wasser Schimmelpilze wachsen können und daraus eine toxische bzw. infektiöse Gefahr resultiert, wird durch den zuvor beschriebenen Fall die Problematik von Mikroorganismenbefall in Schwimmbecken einmal mehr klar vor Augen geführt.

Der vorliegende Schadensfall hebt hervor, dass es sich bei modernen Schwimmbeckenbauweisen um sehr komplexe und empfindliche Systeme bezüglich eines Befalls mit Mikroorganismen handelt. Insbesondere die im Schwimmbeckenbau verwendeten Materialien bedürfen im Hinblick auf eine zuverlässige Schadenfreiheit einer äußerst sorgfältigen Planung, handwerklichen Ausführung und Überwachung. Darüber hinaus muss für eine zuverlässige Vermeidung von mikrobiellem Befall auch den wesentlichen Gestaltungsregeln bei der Planung der Beckengeometrie hinsichtlich der Wasserhydraulik (vgl. Kapitel 3.2.1) sowie den Nutzungsregeln wie beispielsweise Wasserparameter und Reinigung (vgl. Kapitel 3.3 und 3.4) besondere Aufmerksamkeit geschenkt werden. Hierzu zählen insbesondere auch die Unterbindung eines organischen Nährstoffangebots, die Vermeidung eines sauren Wassermilieus, der Einsatz glatter Materialien mit geringem Porenanteil, eine sorgfältige Reinigung, eine ausreichende Wasserbewegung, ein möglichst häufiger Wasseraustausch sowie die Vermeidung unnötig hoher Wassertemperaturen.

Besondere Bedeutung kommt bei einer Vermeidung von Mikrobenbefall zweifellos auch der Wasseraufbereitung (vgl. Kapitel 3.3) zu, auch wenn vorliegender Fall unterstreicht, dass diese – obwohl meist vorrangig der Schuld bezichtigt – häufig nicht verantwortlich für Schäden durch Mikrobenbefall ist.

5.9 Bakterienbesiedlung infolge von baustoffseitigem Nährstoffangebot

Selbst an Schwimmbecken, die regelmäßig gründlich gereinigt und sorgfältig desinfiziert werden, kann unter Umständen ein Bakterienwachstum einsetzen, das auch nicht mit der Schwimmbadbenutzung in Zusammenhang steht.

Im vorliegenden Fall fand eine Bakterienausbreitung statt, da ein unsachgerecht verarbeiteter Polymerbaustoff ein entsprechendes Nährstoffangebot bereitstellte.

Sachverhalt

Kurze Zeit nach Inbetriebnahme eines medizinischen Bade- und Schwimmbeckens trat eine rötliche Verfärbung der Fliesenfugen auf. Über die Ursache herrschte zunächst Ratlosigkeit. Das Ausmaß und die Intensität der Verfärbungen waren anfangs gering. Lediglich vereinzelt existierten punktuell rot gefärbte Stellen (Bild 237).

Deshalb wurde der Angelegenheit zunächst auch keine große Bedeutung beigemessen. Erst als vermeintlich ein »Auswaschen von rotem Farbstoff« stattfand, wurde dies vom Betreiber als beträchtliche Unannehmlichkeit bemängelt. Im Zuge daraufhin eingeleiteter Untersuchungen wurde bereits ein ausgeprägtes Schadensbild vorgefunden. In weiten Teilen waren die Fliesenfugen rot bis dunkelrot verfärbt. Die Beckenauskleidung wies an vielen Stellen rote Ablaufspuren auf (Bild 238).

Auffällig war insbesondere die Verteilung der verfärbten Flächen. Im Wesentlichen existierten intensive Verfärbungen im näheren Umkreis der Unterwasserscheinwerfer (in den Beckenwänden) sowie auf nahezu der gesamten Bodenfläche (vgl. Bild 238).

Bild 237 ▪ Lediglich in geringem Umfang erkennbare rote Färbung einer Fliesenfuge

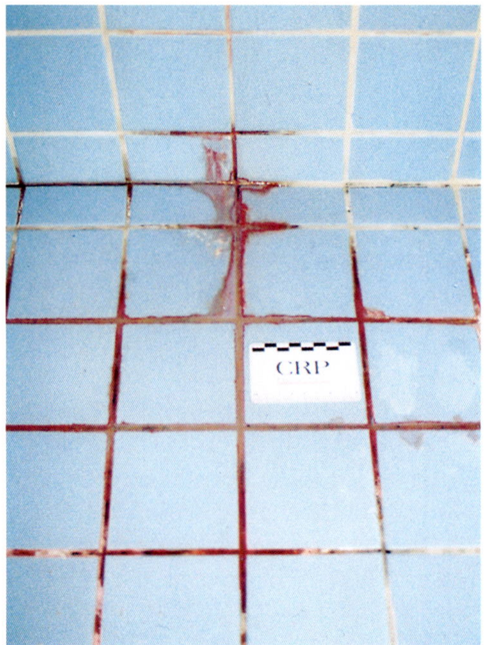

Bild 238 ▪ Dunkelrot gefärbte Fliesenfugen und ausgeprägte »Ausläufer« im Übergangsbereich zwischen Wand- und Bodenfläche

Der Schwimmbadbetreiber erklärte, dass der Badebetrieb bei einer Wassertemperatur von etwa 33 °C erfolgt. Der Gehalt an freiem Chlor betrug den Protokollierungen zufolge etwa 0,25 bis 0,5 mg/l. Es lag ein pH-Wert des Wassers von etwa 7 bis 7,5 vor. Eine Desinfektion erfolgte mittels einer üblichen Kombination aus leichter Chlorierung und Ozonierung. Das Schwimmbecken wurde in der Regel mit neutralen Reinigern, teils mit saurem Kalkreiniger gesäubert.

Schadensursache

Die Verfärbungen ließen sich auf Grundlage der Betriebsrandbedingungen (Wasseraufbereitung, Reinigung) nicht plausibel erklären. Der pH-Wert sowie die Desinfektion wurden als durchaus üblich eingeschätzt. Lediglich die Wassertemperatur war als vergleichsweise warm anzusehen. Auch die verwendeten Reinigungsmittel ließen zunächst keinen Schluss auf die Ursache der roten Färbung zu. Weitere, gegebenenfalls medikamentöse Wasserzugaben erfolgten nicht.

Fehler an der Anlagentechnik ließen sich insbesondere deswegen ausschließen, weil an keiner anderen Stelle des schwimmbadtechnischen Systems rote Ablagerungen existierten.

Bild 239 ▪ An einem Scheinwerfer entfernte Fliesen: verfärbter Verlegemörtel auf der Abdichtung; keine Verfärbung am Abdichtungsgrund (rechteckige Untersuchungsöffnung unten im Bild)

Auch Informationen über die zur Beckenherstellung verwendeten Baustoffe ließen an sich keine Erklärung roter Färbung zu. Bei dem Becken handelt es sich um eine WU-Betonkonstruktion mit einer Auskleidung aus Verbundabdichtung und Fliesenbelag. Für sämtliche Baustoffe lagen nachvollziehbare Verwendbarkeitsnachweise vor.

Von außen eindringende Medien waren konstruktionsbedingt ebenfalls auszuschließen.

Wesentliche Ursachenhinweise wurden erst auf Grundlage stichprobenartiger Untersuchungsöffnungen insbesondere an den Unterwasserscheinwerfern sowie in der Bodenfläche gefunden.

Die Beckenauskleidung bestand aus folgenden Schichten:

- Fliesenbelag (Fliesen/Fugenmörtel),
- Fliesenverlegemörtel (sogenannte Kleber),
- offensichtlich oberflächig abgestreute Kunststoffspachtelabdichtung,
- Betonoberfläche als Abdichtungsuntergrund.

Deutlich erkennbar war, dass sowohl die Abdichtungsoberfläche als auch der Fliesenkleber intensiv rot gefärbt sind (Bild 239 und Bild 240). Das Abdichtungsmaterial wirkte vergleichsweise weich.

Bild 240 ▪ Geöffneter Fliesenbelag am Boden: intensive Färbung des Verlegemörtels an der Unterseite der entnommenen Fliese (Mitte links im Bild) sowie auf der Abdichtungsoberfläche (Mitte rechts im Bild)

Die Betonoberfläche besaß keine Verfärbung und war trocken (vgl. Bild 239). Dies bestätigte, dass von außen eindringendes Medium als Verfärbungsursache tatsächlich auszuschließen ist.

Auf Befragen der Planungs- und Ausführungsbeteiligten wurde geäußert, dass es sich bei der Abdichtung um ein Reaktionsharzprodukt handelt. Dies führte zu folgendem gedanklichen Ansatz:

Komponenten von Epoxidharzprodukten enthalten in der Regel organische Bestandteile. Erfolgt keine vollständige Erhärtung (vgl. diesbezügliche Erläuterungen in Kapitel 5.2; insbesondere zu möglichen Verarbeitungsfehlern), so verbleiben ungebundene organische Bestandteile im Schichtaufbau und stellen eine Nahrungsquelle für Mikroorganismen bzw. Bakterien dar. Eine Bakterienbesiedlung kann dann zu deutlichen Verfärbungen führen.

Im vorliegenden Fall war anhand des relativ weichen Abdichtungsmaterials erkennbar, dass offensichtlich keine vollständige Durchhärtung des Epoxidharzbaustoffs stattgefunden hat.

Die Ergebnisse entsprechender Laboruntersuchungen bestätigten, dass auf der Abdichtungsoberfläche sowie in den Poren des Fliesenmörtels eine intensive Bakterienansiedlung stattgefunden hat.

Folglich ließ sich begründen, dass die roten Verfärbungen durch Bakterien hervorgerufen wurden, die in freien organischen Bestandteilen unvollständig durchgehärteter Epoxidharzabdichtung eine Nahrungsquelle besaßen.

Auf dieser Grundlage ließ sich auch die vorgefundene Verteilung bzw. Intensität der Rotfärbungen plausibel erklären. Insbesondere im näheren Umkreis der Unterwasserscheinwerfer fanden die Bakterien durch die dort erfolgende Wärmeabgabe wachstumsbegünstigende Bedingungen vor. An diesen Flächen stellte sich also ein konzentriertes Bakterienwachstum ein und zeichnete sich durch intensive Rotfärbung ab.

Die nahezu vollständige Besiedelung des Schwimmbeckenbodens ließ sich dadurch erklären, dass speziell dort sehr weiches Abdichtungsmaterial vorgefunden worden ist. Dies bedeutet, dass in der Bodenfläche infolge einer stark eingeschränkten Epoxidharzreaktion ein umfangreiches Nährstoffangebot an freien organischen Bestandteilen existierte.

Inwieweit das recht warme Beckenwasser sowie organische Bestandteile aus menschlichen Absonderungen (z. B. Hautschuppen, Haare, Sekret) den Bestand der Bakterien begünstigt haben, war im vorliegenden Fall nicht relevant für die Angabe einer sachgerechten Sanierungsempfehlung und wurde deshalb auch nicht näher ergründet.

Sanierung

Besonders in dem hygienisch sehr sensiblen medizinischen Bereich war die Existenz von Bakterienansammlungen inakzeptabel und deshalb lediglich eine Sanierung durch Entfernen des Fliesenbelags sowie der Abdichtung ernsthaft zu empfehlen.

Durchaus führten erste Sanierungsüberlegungen auch zu einer »isolierenden Beschichtung« der bestehenden Beckenauskleidung. Unabhängig davon, dass bei dieser Variante Risiken bezüglich der Haftfestigkeit des neuen auf dem alten Belag bestanden (vgl. Kapitel 2.3), ließ sich auch nicht sicherstellen, dass im weiteren Badebetrieb kein erneutes Bakteriendurchdringen der dann neuen Auskleidungsschichten erfolgt. Meist stellt bei der Umsetzung derartiger Lösungen eine nicht gewährte herstellerseitige Produkthaftung ein beträchtliches Hindernis dar.

Auch sind derartige Sanierungslösungen aufgrund notwendiger Anpassungsarbeiten in den Randbereichen, an Einbauteilen, an Durchdringungen etc. häufig ähnlich aufwendig und kostenintensiv wie ein Rückbau und eine Neuerstellung. Sie bieten den Bauherren oder Eigentümern auch nicht die nachhaltige Sicherheit, wie sie von regelgerecht und mangelfrei neu erstellten Konstruktionen (neue Abdichtung, neuer Fliesenbelag) erwartet werden kann.

Alternative Lösungen können insofern stets nur als Sonderlösungen betrachtet werden. Hierfür ist eine äußerst sorgfältige Prüfung der Realisierbarkeit sowie eine detaillierte Planung in enger Zusammenarbeit mit auf diesem Gebiet sachkundigen Fachkräften sowie den entsprechenden Materialanbietern durchzuführen.

Bereits die vorliegende Funktionseinschränkung der Abdichtung sowie die Tatsache, dass sich gesundheitsgefährdende freie Epoxidharzkomponenten (vgl. Kapitel 5.2) im hygienisch sensiblen Bereich befinden, bedingten eine Sanierung. Allgemein ist zur alleinigen Bekämpfung der Bakterien auch eine Wärme- (Hitze) oder Chemikalienbehandlung denkbar. Jedoch dienen derartige Behandlungsmaßnahmen lediglich dem Abtöten der vorhandenen Bakterien und beseitigen weder die Ursache (Nährstoffgrundlage) noch die Auswirkungen (Verfärbungen). Da bei einer gestörten Epoxidharzreaktion im Nachhinein auch kein vollständiges Aushärten erfolgt, lässt sich ein erneuter Bakterienbefall infolge eines fortwährend bestehenden Nährstoffangebots nicht zuverlässig ausschließen.

Andererseits birgt sowohl eine Erhitzung als auch die Anwendung chemischer Mittel die Gefahr thermischer Beschädigungen bzw. chemischen Auf-/Anlösens der vorhandenen Baustoffe (Mörtel, Dichtmaterial).

Zusammenfassend war somit zu bekräftigen, dass im vorstehend beschriebenen Fall lediglich eine Sanierung durch Rückbau und Neuerstellung als sachgerechte Empfehlung angesehen werden kann.

Stellungnahme

Auch dieser Fall macht deutlich, dass der Planung und Ausführung von Beckenauskleidungen, insbesondere bei den im modernen Schwimmbadbau häufig angewendeten Reaktionsharzprodukten, eine besondere Sorgfalt nötig ist.

Der vorliegend erfolgte Bakterienbefall zeigt, dass bei der Erstellung von Reaktionsharzabdichtungen nicht nur aus feuchteschutztechnischen Gründen eine sorgfältige Planung und Ausführungskontrolle erfolgen muss. Die diesbezügliche Fehleranfälligkeit und damit Schadensträchtigkeit wurde bereits in Kapitel 5.2 ausführlich beschrieben.

Zur Absicherung einer weitestgehend fehler- bzw. mangelfreien Konstruktion wird dem Vier-Augen-Prinzip folgend dringend die Hinzuziehung eines auf dem Gebiet der Abdichtung und des Feuchteschutzes sachkundigen Fachmanns – wenn möglich bereits in der Planungsphase – dringend angeraten. Speziell zur Vermeidung von Materialunverträglichkeiten sollte sowohl bei einer Neuerstellung als auch bei einer Sanierung eine entsprechend sachgerechte Produktauswahl in enger Abstimmung mit dem gewählten Anbieter bzw. Hersteller erfolgen.

5.10 Bewegungsbad eines Seniorenwohnheims – Schäden infolge von Feuchteabgabe des austrocknenden WU-Betons

Unmittelbar nach Inbetriebnahme eines Bewegungsbades im Untergeschoss eines neu errichteten Seniorenwohnheims wurden feuchtebedingte Schäden bemängelt, die zunächst mit einem Feuchtetransport durch den WU-Beton der Weißen Wanne begründet wurden. Unabhängig davon, ob es sich um WU-Beton oder um »Normalbeton« handelt, geben Betonkonstruktionen nach ihrer Herstellung nicht unbedeutende Wassermengen im Zuge des Austrocknungsprozesses ab. In dem nachfolgend beschriebenen Schadensfall stellte dies neben Weiterem die maßgebliche Ursache dar.

Schadensbild

Entlang der Fliesenbelagsfugen bzw. der Fliesenränder des Umgangs um das Bewegungsbecken zeigten sich ausgeprägte weißliche Ausblühungen (Bild 241 und Bild 242).

Bild 241 ▪ In mittlerer Höhe zwischen Beckenboden und Beckenkopf verlaufender Beckenumgang

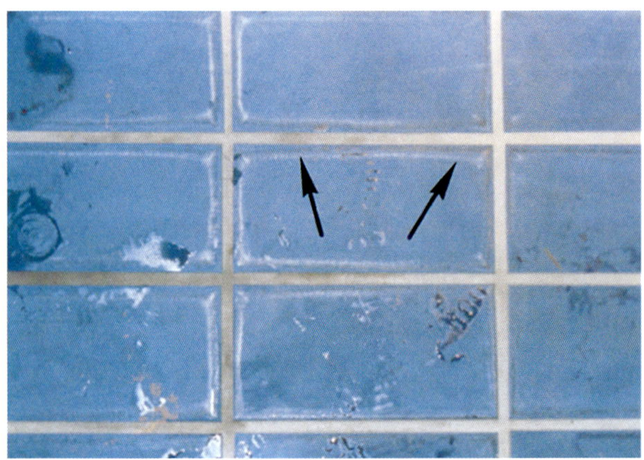

Bild 242 ▪ Detaildarstellung auf Grundlage von Bild 241: Ausblühungen entlang der Fliesenränder und -fugen (siehe Pfeile)

Bild 243 ▪ Feuchtegeschädigte Wandfläche neben einer Fußspülanlage: ausgeprägte dunkle Schimmelpilzfläche unter demontierter Paneelbekleidung (siehe vertikaler Pfeil) und angerostete Eckschiene (siehe horizontaler Pfeil)

Die mit einem bis zur Fußbodenoberfläche reichenden Gipsputz (P IV) versehenen Schwimmbadwände wiesen eine beträchtliche Oberflächenfeuchte und feuchtebedingte Ausblühungen auf. Kantenschienen waren stark angerostet und an den Wänden hatte sich großflächig Schimmel gebildet.

Mit einer teilweise aus Holz und teils aus Blech bestehenden Paneelwandbekleidung war der vorübergehende Versuch einer Schadenskaschierung durch Überdeckung unternommen worden (Bild 243).

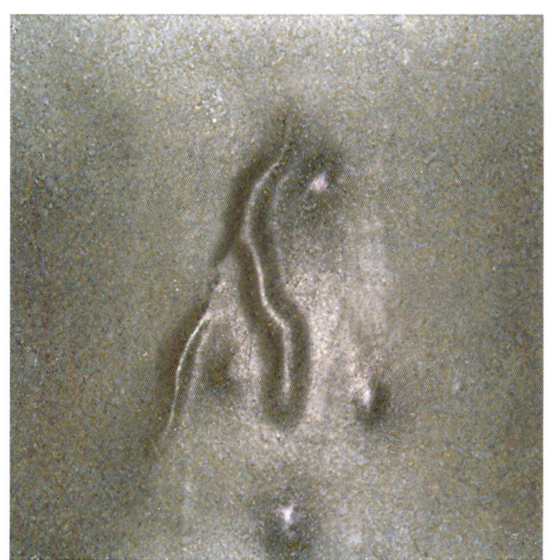

Bild 244 ▪ Blasen bzw. Aufwerfungen im Fußbodenbelag eines am Bewegungsbad anliegenden Umkleideraums

Bild 245 ▪ Stehende Nässe auf dem Rohfußboden und vollständig durchnässtes Fasergewebe des PVC-Belags

In den nicht planmäßig feuchtebeanspruchten und mit PVC-Belag versehenen Fußböden angrenzender Räume wurden Blasen bzw. Aufwerfungen registriert, unter denen sich Nässe angesammelt hatte (Bild 244 und Bild 245).

Die gesamte tragende Konstruktion des Untergeschosses einschließlich des Bewegungsbeckens war als Weiße Wanne ausgeführt. Hautförmige Abdichtungen waren nicht erstellt worden. Insbesondere in den Bereichen der Dehnfugen und an Durchdringungen existierten jedoch keine Schäden, wodurch Undichtigkeiten auszuschließen waren.

verbunden sind. Für jeden einzelnen Bauherrn ist hier eine bedarfsgerechte Lösung zu entwickeln.

5.11 Fliesenschäden in einem Hubbodenbecken – mangelnde Fliesenverlegung und restliches Untergrundschwinden

In einer städtischen Schwimmhalle hatten sich in einem rechteckigen Hubbodenbecken für den Schul-, Sport- und Reha-Betrieb mit einer Länge von ca. 15 m und einer Breite von ca. 8 m unerwartet kurzfristig nach der Inbetriebnahme größere Fliesenflächen gelöst und längere Fliesenreihen dachartig aufgefaltet. Es war ausschließlich der Beckenboden betroffen. Unter anderem stand zunächst die Vermutung im Raum, dass die Fliesen durch eine Sogwirkung des Hubbodens vom Untergrund geradezu abgezogen worden seien. Umfassende Betrachtungen aller möglicherweise relevanten Schadensmechanismen zeigten jedoch eine andere Schadensursache.

Schadensbild

Die Fliesen mit Abmessungen von l/b/d ≈ 24/12/1 cm waren auf einem Ausgleichsestrich verlegt. Sie lagen in größeren Teilflächen lose auf dem Untergrund, die zusammengenommen beinahe den gesamten Beckenboden einnahmen. Insbesondere entlang von Feldbegrenzungsfugen, an denen Kunststoffprofile in den Belag eingebettet waren, hatten sich Fliesenreihen dachartig aufgerichtet (Bild 247), die sowohl längs als auch quer im Beckengrundriss verliefen.

Die Fliesen hatten sich hauptsächlich an der Grenzfläche zum Verlegemörtelbett bzw. Kleberbett abgelöst.

Das Becken stand zum Beginn der Ursachenermittlungen bereits mehrere Wochen leer. Das Fliesenkleberbett in der Bodenfläche war jedoch noch von Restwasser durchfeuchtet.

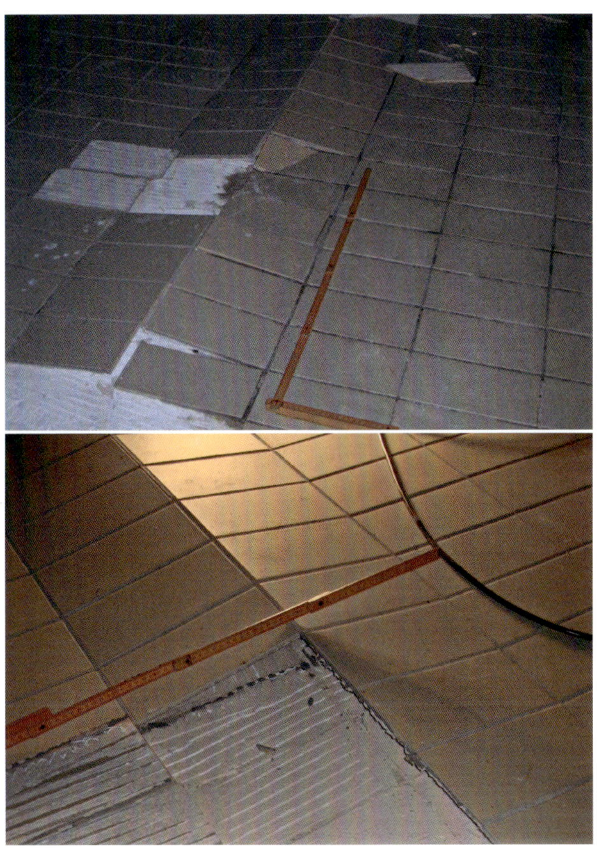

Bild 247 ▪ Dachartig aufgerichtete Fliesenreihen auf dem Beckenboden

Schadensursache

Neben der zunächst als ursächlich vermuteten Hubbodensogwirkung mussten bei konsequent umfassender Betrachtungsweise folgende weitere möglicherweise relevante Schadensmechanismen beleuchtet werden.

Das betroffene Becken war als WU-Beton-Konstruktion bzw. Weiße Wanne errichtet worden. Die Weiße Wanne war nicht mit einer separaten hautförmigen Abdichtung ausgekleidet. Die Beckenbodenfläche lag auf dem Erdreich. Die Beckenbodenränder waren auf die angrenzende Gebäudegründung gesetzt worden. Beim Ausgleichsestrich handelte es sich um einen Zementestrich ohne Trennlage. Auf die Estrichoberfläche war etwa eine Woche nach der Probebefüllung (vgl. zur Dichtigkeitsprüfung mittels Probebefüllung Kapitel 3.2.3) eine Grundierung als Haftbrücke für den Fliesenbelag aufgetragen worden.

Das Becken wies keinen für eine grundsätzlich unzureichende Rohbautragfähigkeit charakteristischen Schaden wie beispielsweise eine ausgeprägte Deformation oder einen durchgehenden Riss auf. Eine diesbezüglich ausreichend bemessene Konstruktion wurde durch die tragwerksplanerischen Unterlagen auch belegt. Eine unzureichende Rohbautragfähigkeit war insofern als Ursache für die Fliesenschäden auszuschließen.

Lastbedingte elastische Verformungen der Betonkonstruktionen wurden als Ursache der Fliesenablösungen ebenfalls ausgeschlossen. Die Beckenbodenfläche war durch ihr Eigengewicht und das Füllwasser belastet. Die Belastung war an den Beckenbodenrändern durch das Beckenwand- und das Beckenumgangsgewicht erhöht. Zudem sorgte die größere Steifigkeit am Beckenbodenrand aufgrund der dort angegliederten Beckenwände für eine zu den Rändern orientierte Lastverlagerung. Deshalb war auch die Bodenpressung an den Beckenbodenrändern tendenziell größer als in der Beckenbodenmitte. Eine demnach erwartungsgemäß nach oben weisende Beckenbodenkrümmung hätte zu einer Ausdehnung des Bodenfliesenbelags und nicht zu einem stauchungsbedingten Belagsauffalten geführt. In den Fliesen bzw. Fliesenfugen wären bei nach oben weisender Krümmung aufklaffende Risse entstanden. Eine Auffaltung infolge lastbedingter elastischer Verformung hätte sich prinzipiell mit einer nach unten gerichteten Beckenbodenkrümmung erklärt, die beispielsweise bei unzureichend verdichtetem Erdstoff eingetreten wäre. Da jedoch der Ausgleichsestrich, der bereits vor der Erstbefüllung – der ersten ausgeprägten Beckenbodenbelastung – eingebaut gewesen war, keinen für eine nach unten gerichtete Krümmung charakteristischen Schaden aufwies, wie beispielsweise ein Riss mit Ausplatzungen an der Estrichoberseite, wurde auch dies als Ursache für die Ablösung der Fliesen bzw. die dachartige Fliesenaufrichtung ausgeschlossen.

Gegen eine schadensursächliche schwindbedingte Verkürzung des Beckenrohbaus sprachen in erster Linie die an den Beckenwänden intakt gebliebenen Fliesenbeläge. Darüber hinaus dokumentierten die Bautagebuchaufzeichnungen eine vollkommen ausreichende Wartefrist von elf Monaten zwischen dem Betonieren und dem Fliesenbelagsbeginn, auch wenn der Schwindprozess durch den Estricheinbau und durch die Probebefüllung verzögert worden ist. Auf ein Nachschwinden der Betonkonstruktion im Anschluss an die Probebefüllung wiesen die Fliesenschäden deshalb nicht hin, weil nicht gleichzeitig auch eine Schädigung des zwischen Rohbau und Fliesen gelegenen Estrichbauteils vorlag.

Etwaiges Kriechen der Betonkonstruktionen besaß nach der erst kurzen Nutzungszeit keine schadensursächliche Relevanz.

Bei den zur Fliesenverlegung verwendeten Mörteln handelte es sich um hydraulisch erhärtende Produkte. Beim Kleber handelte es sich um einen elastifizierten Mörtel. Die Grundierung war mit einem Produkt erfolgt, das nicht dem Kleber-/Verfugungsmörtelsystem entstammte. Zudem lag gemäß den Bautagebuchaufzeichnungen zwischen dem Aufbringen der Grundierung und dem Fliesenbelagsbeginn eine Zeitspanne von etwa drei Wochen. Da sich die Fliesen jedoch hauptsächlich an der Kleberbettoberseite abgetrennt hatten und nicht das Kleberbett vom Untergrund, wurden die Verwendung eines nicht systemzugehörigen Grundierungsprodukts und eine gegebenenfalls zu lange Zeitspanne zwischen der Grundierung und dem Fliesenverlegen ebenfalls als Ursachen für das Fliesenablösen ausgeschlossen.

Die von der Industrieherstellerfirma des Fliesenklebers vorgegebene Wartefrist bis zur ausreichenden Mörtelerhärtung und Belastbarkeit des fertigen Fliesenbelags war vor der ersten Beckenbefüllung eingehalten worden. Deshalb wurde auch eine unzureichende Kleberfestigkeit als Ursache des Fliesenablösens ausgeschlossen.

Eine Laboruntersuchung des Badewassers ergab einen hinsichtlich schädigenden Zementauslösens etwas zu niedrigen pH-Wert von etwa 6,4 (vgl. zum pH-Wert Kapitel 3.3). Insbesondere der Verfugungsmörtel, der direkt mit dem Badewasser in Kontakt gewesen war, wies keine Gefügestörung auf. Da sich ein etwas zu saures Badewassermilieu nicht allein auf den Boden, der schadhaft geworden ist, ausgewirkt hätte, sondern auch auf die Beckenwände, die nicht geschädigt wurden, wurde der etwas zu niedrige pH-Wert ebenfalls als Ursache für das Ablösen der Fliesen ausgeschlossen.

Das betroffene Becken befand sich im Gegensatz zu einem Außenbecken – das allgemein starken Wechselbeanspruchungen ausgesetzt ist – in einem Klima mit nahezu konstanter Lufttemperatur und -feuchte. Im Badebetrieb betrug die Differenz zwischen der Wasser- und der umgebenden Lufttemperatur nur wenige Kelvin. Insofern waren auch thermisch bedingte Spannungsdifferenzen nach dem Entleeren des Beckens als Schadensursache auszuschließen. Schädliche hygrisch bedingte Spannungsdifferenzen hätten lediglich beim Beckenentleeren und dem dann allmählichen Trocknen der Beckenauskleidung auftreten können. Ein nach dem Entleeren unzureichendes Feuchthalten (vgl. zum Beckenschutz bei Betriebsunterbrechungen Kapitel 3.5) wurde jedoch als Ursache für das Fliesenablösen insbesondere deshalb ausgeschlossen, weil sich von den dabei zuerst abtrocknenden Beckenwandflächen keine Fliese gelöst hatte und der von den Ablösungen betroffene Beckenboden noch gar nicht abgetrocknet war. Dem entgegen wäre bei einem trocknungsbedingten Schaden ein von oben nach unten ablaufender Schädigungsprozess zu beobachten gewesen.

Bild 248 ▪ Fliesenrückseite mit alternierenden Streifen von anhaftendem Kleberrückstand und nicht vom Kleber benetzter Keramikoberfläche

Bild 249 ▪ Flächen mit anhaftendem Kleberrückstand und unbenetzte Keramik wechseln sich ab.

Unter den abgelösten Fliesen wies die Kleberbettoberseite eine charakteristische Furchenstruktur auf, die auf das Mörtelauslegen mit einer Zahntraufel und das Abplatten der dabei erzeugten Kleberwülste beim Fliesenauslegen zurückzuführen war. Die Fliesenrückseiten wiesen deckungsgleich ein alternierendes Raster von Streifen auf, in denen einerseits Kleberrückstände anhafteten und in denen andererseits die Keramikoberfläche beim Fliesenverlegen keine Kleberbenetzung erfahren hatte (Bild 248 und Bild 249).

Demnach waren die Fliesen beim Verlegen nicht auf der Rückseite mit Kleber bestrichen worden, wobei zweifelsohne durchgehende Kleberbenetzungs- bzw. Kleberrückstandsflächen entstanden wären. Die Fliesen waren insofern unsachgemäß lediglich im Floating-Verfahren und nicht fachgerecht im Floating-Buttering-Verfahren verlegt worden (vgl. zum erforderlichen Verfahren Kapitel 3.2.6). Durch das Verlegen im Floating-Verfahren wurde in der Kleberschicht ein ausgedehntes Kavernensystem erzeugt, durch das der Fliesenbelag weiträumig von Wasser unterwandert und sukzessive abgelöst wurde. Die Ablösungen begannen an den schwächsten Fliesenbelagsfugen. Sie stellten sich vorrangig an den Feldbegrenzungsfugen ein. Wenngleich sich das Fliesenablösen auch mit der unsachgemäßen Fliesenverlegung erklärte, lag darin noch keine Erklärung für das dachartige Aufrichten der Fliesen.

Neben dem Hubbodenbetrieb wurde zunächst auch eine unsachgemäße Beckenentleerung mit zu schneller Pegelabsenkung als Ursache für den Schaden vermutet. Nach einer einfachen rechnerischen Abschätzung (Bild 250) betrug die Absenkgeschwindigkeit v_{PA} (vgl. Kapitel 3.4) etwa 8 cm/h und konnte sowohl für das Fliesenablösen als auch das dachartige Aufrichten der Fliesenreihen als Ursache ausgeschlossen werden.

Bei dem Hubboden handelte es sich um eine Konstruktion aus metallenem Trägerrost und Kunststoffplattenbelag auf metallenen Stützen. Eine horizontale Halterung und Führung an den Beckenwänden war durch Kunststoffrollen gegeben (Bild 251).

Der Beckengrundriss A betrug bei den gegebenen Seitenlängen von $a \approx 8$ m und $b \approx 15$ m:

$$A = a \cdot b$$

$$A \approx 8\,m \cdot 15\,m \approx 120\,m^2$$

Das Gesamtwasservolumen des Schwimmbeckens V betrug auf dieser Basis und bei einer Beckentiefe von $u \approx 2{,}5$ m:

$$V = A \cdot u$$

$$V \approx 120\,m^2 \cdot 2{,}5\,m \approx 300\,m^3$$

Die Beckenentleerung wurde im Schwimmbadbetrieb so gesteuert, dass sie einen Zeitraum von $t \approx 30$ h in Anspruch nahm. Daraus resultierte eine höhenbezogene Entleerungsgeschwindigkeit bzw. Pegelabsenkgeschwindigkeit v_{PA} von:

$$v_{PA} = V \cdot [1/(t \cdot A)] \cdot 100\,cm/m$$

$$v_{PA} \approx 300\,m^3 \cdot [1/(30\,h \cdot 120\,m^2)] \cdot 100\,cm/m$$

$$v_{PA} \approx 8{,}3\,cm/h$$

Bild 250 ▪ Rechnerische Abschätzung der Pegelabsenkgeschwindigkeit

Eine Einstellung der Hubbodenhöhe erfolgte über eine elektronisch gesteuerte ölhydraulische Anlage. Die Anlage ließ ein Anhalten nur in voreingestellten Höhen und keine Variierung der Hubgeschwindigkeit zu. Unterlagen der Hubbodenherstellerfirma wiesen keine Hubgeschwindigkeit aus und enthielten auch keine Anforderung an eine gegebenenfalls erforderliche überdurchschnittliche Fliesenbelagshaftfestigkeit wegen etwaiger Hubbodensogwirkung. Unabhängig davon wäre eine nähere Beurteilung, inwieweit in dem beschriebenen Schadensfall tatsächlich eine schadensauslösende Wirkung vom Hubboden ausgegangen war, allenfalls durch umfangreiche hydraulische Berechnung und/oder Laboruntersuchung auf der Basis einer aufwendigen Versuchsapparatur möglich gewesen. Der Aufwand für weitergehende Untersuchungen dazu war jedoch unter den gegebenen Praxisbedingungen nicht angemessen. Im laufenden Badebetrieb wurde die tatsächliche Hubbodenbewegung bei der Höhenverstellung visuell kaum wahrgenommen. Dabei zeichneten sich auch kein Strudel und keine Verwirbelung im Beckenwasser ab, es entstand auch kein Wasserschwall an der Überlaufrinne. Das bei der Hubbodenbewegung ruhig bleibende Wasser kennzeichnete eine sehr geringe Hubgeschwindigkeit und belegte eine effektive laminare Um- bzw. Durchströmung des Hubbodenbelags ohne sogstarke Wasserverwirbelung aufgrund eines in der Belagsfläche gegebenen Lochrasters und einer am Hubbodenrand angeordneten Langlochreihe (Bild 252).

Bild 251 ▪ Hubbodenunterseite: Konstruktion aus Metallträgerrost, Kunststoffplattenbelag und Rollenführung

Bild 252 ▪ Hubbodenoberseite: Ein Lochraster im Belag und eine Langlochreihe im Randprofil bewirken eine effektive Durchströmbarkeit.

Die Unterlagen der Hubbodenherstellerfirma hoben insbesondere unter Verweis auf das langlochperforierte Randprofil (dort bezeichnet als Schlitzschiene mit Ausgleichsöffnungen) einen wirkungsvollen hydraulischen Ausgleich zwischen der Hubbodenober- und der Hubbodenunterseite hervor. Eine schädigende Sogbeanspruchung aus dem Hubbodenbetrieb wurde insofern aufgrund der als gering eingestuften Hubgeschwindigkeit und einer gegebenen laminaren Um- bzw. Durchströmbarkeit des Hubbodenbelags als Ursache für das Ablösen und dachartige Aufrichten der Fliesen ausgeschlossen.

Auch eine ausgeprägte Estrichschwindverformung wurde als Schadensursache für das dachartige Aufrichten der Fliesen ausgeschlossen, da die Bautagebuchaufzeichnungen eine zeitliche Spanne zwischen der Estrichherstellung und der Probebefüllung von etwa sieben Wochen auswiesen. Im Zusammenhang mit dem Fliesenbelagsbeginn war jedoch keine fachgerechte Prüfung und Beurteilung der Estrichbelegreife dokumentiert worden. Auch wenn der Hauptanteil des Estrichschwindens nach entsprechend langer Wartefrist bereits abgeklungen war, musste davon ausgegangen werden, dass aufgrund ungewollter baupraktischer Einflüsse, wie beispielsweise der Probebefüllung und einer anschließend verzögerten Austrocknung (z. B. durch die Grundierung), noch nach der Fliesenverlegung ein Restschwinden erfolgt ist. Dieses konnte in Verbindung mit der unsachgemäßen Floating-Verlegung auch zum Fliesenablösen beitragen und hat letztlich das dachartige Aufrichten der Fliesenreihen bewirkt. Da sich das Verbundbauteil Estrich-Fliesenbelag aufgrund seiner starren Lagerung auf dem Rohbaubeckenboden und der Wasserauflast nicht – wie bei einem elastisch gelagerten Bodenaufbau außerhalb eines Schwimmbeckens – bimaterialartig verkrümmen konnte, trat eine im Wesentlichen in gerader Linie erfolgte Verkürzung ein, bei der der Fliesenbelag ziehharmonikaartig aufgefaltet worden ist.

Durch umfassende Betrachtungen konnten einige möglicherweise relevante Schadensmechanismen ausgeschlossen werden, wie z. B. eine unzureichende Rohbautragfähigkeit, last-, schwind- und kriechbedingte Beckenverformungen, eine mangelnde Verarbeitung der Fliesenverlegeprodukte, eine zu frühe Beckenbefüllung, ein zu niedriger Wasser-pH-Wert, eine zu schnelle Beckenentleerung und/oder eine Beckenaustrocknung. Ausschlaggebend für das Ablösen und dachartige Aufrichten der Fliesen war auch nicht der Hubbodenbetrieb, sondern eine unsachgemäße Fliesenverlegung in Verbindung mit restlichem Estrichschwinden.

Sanierung

Obwohl die Weiße Wanne ohnehin nicht durch eine hautförmige Beschichtung gegen eine Chloridbelastung geschützt war – Estrich und Fliesenbelag übernahmen keinen diesbezüglichen Schutz –, erfolgte vor der Beckenbodensanierung vorsorglich eine Überprüfung, inwieweit sich im ersten Nutzungszeitraum gegebenenfalls ein übermäßiger Chloridgehalt im Beton eingestellt hat. Vor dem Fliesenverlegen wäre dann noch Gelegenheit für gegebenenfalls nötige Betoninstandsetzungsarbeiten gewesen. Die Betonbauteile waren unter Zugrundelegung einer Druckfestigkeitsklasse C 35/45 und einer Expositionsklasse XD2 mit einer fachgerechten Betondeckung von c_{nom} = 5,5 cm geplant worden. Die Ergebnisse von im Labor untersuchten Materialproben wiesen für oberflächennahen Beton bis zu einer Tiefe von t ≈ 2 cm einen Chloridgehalt von max. 0,18 Masse-% aus. Für Beton in größerer Querschnittstiefe wurde ein deutlich geringerer Chloridgehalt gemessen. Der gemessene Maximalwert bedingte unter der Voraussetzung, dass damit der Gesamtgehalt aus freiem und gebundenem Chlor dokumentiert worden ist, keine Betoninstandsetzungsmaßnahme.

Für eine fachgerechte Sanierung musste der gesamte Fliesenbelag des Beckenbodens restlos entfernt und die Oberfläche des Ausgleichsestrichs gründlich von Fliesenkleberrückständen befreit werden. Bevor ein neuer Fliesenbelag erstellt werden konnte, musste die Estrichoberfläche durch Ausbesserung etwaiger rückbaubedingter Schadstellen und durch sachgemäße Grundierung gewissenhaft hergerichtet werden. Die neuen Fliesen waren unter strikter Einhaltung der Verarbeitungsvorgaben zu den angewendeten Mörtelprodukten fachgerecht im Floating-Buttering-Verfahren hohlraumarm bzw. weitgehend hohlraumfrei zu verlegen.

Stellungnahme

Wie in dem beschriebenen Schadensfall muss bei Fliesenbelagsschäden in einem Hubbodenbecken stets die tatsächliche Schadensursache durch eine konsequent umfassende Betrachtung aller möglicherweise relevanten Schadensmechanismen ermittelt werden. Dabei ist nicht ausgeschlossen, dass im Einzelfall auch ein gegebenenfalls unsachgemäß hergestellter bzw. betriebener Hubboden eine schadensauslösende Wirkung entfaltet. Neben einer fachgerechten Hubbodenerrichtung ist für ein langfristig zuverlässig schadenfreies Hubbodenbecken auch eine fachgerechte Fliesenbelagsausführung notwendig (vgl. zur Belagsausführung Kapitel 3.2.6). Insbesondere muss eine sehr sorgsame Prüfung und Bestätigung der Belegreife des Verlegeuntergrundes erfolgen (bei Estrich im Allgemeinen durch eine fachgerechte CM-Feuchtemessung). Die notwendigen Wartefristen für ein weitgehendes Abklingen der Schwindprozesse hydraulisch gebundener Untergründe müssen strikt eingehalten und Schwindprozessverzögerungen infolge eines zwischenzeitlichen Wassereintrags vermieden werden. Die obligatorische Dichtigkeitsprüfung durch Probebefüllung darf nicht zu früh und sollte noch vor der Errichtung der Ausgleichsschichten erfolgen. Die nötigen Wartefristen sind bei der Bauzeitenplanung einschließlich angemessener Pufferzeiträume einzukalkulieren. Keinesfalls sollten in größerer fugenloser Fläche Estriche mit einem Abbindebeschleuniger (sogenannte Schnellestriche) eingesetzt werden, da diese durch rasche Trockenheit und frühe Begehbarkeit selbst bei fachgerecht durchgeführter CM-Messung eine Belegreife nur suggerieren und dabei das Risiko eines Nachschwindens und der entsprechend schädigenden Auswirkungen bergen. Bei der Fliesenauskleidung nicht hautförmig abgedichteter WU-Beton-Schwimmbecken sind elastifizierte Mörtelprodukte grundsätzlich zu bevorzugen.

Eine fachgerechte Fliesenverlegung muss bereits detailliert als planerische Vorgabe im Leistungsverzeichnis beschrieben werden. Eine unsachgemäße handwerkliche Ausführung, wie in dem beschriebenen Schadensfall, muss bei einer bereits zum Fliesenbelagsbeginn zumindest stichpunktartigen Ausführungskontrolle gerügt und rechtzeitig korrigiert werden, bevor im fertigen Zustand bzw. laufenden Badebetrieb ein Schaden eintritt und einen hohen Sanierungsaufwand erfordert.

5.12 Abdichtungslücken wegen eng aneinandergedrängter Gebäude- und Schwimmbeckenkonstruktion – Durchfeuchtungsschäden

Ein Schwimmbecken wird üblicherweise von einem Raum bzw. einer Halle freitragend überspannt. Zwischen der Becken- und der Gebäudetragkonstruktion wird normalerweise ein ausreichend breiter Beckenumgang angeordnet. Einem allgemeinen Planungsgrundsatz folgend sollen tragende Bauteile der Gebäudekonstruktion nicht in, auf oder unmittelbar an einem Schwimmbecken angeordnet werden. Die dabei für die Abdichtung notwendig werdenden anspruchsvollen Detailkonstruktionen weisen in der Praxis eine hohe Fehler- und Schadensrate auf. Es entspricht auch einem allgemeinen Planungsgrundsatz, dass Schwimmbeckenaußenseiten ausreichend revisionierbar sein sollen [219]. Anhand des vorliegend beschriebenen Schadensfalls wird eine Notwendigkeit der Beachtung dieser Grundsätze besonders anschaulich. Stützen der Gebäudekonstruktion grenzten unmittelbar an den Beckenrohbau an. Der dadurch vorgegebene umständliche Verlauf der Umgangsfugen erforderte anspruchsvolle Abdichtungsdetailkonstruktionen, an denen Lücken zu Durchfeuchtungen führten. Aufgrund einer kaschierenden wasserdichten Bekleidung der Beckenaußenseite stand der sichtbare Wasseranfall nicht in örtlichem Zusammenhang mit der tatsächlichen Durchfeuchtung, die deshalb nicht ohne Weiteres erkennbar war.

Sachverhalt

Ein rechteckiges Schwimmbecken im Untergeschoss eines Hotelneubaus war als WU-Betonkonstruktion bzw. Weiße Wanne ohne separate hautförmige Abdichtung errichtet worden. Das Becken stand gemeinsam mit Stützen der Gebäudetragkonstruktion auf einer durchgehenden Stahlbetonsohle der Gebäudegründung. Der Beckengrundriss besaß über die Stützenzwischenräume hinausgehende Erweiterungen. Der Beckenkopf war dadurch mehrfach verschwenkt. Der Beckenumgang lagerte in den Beckenrandabschnitten zwischen den Stützen auf monolithisch am Beckenkopf angeformten Konsolen und umspannte die Stützen freitragend. An der vom Becken weg weisenden Seite war er durchgehend linienförmig auf der Gebäudekonstruktion gelagert. Die Beckenumgangsfuge war an den Stützen so verzweigt bzw. »aufgespreizt«, dass sie die Stützengrundrisse umschloss. Sie verlief auf der einen Stützenseite zwischen dem Beckenkopf und den zum Becken weisenden Stützenflächen sowie auf der anderen Seite zwischen den vom Becken weg weisenden Stützenflächen und dem Beckenumgang (siehe Bild 253).

Unter dem Beckenumgang verlief ein Kriechgang mit einem Querschnitt von b/h ≈ 1,5/1,3 m. Die Ecken des Kriechgangs waren etwas breiter. Der Kriechgangquerschnitt war vom Beckenkopf bzw. von der Auflagerkonsole sowie von schwimmbadtechnischen Leitungen eingeschränkt.

Die Beckenaußenseite und die Unterseite des Umgangs waren mit einer etwa 10 cm dicken Schaumglasplattenlage bekleidet. Die Platten waren mit einem schwärzlichen Kleber angesetzt, der mit einer Zahntraufel aufgetragen worden war und deswegen eine ausgeprägte Furchentextur besaß. Die Stützen waren von der Bekleidung mit umschlossen. Sie standen mit einem Abstand vor den Beckenwandaußenseiten, der von der Auskragung des Beckenkopfs bestimmt wurde (siehe Bild 259). Die Rohbaulücken zwischen den Stützen und der Beckenwandung waren von der Schaumglasbekleidung überbrückt. Dadurch waren an den betreffenden Stellen verdeckte Hohlräume erzeugt worden. Die Schaumglasoberfläche war mit einem gewebearmierten Putz beschichtet. Zwischen der Gebäudesohle und dem Beckenboden war ebenfalls eine etwa 10 cm dicke Schaumglasschicht angeordnet. In der frühen Nutzungsphase des Schwimmbads fiel im Kriechgang Wasser an, sammelte sich dort auf dem Boden und durchfeuchtete den unteren Putzrand (Bild 254).

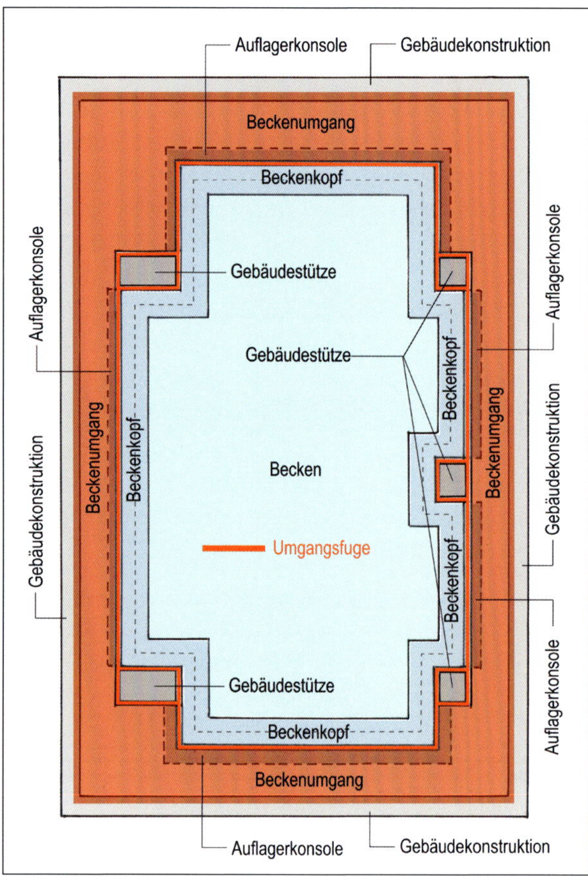

Bild 253 ▪ Grundriss mit Kennzeichnung des an den Stützen »aufgespreizten« Umgangsfugenverlaufs

Darüber hinaus trat in einem angrenzenden Nachbarraum auch Wasser aus einer Wandöffnung in Höhe des Umgangsfußbodens aus.

Eine zunächst von den Baubeteiligten am Schwimmbecken veranlasste Undichtigkeitsermittlung mit einem elektrischen Messsystem ohne schädigenden Eingriff in die Bausubstanz führte – wie in derart gelagerten Fällen in der Praxis häufig – nicht zum Ziel. Im Zuge erster von den Baubeteiligten angestellter Ursachenergründungen waren bereits Teilflächen der Schaumglasbekleidung entfernt und versucht worden, die dabei vorgefundenen Rohbaufugen durch Injektion abzudichten (Bild 255).

Bild 254 ▪ Wasseranfall auf dem Kriechgangboden und feuchter Putzsockel

Bild 255 ▪ Verpresste Vertikalfugen zwischen einer Stütze und den angrenzenden Beckenkopfkonsolen (beidseits in Bildmitte)

Schadensursache

Über den engen Kriechgang waren die Beckenaußenseiten und die Unterseite des Umgangs nur schwer zugänglich. Die Becken- und Umgangskonstruktion und damit auch die tatsächliche Durchfeuchtungsstelle waren zunächst von der wasserdichten Schaumglasbekleidung verdeckt. Die Bekleidung verhinderte, dass sich die tatsächliche Durchfeuchtungsstelle unmittelbar in der Putzoberfläche zeigte.

Aus dem Erdreich trat kein Wasser in den Kriechgang. Feuchte Stellen in den Außenecken des Kriechgangs kennzeichneten einen Tauwasseranfall aufgrund der durch das angefallene Wasser erhöhten Luftfeuchte (Bild 256).

Bild 256 ▪ Oberflächentauwasser in einer an das Erdreich grenzenden Außenecke des Kriechgangs

Von den an der Unterseite des Umgangs durch die Bekleidung geführten Entwässerungsabläufen der Überlaufrinne trat kein Wasser in den Kriechgang. Bei einer Bewässerung des Beckenumgangs, einschließlich der im Umgang gelegenen Entwässerungsabläufe, verstärkte sich der Wasseranfall im Kriechgang nicht. Die im Beckenumgang angeordnete Fußbodenheizung verlor kein Wasser. Die Beckeneinbauteile, wie beispielsweise die Einströmdüsen im Beckenboden, waren dicht eingebunden.

Eine in der Praxis bei komplexen Bauteilgeometrien zum Teil hilfreiche Thermografie lieferte im hier aufgezeigten Schadensfall auch kein handfestes Anzeichen für einen Beckenwasseraustritt. Insbesondere im Kriechgang war die Oberflächentemperatur der gesamten Beckenaußen- und Umgangsunterseite aufgrund der Schaumglasdämmung weitgehend ausgeglichen (Bild 257).

Einen förderlichen Hinweis auf die tatsächliche Durchfeuchtungsursache lieferten die Konstruktionszeichnungen zur Situation des Beckenkopfs, des Beckenumgangs und des Kriechgangs, insbesondere eine Querschnittsdarstellung der Abschnitte zwischen den Stützen in Verbindung mit einer Querschnittsdarstellung der Stützenbereiche (Bild 258 und Bild 259).

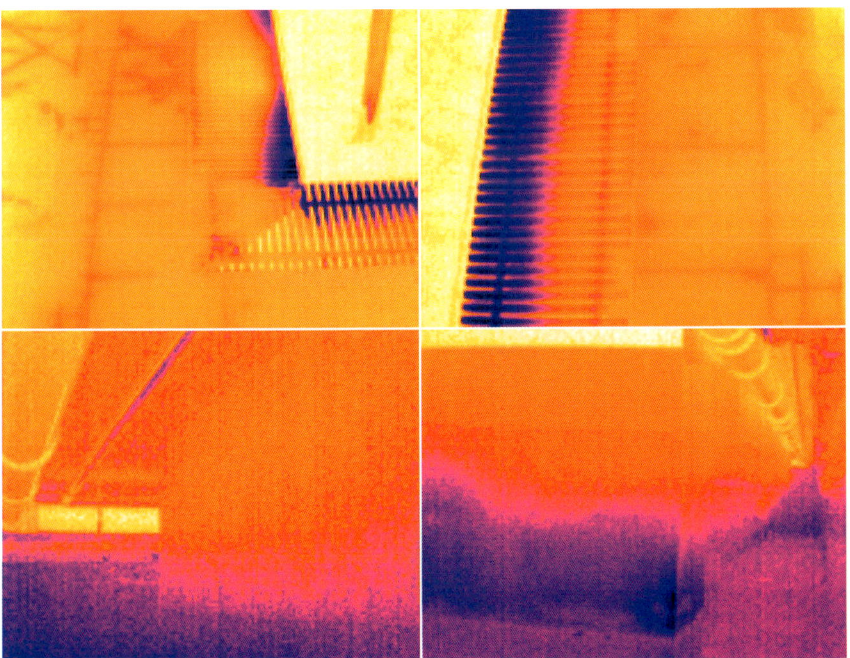

Bild 257 ▪ Thermogramme von der Oberseite des Beckenumgangs und des Beckenkopfs (oben) sowie von der Unterseite des Beckenumgangs und der Außenseite der Beckenwandung (unten)

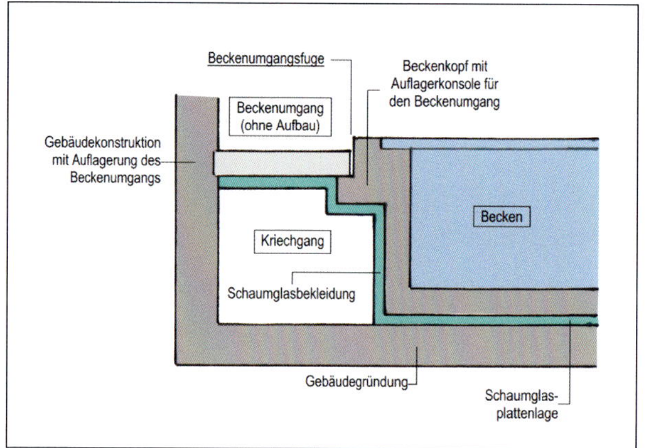

Bild 258 ▪ Schematische Querschnittsdarstellung der Abschnitte zwischen den Stützen (vgl. Bild 253)

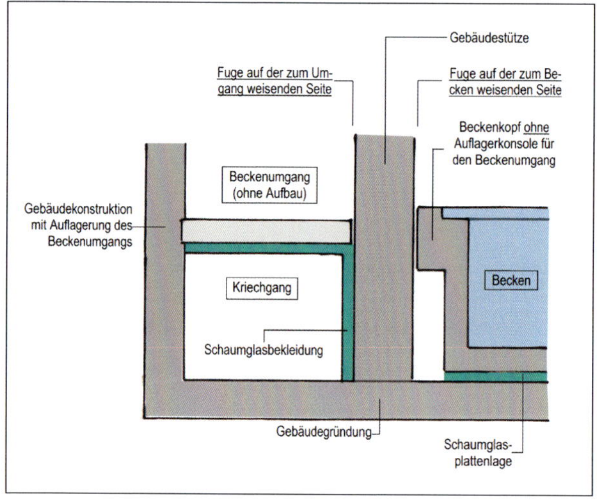

Bild 259 ▪ Schematische Querschnittsdarstellung der Stützenbereiche (vgl. Bild 253)

Ein gedanklich dreidimensionales Zusammenführen dieser zweidimensionalen Detaildarstellungen am Übergang zwischen den beiden Abschnitten veranschaulichte die dort komplexe Bauteilsituation mit ihrem umständlichen Umgangsfugenverlauf und der deshalb nötigen anspruchsvollen Abdichtungsdetails. Eine üblicherweise entlang der Umgangsfuge in der Abdichtung auszuformende Schlaufe (vgl. Kapitel 3.2.4) lässt sich an einfachen Fugenecken in der horizontalen Ebene handwerklich noch weitgehend zuverlässig herstellen. In dem hier berichteten Schadensfall waren aufgrund der an den Stützen »gespreizten« Fugenführung jedoch T-förmige Fugenabzweigungen auszubilden. Darüber hinaus liegen normalerweise die Abdichtungsflächen beidseits einer Umgangsfuge in ein und derselben Ebene. In dem geschilderten Fall war unmittelbar an der T-förmigen Abzweigung jeweils auch ein

Übergang herzustellen zwischen einem Fugenabschnitt mit beidseits horizontalen Abdichtungsflächen sowie einem Fugenabschnitt mit horizontaler Abdichtungsfläche auf dem Beckenkopf und vertikaler Abdichtungsfläche am Stützensockel. Eine zuverlässige Absicherung derartiger Konstellationen lässt sich allein mit einfachem Verstärkungsmaterial, wie beispielsweise Dichtband, nicht erzielen. Auch eine Verwendung der in diesem Zusammenhang prinzipiell notwendigen Eckformteile (vgl. Kapitel 3.2.3) ist aufgrund deren begrenzter Verformbarkeit und daraus häufig resultierender Verwerfungen nicht problemlos.

Ein Öffnen des Beckenkopfs bzw. Beckenumgangs von der Oberseite aus brachte eine lückenhafte Abdichtungdetailkonstruktion in der neuralgischen, von Schwapp-, Spritz-, Schlepp- und Reinigungswasser hoch beanspruchten Umgangsfuge zutage, über die eine Durchfeuchtung in den Kriechgang stattgefunden und zum dortigen Wasseranfall beigetragen hat. Es war kein Verstärkungsformteil angeordnet. Die zur Schlaufenerstellung verwendeten Dichtbandabschnitte lagen an den Dichtbandübergreifungen lose aufeinander (Bild 260).

Nach dem Entfernen der Schaumglasbekleidung unmittelbar unterhalb dieser Abdichtungslücke zeigte sich an der Rohbaufuge zwischen Stütze und Beckenkopf bzw. Auflagerkonsole aussickerndes und abtropfendes Wasser (Bild 261). Auf der Grundlage dieses Ergebnisses sowie vor dem Hintergrund der gedanklich vorgenommenen dreidimensionalen Zusammenführung der zweidimensionalen Konstruktionszeichnungen (vgl. Bild 258 und Bild 259) wurde der Durchfeuchtungsweg durch die ursprünglich von der Bekleidung kaschierte Bauteilkonstruktion klar (Bild 262).

Neben der lückenhaften Umgangsfugenabdichtung deckte die angelegte Beckenkopföffnung auch eine Durchlässigkeit der kapillarbrechenden Verfugung auf (zur Kapillarsperre siehe Kapitel 3.2.4), über die ebenfalls Wasser in den Kriechgang gelangte (vgl. Bild 262).

Das Kleberbett der Schaumglasplatten ließ aufgrund seiner Furchentextur eine vertikale Wasserableitung im Schaumglasuntergrund zu. Das zum Kriechgang durchgetretene Wasser konnte, sofern es nicht an der Rohbaulücke zwischen Stütze und Beckenwand frei ablief (vgl. Bild 259 und Bild 262), in den bekleideten Flächen verdeckt ohne ein oberflächliches Durchfeuchtungsanzeichen herabsickern. Das so auf die Gebäudesohle gelangte Wasser sammelte sich in Pfützen an, die in Verbindung mit den daraus auch entstandenen Putzdurchfeuchtungen als Wasseranfall wahrgenommen worden sind (vgl. Bild 254). Die sichtbar gewordenen Auswirkungen lagen daher örtlich nicht mit der tatsächlichen Durchfeuchtung zusammen.

Bild 260 ▪ Im Umgangsfugenverlauf liegendes Dichtband an der Stützenecke (oben); lose Dichtbandübergreifung (unten); freies Dichtbandende (rechts)

Bild 261 ▪ Nässe an der Fuge zwischen Stütze und Beckenkopf/Konsole

Das an der Umgangsfuge und der Kapillarsperre durchtretende Wasser erzeugte neben den sichtbaren Auswirkungen im Kriechgang auch eine Feuchteausbreitung im Umgangsbodenaufbau. Damit klärte sich auch der Wasseraustritt aus der Wandöffnung im Nachbarraum auf.

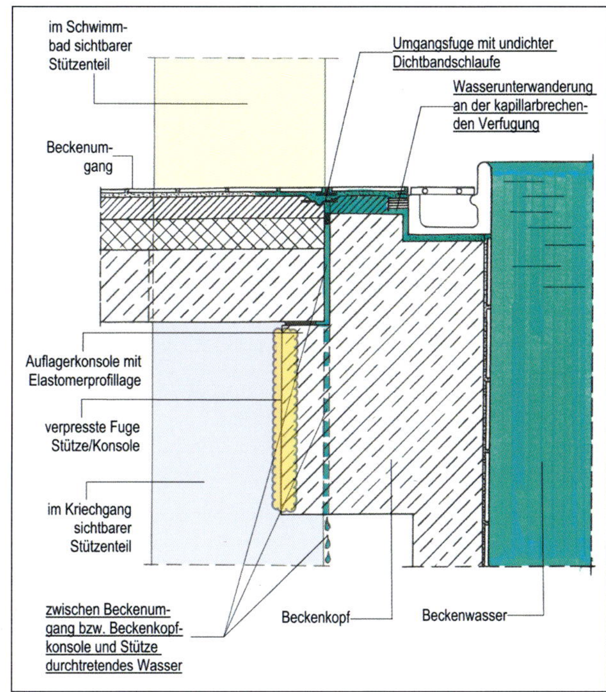

Bild 262 ▪ Durchfeuchtungsweg von der Umgangsfuge und der Kapillarsperre in den Kriechgang (Schaumglasbekleidung nicht dargestellt)

Der ursprünglich angestellte Injektionsabdichtungsversuch (vgl. Bild 255) führte deshalb nicht zum Erfolg, weil damit nicht die tatsächliche Durchfeuchtungsursache beseitigt wurde. Es erfolgte lediglich ein Verpressen der Rohbaufugen zwischen den Stützen und den Konsolenden, die jedoch nicht Bestandteil der Feuchteschutzebene des Beckens und des Umgangs waren. Vom Becken aus durchgetretenes Wasser lief seitlich an den Injektionsstellen vorbei (vgl. Bild 255 und Bild 261).

Sanierung

Zur nachhaltigen Beseitigung der Durchfeuchtungsursachen musste der Fliesenbelag entlang der Umgangsfuge geöffnet und eine fehlstellenfreie fachgerechte Abdichtungsschlaufe ausgebildet werden. Für die Anordnung einer dichten Kapillarsperre musste auch die Beckenkopfoberseite geöffnet werden. Die Bauteilaufbauten mussten im Anschluss wieder hergerichtet sowie im Kriechgang und im Umgangsaufbau die durchfeuchtungsbedingten Auswirkungen beseitigt werden.

Bild 263 ▪ Anstemmen des Estrichs am Beckenboden (links); unter dem Estrich sprudelt Wasser hervor (Mitte und rechts)

Da in dem geschilderten Schadensfall auch die Beckenauskleidung weitläufig von Wasser unterwandert worden war (andere Ursache), hatte sich unter einem auf dem Rohbaubeckenboden befindlichen Estrich eine Wasseransammlung eingestellt und den Fliesenbelag des Beckenbodens geschädigt. Das beim entleerten Becken unter dem Estrich unter Druck stehende Wasser sprudelte beim Anlegen einer Sondierungsöffnung empor (Bild 263).

Insofern musste zusätzlich zur Sanierung der Umgangsfugenabdichtung und der Kapillarsperre sowie zur Beseitigung der durchfeuchtungsbedingten Auswirkungen auch die Beckenauskleidung instandgesetzt werden. Die insgesamt notwendigen Sanierungs- und Instandsetzungsarbeiten umfassten letztlich fast das gesamte Schwimmbad.

Stellungnahme

Tragende Gebäudeteile sollten nicht unmittelbar an einem Beckenrand angeordnet werden. Dadurch werden ein umständlicher Umgangsfugenverlauf und anspruchsvolle Abdichtungsdetailkonstruktionen notwendig. Darin liegen erhebliche baupraktische Fehler- und Schadensrisiken. Anderenfalls muss die Realisierbarkeit derartiger Detailkonstruktionen frühzeitig bereits bei der Entwurfsplanung berücksichtigt werden. Eine besonders sorgfältige Detailplanung sollte dann unbedingt auch unter dreidimensionaler Betrachtung der vorgesehenen Bauteilanordnungen erfolgen. Insbesondere für derart komplexe Bauteilsituationen kann und sollte auch konsequent das Building Information Modeling (BIM) eingesetzt werden. Althergebrachte zweidimensionale zeichnerische Planungen decken Schwachstellen, wie in diesem berichteten Schadensfall, in der Praxis häufig nicht auf, während sie in dreidimensionalen Darstellungen leichter zu erfassen sind. Insbesondere bei einer Verschwenkung von bereits von sich aus komplexen Beckenkopfkonstruktionen entstehen unübersichtliche Bauteilsituationen, die durch zweidimensionale Darstellung oft nicht klar beschrieben werden. Darüber hinaus darf eine handwerkliche Ausführung auch bei bestehendem Erfahrungsschatz im Schwimmbadbau nicht ohne Vorliegen detaillierter planerischer Vorgaben begonnen werden. Zudem muss gerade bei anspruchsvollen Abdichtungsdetailkonstruktionen auch eine besonders sorgsame Kontrolle der Ausführungsqualität erfolgen.

Um Durchfeuchtungsschäden rechtzeitig und unkompliziert erfassen und darauf aufbauende sachgerechte Maßnahmen veranlassen zu können, müssen Beckenaußen- und Umgangsunterseiten unbedingt problemlos revisionierbar sein. Die dezidierte Ortung einer Beckenundichtigkeit ist bereits bei uneingeschränkter Revisionierbarkeit in der Praxis gewöhnlich problematisch [219]. Eine schon von sich aus einschränkende Bekleidung verhindert in wasserdichter Ausführung, wie bei den Schaumglasplatten im beschriebenen Schadensfall, dass die Lage einer Undichtigkeit unmittelbar erkannt werden kann. Auch ein gegebenenfalls aus einer außenseitigen Schaumglasbekleidung erwarteter Energiesparnutzen steht in keinem angemessenen Verhältnis zu den umfangreichen Aufwendungen, die zur Ursachenermittlung eines durchfeuchtungsbedingten Wasseranfalls nötig sind.

[10] DIN 18008 Glas im Bauwesen – Bemessungs- und Konstruktionsregeln
- Teil 1: Begriffe und allgemeine Grundlagen, Ausgabe 2010-12
- Teil 2: Linienförmig gelagerte Verglasungen, Ausgabe 2010-12, mit Berichtigung 1 (Ausgabe 2011-04)
- Teil 3: Punktförmig gelagerte Verglasungen, Ausgabe 2013-07
- Teil 4: Zusatzanforderungen an absturzsichernde Verglasungen, Ausgabe 2013-07
- Teil 5: Zusatzanforderungen an begehbare Verglasungen, Ausgabe 2013-07
- Teil 6: Zusatzanforderungen an zu Instandhaltungsmaßnahmen betretbare Verglasungen und an durchsturzsichere Verglasungen, Ausgabe 2018-02

[11] DIN 18024 Barrierefreies Bauen (zurückgezogen)
- Teil 1: Straßen, Plätze, Wege, öffentliche Verkehrs- und Grünanlagen sowie Spielplätze; Planungsgrundlagen (Ausgabe: 1998-01)
- Teil 2: Öffentlich zugängige Gebäude und Arbeitsstätten, Planungsgrundlagen (Ausgabe: 1996-11)

[12] DIN 18030:2006-07 (Entwurf) Barrierefreies Bauen – Planungsgrundlagen und -anforderungen (zurückgezogen)

[13] DIN 18040: Barrierefreies Bauen – Planungsgrundlagen
- Teil 1: Öffentlich zugängliche Gebäude (Ausgabe 2010-10)
- Teil 2: Wohnungen (Ausgabe 2011-09)
- Teil 3: Öffentlicher Verkehrs- und Freiraum (Ausgabe 2014-12)

[14] DIN 18032 Sporthallen – Hallen und Räume für Sport und Mehrzwecknutzung
- Teil 1: Grundsätze für die Planung (Ausgabe: 2014-11)
- Teil 3: Prüfung der Ballwurfsicherheit (Ausgabe: 218-11)

Sporthallen – Hallen für Turnen und Spielen und Mehrzwecknutzung
- Teil 2: (Vornorm; DIN SPEC) Sportböden; Anforderungen, Prüfungen (Ausgabe: 2001-04)
- Teil 4: Doppelschalige Trennvorhänge (Ausgabe: 2002-08)
- Teil 5: Ausziehbare Tribünen (Ausgabe: 2002-08)
- Teil 6: Bauliche Maßnahmen für Einbau und Verankerung von Sportgeräten (Ausgabe: 2014-07)

[15] DIN 18055:1981-10 Fenster; Fugendurchlässigkeit, Schlagregendichtheit und mechanische Beanspruchung; Anforderungen und Prüfung (zurückgezogen)

[16] DIN 18055:2014-11 Kriterien für die Anwendung von Fenstern und Außentüren nach DIN EN 14351-1

[17] DIN 18056:1966-06 Fensterwände; Bemessung und Ausführung (zurückgezogen)

[18] DIN 18057:2005-08 Betonfenster – Bemessung, Anforderungen, Prüfungen

[19] DIN 18156 Stoffe für keramische Bekleidungen im Dünnbettverfahren (zurückgezogen)
- Teil 1: Begriffe und Grundlagen
- Teil 2: Hydraulisch erhärtende Dünnbettmörtel
- Teil 3: Epoxidharzklebstoffe
- Teil 4: Epoxidharzklebstoffe

[20] DIN 18157: Ausführung von Bekleidungen und Belägen im Dünnbettverfahren; Ausgabe 2017-04
- Teil 1: Zementhaltige Mörtel
- Teil 2: Dispersionsklebstoffe
- Teil 3: Reaktionsharzklebstoffe

[21] DIN 18158: Bodenklinkerplatten, Ausgabe 2017-04

[22] DIN 18195 Bauwerksabdichtungen
- Teil 1: Grundsätze, Definitionen, Zuordnung der Abdichtungsarten (Ausgabe: 2011-12)
- Teil 2: Stoffe (Ausgabe: 2009-04)
- Teil 3: Anforderungen an den Untergrund und Verarbeitung der Stoffe (Ausgabe: 2011-12)

- Teil 4: Abdichtungen gegen Bodenfeuchte (Kapillarwasser, Haftwasser) und nichtstauendes Sickerwasser an Bodenplatten und Wänden, Bemessung und Ausführung (Ausgabe: 2011-12)
- Teil 5: Abdichtungen gegen nichtdrückendes Wasser auf Deckenflächen und in Nassräumen; Bemessung und Ausführung (Ausgabe: 2011-12)
- Teil 6: Abdichtungen gegen von außen drückendes Wasser und aufstauendes Sickerwasser; Bemessung und Ausführung (Ausgabe: 2011-12)
- Teil 7: Bauwerksabdichtungen; Abdichtungen gegen von innen drückendes Wasser; Bemessung und Ausführung (Ausgabe: 2009-07)
- Teil 8: Abdichtungen über Bewegungsfugen (Ausgabe: 2011-12)
- Teil 9: Durchdringungen, Übergänge, An- und Abschlüsse (Ausgabe: 2010-05)
- Teil 10: Schutzschichten und Schutzmaßnahmen (Ausgabe: 2011-12)
- Beiblatt 1: Beispiele für die Anordnung der Abdichtung bei Abdichtungen (Ausgabe: 2011-03)

[23] DIN 18195: Abdichtung von Bauwerken – Begriffe, mit Beiblatt 2: Hinweise zur Kontrolle und Prüfung der Schichtdicken von flüssig verarbeiteten Abdichtungsstoffen, Ausgabe 2017-07

[24] DIN 18195-7:2008-06 (Entwurf) Bauwerksabdichtungen – Abdichtungen gegen von innen drückendes Wasser – Teil 7: Bemessung und Ausführung

[25] DIN 18202:2013-04 Toleranzen im Hochbau – Bauwerke

[26] DIN 18332:2016-09 VOB Vergabe- und Vertragsordnung für Bauleistungen – Teil C: Allgemeine Technische Vertragsbedingungen für Bauleistungen (ATV); Naturwerksteinarbeiten

[27] DIN 18335: 2016-09 VOB Vergabe- und Vertragsordnung für Bauleistungen – Teil C: Allgemeine Technische Vertragsbedingungen für Bauleistungen (ATV); Stahlbauarbeiten

[28] DIN 18352:2016-09 VOB Vergabe- und Vertragsordnung für Bauleistungen – Teil C: Allgemeine Technische Vertragsbedingungen für Bauleistungen (ATV) – Fliesen- und Plattenarbeiten

[29] DIN 18353:2016-09 VOB Vergabe- und Vertragsordnung für Bauleistungen – Teil C: Allgemeine Technische Vertragsbedingungen für Bauleistungen (ATV) – Estricharbeiten

[30] DIN V 18500:2006-12 (Vornorm) Betonwerkstein – Begriffe, Anforderungen, Prüfung, Überwachung

[31] DIN 18531: Abdichtung von Dächern sowie von Balkonen, Loggien und Laubengängen, Ausgabe 2017-07
- Teil 1: Nicht genutzte und genutzte Dächer – Anforderungen, Planungs- und Ausführungsgrundsätze
- Teil 2: Nicht genutzte und genutzte Dächer – Stoffe
- Teil 3: Nicht genutzte und genutzte Dächer – Auswahl, Ausführung und Details
- Teil 4: Nicht genutzte und genutzte Dächer – Instandhaltung
- Teil 5: Balkone, Loggien und Laubengänge

[32] DIN 18533: Abdichtung von erdberührten Bauteilen, Ausgabe 2017-07
- Teil 1: Anforderungen, Planungs- und Ausführungsgrundsätze (mit Änderung A1, Ausgabe 2018-09)
- Teil 2: Abdichtung mit bahnenförmigen Abdichtungsstoffen
- Teil 3: Abdichtung mit flüssig zu verarbeitenden Abdichtungsstoffen(mit Änderung A1, Ausgabe 2018-09)

[33] DIN 18534: Abdichtung von Innenräumen, Ausgabe 2017-07
- Teil 1: Anforderungen, Planungs- und Ausführungsgrundsätze
- Teil 2: Abdichtung mit bahnenförmigen Abdichtungsstoffen

- Teil 3: Abdichtung mit flüssig zu verarbeitenden Abdichtungsstoffen im Verbund mit Fliesen und Platten (AIV-F)
- Teil 4: Abdichtung mit Gussasphalt oder Asphaltmastix
- Teil 5: Abdichtung mit bahnenförmigen Abdichtungsstoffen im Verbund mit Fliesen und Platten (AIV-B) (mit Änderung A1, Ausgabe 2018-09)
- Teil 6: Abdichtung mit plattenförmigen Abdichtungsstoffen im Verbund mit Fliesen und Platten (AIV-P)

[34] DIN 18535: Abdichtung von Behältern und Becken, Ausgabe 2017-07
- Teil 1: Anforderungen, Planungs- und Ausführungsgrundsätze
- Teil 2: Abdichtung mit bahnenförmigen Abdichtungsstoffen
- Teil 3: Abdichtung mit flüssig zu verarbeitenden Abdichtungsstoffen

[35] DIN 18540:2014-09 Abdichten von Außenwandfugen im Hochbau mit Fugendichtstoffen

[36] DIN 18550:1985-01 Putz
- Teil 1: Begriffe und Anforderungen
- Teil 2: Putze aus Mörteln mit mineralischen Bindemitteln – Ausführung (zurückgezogen)

[37] DIN V 18550:2005-04 (Vornorm) Putz und Putzsysteme – Ausführung (zurückgezogen)

[38] DIN 18550 Planung, Zubereitung und Ausführung von Außen- und Innenputzen
- Teil 1: Ergänzende Festlegungen zu DIN EN 13914-1:2016-09 für Außenputze (Ausgabe 2018-01)
- Teil 2: Ergänzende Festlegungen zu DIN EN 13914-2:2016-09 für Innenputze (Ausgabe 2018-01)

[39] DIN 18560 Estriche im Bauwesen
- Teil 1: Allgemeine Anforderungen, Prüfung und Ausführung (Ausgabe 2015-11)
- Teil 2: Estriche und Heizestriche auf Dämmschichten (schwimmende Estriche) (Ausgabe 2009-09)
- Teil 3: Verbundestriche (Ausgabe: 2006-03)
- Teil 4: Estriche auf Trennschicht (Ausgabe: 2012-06)

[40] DIN V 18599: (DIN SPEC) Energetische Bewertung von Gebäuden – Berechnung des Nutz-, End- und Primärenergiebedarfs für Heizung, Kühlung, Lüftung, Trinkwarmwasser und Beleuchtung
- Teil 1: Allgemeine Bilanzierungsverfahren, Begriffe, Zonierung und Bewertung der Energieträger (Ausgabe 2018-09)
- Teil 2: Nutzenergiebedarf für Heizen und Kühlen von Gebäudezonen (Ausgabe 2018-09)
- Teil 3: Nutzenergiebedarf für die energetische Luftaufbereitung (Ausgabe 2018-09)
- Teil 4: Nutz- und Endenergiebedarf für Beleuchtung (Ausgabe 2018-09)
- Teil 5: Endenergiebedarf von Heizsystemen (Ausgabe 2018-09)
- Teil 6: Endenergiebedarf von Wohnungslüftungsanlagen und Luftheizungsanlagen für den Wohnungsbau (Ausgabe 2018-09)
- Teil 7: Endenergiebedarf von Raumlufttechnik- und Klimakältesystemen für den Nichtwohnungsbau (Ausgabe 2018-09)
- Teil 8: Nutz- und Endenergiebedarf von Warmwasserbereitungssystemen (Ausgabe 2018-09)
- Teil 9: End- und Primärenergiebedarf von Kraft-Wärme-Kopplungsanlagen (Ausgabe 2018-09)
- Teil 10: Nutzungsrandbedingungen, Klimadaten (Ausgabe 2018-09)
- Teil 11: Gebäudeautomation (Ausgabe 2018-09)
- Teil 12: Tabellenverfahren für Wohngebäude (Ausgabe 2017-04)
- Beiblatt 1: Bedarfs-/Verbrauchsabgleich (Ausgabe 2010-01)
- Beiblatt 2: Beschreibung der Anwendung von Kennwerten aus der DIN V 18599 bei Nachweisen des Gesetzes zur Förderung Erneuerbarer Energien im

Wärmebereich (EEWärmeG) (Ausgabe 2012-06)
- Beiblatt 3: Überführung der Berechnungsergebnisse einer Energiebilanz nach DIN V 18599 in ein standardisiertes Ausgabeformat (Ausgabe 2015-07)

[41] DIN 18800 Stahlbauten (zurückgezogen)
- Teil 1: Bemessung und Konstruktion (Ausgabe: 2008-11)
- Teil 2: Stabilitätsfälle; Knicken von Stäben und Stabwerken (Ausgabe: 2008-11)
- Teil 3: Stabilitätsfälle; Plattenbeulen (Ausgabe: 2008-11)
- Teil 4: Stabilitätsfälle; Schalenbeulen (Ausgabe: 2008-11)
- Teil 5: Verbundtragwerke aus Stahl und Beton – Bemessung und Konstruktion (Ausgabe: 2007-03)
- Teil 7: Ausführung und Herstellerqualifikation (Ausgabe: 2008-11)

[42] DIN 18801:1983-09 Stahlhochbau; Bemessung, Konstruktion, Herstellung (zurückgezogen)

[43] DIN 19643 Aufbereitung von Schwimm- und Badebeckenwasser
- Teil 1: Allgemeine Anforderungen (Ausgabe: 2012-11)
- Teil 2: Verfahrenskombinationen mit Festbett- und Anschwemmfilter (Ausgabe: 2012-11)
- Teil 3: Verfahrenskombinationen mit Ozonung (Ausgabe: 2012-11)
- Teil 4: Verfahrenskombinationen mit Ultrafiltration (Ausgabe: 2012-11)

[44] DIN 19645:2016-07 Aufbereitung von Spülabwässern aus Anlagen zur Aufbereitung von Schwimm- und Badebeckenwasser

[45] DIN V 20000-202:2007-12 (Vornorm) Anwendung von Bauprodukten in Bauwerken – Teil 202: Anwendungsnorm für Abdichtungsbahnen nach Europäischen Produktnormen zur Verwendung in Bauwerksabdichtungen

[46] DIN SPEC 20000-202:2016-03 Anwendung von Bauprodukten in Bauwerken – Teil 202: Anwendungsnorm für Abdichtungsbahnen nach Europäischen Produktnormen zur Verwendung in Abdichtungen von erdberührten Bauteilen, von Innenräumen und von Behältern und Becken

[47] DIN 31051: Grundlagen der Instandhaltung, Ausgabe 2018-09

[48] DIN 32975:2009-12 Gestaltung visueller Informationen im öffentlichen Raum zur barrierefreien Nutzung mit Berichtigung 1 (Ausgabe 2012-07)

[49] DIN 32977-1:1992-07 Behinderungsgerechtes Gestalten; Begriffe und allgemeine Leitsätze

[50] DIN 38402-11:2009-02 Deutsche Einheitsverfahren zur Wasser-, Abwasser- und Schlammuntersuchung – Allgemeine Angaben (Gruppe A) – Teil 11: Probenahme von Abwasser (A 11)

[51] DIN 38408-5:1990-06 Deutsche Einheitsverfahren zur Wasser-, Abwasser- und Schlammuntersuchung; Gasförmige Bestandteile (Gruppe G); Bestimmung von Chlordioxid (G 5)

[52] DIN 38409-41:1980-12 Deutsche Einheitsverfahren zur Wasser-, Abwasser- und Schlammuntersuchung; Summarische Wirkungs- und Stoffkenngrößen (Gruppe H); Bestimmung des Chemischen Sauerstoffbedarfs (CSB) im Bereich über 15 mg/l (H 41)

[53] DIN 51097:1992-11 Prüfung von Bodenbelägen; Bestimmung der rutschhemmenden Eigenschaft; Naßbelastete Barfußbereiche; Begehungsverfahren; Schiefe Ebene

[54] DIN 51130:2014-02 Prüfung von Bodenbelägen – Bestimmung der rutschhemmenden Eigenschaft – Arbeitsräume und Arbeitsbereiche mit Rutschgefahr, Begehungsverfahren – Schiefe Ebene

[55] DIN 51131:2014-12 Prüfung von Bodenbelägen – Bestimmung der rutschhemmenden Eigenschaft – Verfahren zur Messung des Gleitreibungskoeffizienten

dung (Ausgabe: 2014-12); Deutsche Fassung EN 10088-2:2014
– Teil 3: Technische Lieferbedingungen für Halbzeug, Stäbe, Walzdraht, gezogenen Draht, Profile und Blankstahlerzeugnisse aus korrosionsbeständigen Stählen für allgemeine Verwendung (Ausgabe: 2014-12); Deutsche Fassung EN 10088-3:2014
– Teil 4: Technische Lieferbedingungen für Blech und Band aus korrosionsbeständigen Stählen für das Bauwesen (Ausgabe: 2010-01); Deutsche Fassung prEN 10088-4:2009
– Teil 5: Technische Lieferbedingungen für Stäbe, Walzdraht, gezogenen Draht, Profile und Blankstahlerzeugnisse aus korrosionsbeständigen Stählen für das Bauwesen (Ausgabe: 2009-07); Deutsche Fassung prEN 10088-5:2009

[71] DIN EN 10204:2005-01 Metallische Erzeugnisse – Arten von Prüfbescheinigungen; Deutsche Fassung EN 10204: 2004

[72] DIN EN 12004:2017-05 Mörtel und Klebstoffe für keramische Fliesen und Platten
– Teil 1: Anforderungen, Bewertung und Überprüfung der Leistungsbeständigkeit, Einstufung und Kennzeichnung; Deutsche Fassung EN 12004:2017
– Teil 2: Prüfverfahren; Deutsche Fassung EN 12004:2017

[73] DIN EN 12057:2015-05 Natursteinprodukte – Fliesen – Anforderungen; Deutsche Fassung EN 12057:2015

[74] DIN EN 12058:2015-05 Natursteinprodukte – Bodenplatten und Stufenbeläge – Anforderungen; Deutsche Fassung EN 12058:2015

[75] DIN EN 12193:2017-01 Licht und Beleuchtung – Sportstättenbeleuchtung; Deutsche Fassung EN 12193:2017

[76] DIN EN 12370:1999-06 Prüfverfahren für Naturstein – Bestimmung des Widerstandes gegen Kristallisation von Salzen; Deutsche Fassung EN 12370:1999

[77] DIN EN 12371:2010-07 Prüfverfahren für Naturstein – Bestimmung des Frostwiderstandes; Deutsche Fassung EN 12371:2010

[78] DIN EN 12407:2016-09 Prüfverfahren für Naturstein – Petrographische Prüfung; Deutsche Fassung EN 12407:2016

[79] DIN EN 12808-1:2009-01 Klebstoffe und Fugenmörtel für Fliesen und Platten – Teil 1: Bestimmung der Chemikalienbeständigkeit von Reaktionsharzmörteln; Deutsche Fassung EN 12808-1: 2008

[80] DIN EN 13451 Schwimmbadgeräte
– Teil 1: Allgemeine sicherheitstechnische Anforderungen und Prüfverfahren (Ausgabe: 2016-12); Deutsche Fassung EN 13451-1:2016
– Teil 2: Zusätzliche besondere sicherheitstechnische Anforderungen und Prüfverfahren für Leitern, Treppenleitern und Griffbögen (Ausgabe: 2016-03); Deutsche Fassung EN 13451-2: 2015 mit Änderung A1 (Ausgabe 2018-10)
– Teil 3: Zusätzliche besondere sicherheitstechnische Anforderungen und Prüfverfahren für Ein- und Ausläufe sowie Wasser-Luftattraktionen (Ausgabe: 2016-06); Deutsche Fassung EN 13451-3:2016
– Teil 4: Zusätzliche besondere sicherheitstechnische Anforderungen und Prüfverfahren für Startblöcke (Ausgabe: 2014-12); Deutsche Fassung EN 13451-4:2014
– Teil 5: Zusätzliche besondere sicherheitstechnische Anforderungen und Prüfverfahren für Schwimmbahnleinen und Trennseilanlagen (Ausgabe: 2014-10); Deutsche Fassung EN 13451-5:2014
– Teil 6: Zusätzliche besondere sicherheitstechnische Anforderungen und Prüfverfahren für Anschlagplatten (Ausgabe: 2001-07); Deutsche Fassung EN 13451-6:2001
– Teil 7: Zusätzliche besondere sicherheitstechnische Anforderungen und Prüfverfahren für Wasserballtore (Ausgabe: 2001-07); Deutsche Fassung EN 13451-7:2001

- Teil 8: Zusätzliche besondere sicherheitstechnische Anforderungen und Prüfverfahren für Freizeiteinrichtungen, Geräte und Effekte in Verbindung mit Wasser (Ausgabe: 2001-07); Deutsche Fassung EN 13451-8:2001 (zurückgezogen)
- Teil 10: Zusätzliche besondere sicherheitstechnische Anforderungen und Prüfverfahren für Sprungplattformen, Sprungbretter und zugehörige Geräte (Ausgabe: 2018-11); Deutsche Fassung EN 13451-10:2018
- Teil 11: Zusätzliche besondere sicherheitstechnische Anforderungen und Prüfverfahren für höhenverstellbare Zwischenböden und bewegliche Beckenabtrennungen (Ausgabe: 2014-05); Deutsche Fassung EN 13451-11:2014

[81] DIN EN 13670 Ausführung von Tragwerken aus Beton (Ausgabe 2011-03); Deutsche Fassung EN 13670:2009

[82] DIN EN 13813:2003-01 Estrichmörtel, Estrichmassen und Estriche – Estrichmörtel und Estrichmassen – Eigenschaften und Anforderungen; Deutsche Fassung EN 13813:2002

[83] DIN EN 13888:2009-08 Fugenmörtel für Fliesen und Platten – Anforderungen, Konformitätsbewertung, Klassifikation und Bezeichnung; Deutsche Fassung EN 13888:2009

[84] DIN EN 13914 Planung, Zubereitung und Ausführung von Außen- und Innenputzen
- Teil 1: Außenputze (Ausgabe 2016-09); Deutsche Fassung EN 13914-1:2016
- Teil 2: Innenputze (Ausgabe 2016-09); Deutsche Fassung EN 13914-2:2016

[85] DIN EN 14216:2015-09 Zement – Zusammensetzung, Anforderungen und Konformitätskriterien von Sonderzement mit sehr niedriger Hydratationswärme; Deutsche Fassung EN 14216:2015

[86] DIN EN 14351-1: Fenster und Türen – Produktnorm, Leistungseigenschaften; Fenster und Außentüren; Deutsche Fassung EN 14351-1:2006+A2:2016 Ausgabe 2016-12

[87] DIN EN 14411:2016-12 Keramische Fliesen und Platten – Definitionen, Klassifizierung, Eigenschaften, Bewertung und Überprüfung der Leistungsbeständigkeit und Kennzeichnung; Deutsche Fassung EN 14411:2016

[88] DIN EN 14891: Flüssig zu verarbeitende wasserundurchlässige Produkte im Verbund mit keramischen Fliesen- und Plattenbelägen – Anforderungen, Prüfverfahren, Konformitätsbewertung, Klassifizierung und Bezeichnung, Ausgabe 2017-05

[89] DIN EN 15031:2013-08 Produkte zur Aufbereitung von Schwimm- und Badebeckenwasser – Flockungsmittel auf Aluminiumbasis; Deutsche Fassung EN 15031: 2013

[90] DIN EN 15074:2015-02 Produkte zur Aufbereitung von Schwimm- und Badebeckenwasser – Ozon; Deutsche Fassung EN 15074:2014

[91] DIN EN 15243:2007-10 Lüftung von Gebäuden – Berechnung der Raumtemperaturen, der Last und Energie von Gebäuden mit Klimaanlagen; Deutsche Fassung EN 15243:2007 (zurückgezogen)

[92] DIN EN 15288 Schwimmbäder
- Teil 1: Sicherheitstechnische Anforderungen an Planung und Bau (Ausgabe: 2010-12)
- Teil 2: Sicherheitstechnische Anforderungen an den Betrieb (Ausgabe: 2009-05)

[93] DIN EN 15316 Heizungsanlagen in Gebäuden – Verfahren zur Berechnung der Energieanforderungen und Nutzungsgrade der Anlagen
- Teil 1: Allgemeines (Ausgabe: 2007-10); Deutsche Fassung EN 15316-1: 2007
- Teil 3-2: Trinkwassererwärmung, Verteilung (Ausgabe: 2008-06); Deutsche Fassung EN 15316-3-2:2007

- Teil 3-3: Trinkwassererwärmung, Erzeugung (Ausgabe: 2008-06); Deutsche Fassung EN 15316-3-3:2007
- Teil 4-1: Wärmeerzeugung für die Raumheizung, Verbrennungssysteme (Heizungskessel) (Ausgabe: 2008-09); Deutsche Fassung EN 15316-4-1:2008
- Teil 4-2: Wärmeerzeugung für die Raumheizung, Wärmepumpensysteme (2008-09); Deutsche Fassung DIN EN 15316-4-2:2008-09
- Teil 4-3: Wärmeerzeugungssysteme, thermische Solaranlagen (Ausgabe: 2007-10); Deutsche Fassung EN 15316-4-3:2007
- Teil 4-4: Wärmeerzeugungssysteme, gebäudeintegrierte KWK-Anlagen (Ausgabe: 2007-10); Deutsche Fassung EN 15316-4-4:2007
- Teil 4-5: Wärmeerzeugung für die Raumheizung, Leistungsdaten und Effizienz von Nah- und Fernwärmesystemen (Ausgabe: 2007-10); Deutsche Fassung EN 15316-4-5:2007
- Teil 4-6: Wärmeerzeugungssysteme, photovoltaische Systeme (Ausgabe: 2007-10); Deutsche Fassung EN 15316-4-6:2007
- Teil 4-7: Wärmerzeugung für die Raumheizung, Biomassewärmeerzeuger (Ausgabe: 2009-02); Deutsche Fassung prEN 15316-4-7:2008

[94] DIN EN 15316:2017-09 Energetische Bewertung von Gebäuden – Verfahren zur Berechnung der Energieanforderungen und Nutzungsgrade der Anlagen (Deutsche Fassung EN 15316-1:2017)
- Teil 1: Allgemeines und Darstellung der Energieeffizienz, Modul M3-1, M3-4, M3-9, M8-1, M8-4
- Teil 2: Wärmeübergabesysteme (Raumheizung und -kühlung), Modul M3-5, M4-5
- Teil 3: Wärmeverteilungssysteme (Trinkwassererwärmung, Heizung und Kühlung), Modul M3-6, M4-6, M8-6
- Teil 4-1: Wärmeerzeugung für die Raumheizung und Trinkwassererwärmung, Verbrennungssysteme (Heizungskessel, Biomasse), Modul M3-8-1, M8-8-1
- Teil 4-2: Wärmeerzeugung für die Raumheizung, Wärmepumpensysteme, Modul M3-8-2, M8-8-2
- Teil 4-3: Wärmeerzeugungssysteme, thermische Solaranlagen und Photovoltaikanlagen, Modul M3-8-3, M8-8-3, M11-8-3
- Teil 4-4: Wärmeerzeugungssysteme, gebäudeintegrierte KWK-Anlagen, Modul M8-3-4, M8-8-4, M8-11-4
- Teil 4-5: Fernwärme und Fernkälte, Modul M3-8-5, M4-8-5, M8-8-5, M11-8-5
- Teil 4-8: Wärmeerzeugung von Warmluft- und Strahlungsheizsystemen, einschließlich Öfen (lokal), Modul M3-8-8
- Teil 4-10: Windkraftanlagen, Modul M11-8-7
- Teil 5: Raumheizung und Speichersysteme für erwärmtes Trinkwasser (keine Kühlung), Modul M3-7, M8-7

[95] DIN EN 15363:2014-08 Produkte zur Aufbereitung von Schwimm- und Badebeckenwasser – Chlor; Deutsche Fassung EN 15363:2014

[96] DIN EN 15603:2008-07 Energieeffizienz von Gebäuden – Gesamtenergiebedarf und Festlegung der Energiekennwerte; Deutsche Fassung EN 15603:2008 (zurückgezogen; letzte Ausgabe 2013-05)

[97] DIN EN 15673-1:2007-06 (Entwurf) Bestimmung der Rutschhemmung von Fußböden – Ermittlungsverfahren – Teil 1: Referenzmethode; Deutsche Fassung prEN 15673-1:2007 (zurückgezogen)

[98] DIN EN 16421:2015-05 Einfluss von Materialien auf Wasser für den menschlichen Gebrauch – Vermehrung von Mikroorganismen; Deutsche Fassung EN 16421:2014

[99] DIN EN 16582:2015-11 Schwimmbäder für private Nutzung
- Teil 1: Allgemeine Anforderungen einschließlich sicherheitstechnischer Anfor-

derungen und Prüfverfahren; Deutsche Fassung EN 16582-1:2015
- Teil 2: Besondere Anforderungen einschließlich sicherheitstechnischer Anforderungen und Prüfverfahren für in den Boden eingelassene Schwimmbäder; Deutsche Fassung EN 16582-2:2015
- Teil 3: Besondere Anforderungen einschließlich sicherheitstechnischer Anforderungen und Prüfverfahren für auf dem Boden aufgestellte Schwimmbäder; Deutsche Fassung EN 16582-3:2015

[100] DIN EN 16713:2016-08 Schwimmbäder für private Nutzung – Wassersysteme
- Teil 1: Filtrationssysteme – Anforderungen und Prüfverfahren; Deutsche Fassung EN 16713-1:2016
- Teil 2: Umwälzsysteme – Anforderungen und Prüfverfahren; Deutsche Fassung EN 16713-2:2016
- Teil 3: Aufbereitung – Anforderungen; Deutsche Fassung EN 16713-3:2016

[101] DIN EN 16798 Energetische Bewertung von Gebäuden – Lüftung von Gebäuden -
- Teil 1 (Entwurf): Eingangsparameter für das Innenraumklima zur Auslegung und Bewertung der Energieeffizienz von Gebäuden bezüglich Raumluftqualität, Temperatur, Licht und Akustik (Ausgabe 2015-07); – Module M1-6; Deutsche und Englische Fassung prEN 16798-1:2015
- Teil 3: Lüftung von Nichtwohngebäuden – Leistungsanforderungen an Lüftungs- und Klimaanlagen und Raumkühlsysteme (Module M5-1, M5-4) (Ausgabe 2017-11); Deutsche Fassung EN 16798-3:2017
- Teil 5-1: Berechnungsmethoden für den Energiebedarf von Lüftungs- und Klimaanlagen (Module M5-6, M5-8, M6-5, M6-8, M7-5, M7-8) – Methode 1: Verteilung und Erzeugung (Ausgabe 2017-11); Deutsche Fassung EN 16798-5-1:2017
- Teil 5-2: Berechnungsmethoden für den Energiebedarf von Lüftungssystemen (Module M5-6, M5-8, M6-5, M7-5, M7-8) – Methode 2: Verteilung und Erzeugung (Ausgabe 2017-11); Deutsche Fassung EN 16798-5-2:2017
- Teil 6 (DIN SPEC): Interpretation der Anforderungen der EN 16798-5-1 und EN 16798-5-2 – Berechnungsmethoden für den Energiebedarf von Lüftungs- und Klimaanlagen (Module M5-6, M5-8, M6-5, M6-8, M7-5, M7-8) (Ausgabe 2018-03); Englische Fassung CEN/TR 16798-6:2017
- Teil 7: Berechnungsmethoden zur Bestimmung der Luftvolumenströme in Gebäuden einschließlich Infiltration (Modul M5-5) (Ausgabe 2017-11); Deutsche Fassung EN 16798-7:2017
- Teil 8 (DIN SPEC): Interpretation der Anforderungen der EN 16798-7 – Berechnungsmethoden zur Bestimmung der Luftvolumenströme in Gebäuden einschließlich Infiltration (Modul M5-5) (Ausgabe 2018-03); Englische Fassung CEN/TR 16798-8:2017
- Teil 9: Berechnungsmethoden für den Energiebedarf von Kühlsystemen (Module M4-1, M4-4, M4-9) – Allgemeines (Ausgabe 2017-11); Deutsche Fassung EN 16798-9:2017
- Teil 13: Berechnung von Kühlsystemen (Modul M4-8) – Erzeugung (Ausgabe 2017-11); Deutsche Fassung EN 16798-13:2017
- Teil 10 (DIN SPEC): Interpretation der Anforderungen der EN 16798-9 – Berechnungsmethoden für den Energiebedarf von Kühlsystemen (Module M4-1, M4-4, M4-9) – Allgemeines (Ausgabe 2018-03); Englische Fassung CEN/TR 16798-10:2017
- Teil 14 (DIN SPEC): Interpretation der Anforderungen der EN 16798-13 – Berechnung von Kühlsystemen (Modul M4-8) – Erzeugung (Ausgabe 2018-03); Englische Fassung CEN/TR 16798-14:2017
- Teil 15: Berechnung von Kühlsystemen (Modul M4-7) – Speicherung (Aus-

[118] DIN EN ISO 52000-1:2018-03 Energieeffizienz von Gebäuden – Festlegungen zur Bewertung der Energieeffizienz von Gebäuden – Teil 1: Allgemeiner Rahmen und Verfahren (ISO 52000-1:2017); Deutsche Fassung EN ISO 52000-1:2017

[119] DIN EN ISO 52016-1:2018-04 Energetische Bewertung von Gebäuden – Energiebedarf für Heizung und Kühlung, Innentemperaturen sowie fühlbare und latente Heizlasten – Teil 1: Berechnungsverfahren (ISO 52016-1:2017); Deutsche Fassung EN ISO 52016-1:2017

[120] VDE 0100-702:2012-03 Errichten von Niederspannungsanlagen – Anforderungen für Betriebsstätten, Räume und Anlagen besonderer Art – Teil 7-702: Becken von Schwimmbädern begehbare Wasserbecken und Springbrunnen

[121] VDI 2720
- Blatt 1: Schallschutz durch Abschirmung im Freien (Ausgabe: 1997-03)
- Blatt 2: Schallschutz durch Abschirmung in Räumen (Ausgabe: 1983-04)
- Blatt 3: (Entwurf) Schallschutz durch Abschirmung im Nahfeld; teilweise Umschließung (Ausgabe: 1983-02; zurückgezogen)

[122] VDI 3770:2012-09 Emissionskennwerte technischer Schallquellen – Sport- und Freizeitanlagen

Gesetze

[123] Baugesetzbuch (BauGB) in der Fassung der Bekanntmachung vom 3. November 2017 (BGBl. I S. 3634)

[124] Gesetz über das Inverkehrbringen von und den freien Warenverkehr mit Bauprodukten zur Umsetzung der Richtlinie 89/106/EWG des Rates vom 21. Dezember 1988 zur Angleichung der Rechts- und Verwaltungsvorschriften der Mitgliedstaaten über Bauprodukte und anderer Rechtsakte der Europäischen Gemeinschaften (Bauproduktengesetz – BauPG), zuletzt geändert durch Gesetz vom 31. Oktober 2006 (für das In-Verkehr-Bringen und den Handel mit Bauprodukten) (zurückgezogen)

[125] Gesetz zur Gleichstellung von Menschen mit Behinderungen (Behindertengleichstellungsgesetz – BGG), Behindertengleichstellungsgesetz vom 27. April 2002 (BGBl. I (2002), S. 1467 – 1468), zuletzt geändert durch Artikel 3 des Gesetzes vom 10. Juli 2018 (BGBl. I S. 1117)

[126] Bürgerliches Gesetzbuch der Bundesrepublik Deutschland (BGB) in der Fassung der Bekanntmachung vom 2. Januar 2002 (BGBl. I (2002), S. 42, ber. S. 2909, (2003), S. 738) zuletzt geändert durch Artikel 4d des Gesetzes vom 18. Dezember 2018 (BGBl. I S. 2651)

[127] Gesetz über Naturschutz und Landschaftspflege (Bundesnaturschutzgesetz – BnatSchG) vom 29. Juli 2009 (BGBl. I S. 2542), zuletzt geändert durch Artikel 1 des Gesetzes vom 15. September 2017 (BGBl. I S. 3434)

[128] Gesetz zum Schutz vor gefährlichen Stoffen (Chemikaliengesetz – ChemG) vom 16. September 1980 in der Fassung der Bekanntmachung vom 18. Juli 2017; (BGBl. I S. 2774, 2777)

[129] Gesetz zur Einsparung von Energie in Gebäuden (Energieeinsparungsgesetz – EnEG) in der Bekanntmachung vom 1. September 2005 (BGBl. I (2005), Nr. 56, S. 2684, geändert durch Artikel 1 des Gesetzes vom 4. Juli 2013 (BGBl. I S. 2197)

[130] Grundgesetz für die Bundesrepublik Deutschland vom 23. Mai 1949 (BGBl. I (1949), S. 1), zuletzt geändert durch Artikel 1 des Gesetzes vom 13. Juli 2017 (BGBl. I S. 2347)

[131] Gesetz zum Schutz vor schädlichen Umwelteinwirkungen durch Luftverunreinigungen, Geräusche, Erschütterungen und

ähnliche Vorgänge (Bundes-Immissionsschutzgesetz – BImSchG) in der Fassung der Bekanntmachung vom 17. Mai 2013 (BGBl. I S. 1274), zuletzt geändert durch Artikel 3 des Gesetzes vom 18. Juli 2017 (BGBl. I S. 2771)

[132] Gesetz zur Verhütung und Bekämpfung von Infektionskrankheiten beim Menschen (Infektionsschutzgesetz – IfSG) vom 20. Juli 2000 (BGBl. I (2000), S. 1045), zuletzt geändert durch Artikel 1G des Gesetzes vom 17. Juli 2017 (BGBl. I (2018), S. 2394)

[133] Gesetz zur Ordnung des Wasserhaushalts (Wasserhaushaltsgesetz – WHG) vom 31. Juli 2009 (BGBl. I S. 2585), Zuletzt geändert durch Art. 1G v. 18.7.2017 (BGB. I S. 2771) in der Fassung vom 4. Dezember 2018 (GBl. I S. 2254)

Verordnungen

[134] Verordnung über Anforderungen an das Einleiten von Abwasser in Gewässer (Abwasserverordnung – AbwV) in der Fassung der Bekanntmachung vom 17. Juni 2004 (BGBl. I (2004), S. 1108, 2625) zuletzt geändert durch Artikel 1 der Verordnung vom 22. August 2018 (BGBl. I S. 1327)

[135] Verordnung über Arbeitsstätten (Arbeitsstättenverordnung – ArbStättV) vom 12. August 2004 (BGBl. I (2004), S. 2179), zuletzt geändert durch Artikel 5 Absatz 1 der Verordnung vom 18. Oktober 2017 (BGBl. I S. 3584)

[136] Richtlinie des Rates 89/106/EWG vom 21. Dezember 1988 zur Angleichung der Rechts- und Verwaltungsvorschriften der Mitgliedstaaten über Bauprodukte (Bauproduktenrichtlinie – BPR), geändert durch die Richtlinie des Rates 93/68/EWG vom 22. Juli 1993 und durch die Verordnung (EG) Nr. 1882/2003 des Europäischen Parlaments und des Rates vom 29. September 2003 (zurückgezogen)

[137] Verordnung (EU) Nr. 305/2011 des Europäischen Parlaments und des Rates vom 09.03.2011 zur Festlegung harmonisierter Bedingungen für die Vermarktung von Bauprodukten (Europäische Bauproduktenordnung – EU-BauPVO)

[138] Verordnung über einen energiesparenden Wärmeschutz und energiesparende Anlagentechnik bei Gebäuden (Energieeinsparverordnung – EnEV) vom 24. Juli 2007 (BGBl. I (2007), Nr. 34, S. 1519-1563), zuletzt geändert durch Artikel 3 der Verordnung vom 24. Oktober 2015 (BGBl. I S. 1789)

[139] Verordnung zum Schutz vor Gefahrstoffen (Gefahrstoffverordnung – GefStoffV) vom 26. November 2010 (BGBl. I S. 1643, 1644), zuletzt geändert durch Artikel 148 des Gesetzes vom 29. März 2017 (BGBl. I S. 626)

[140] Verordnung über die Honorare für Leistungen der Architekten und der Ingenieure (Honorarordnung für Architekten und Ingenieure – HOAI). Fassung vom 10. Juli 2013

[141] Bundesgesundheitsamt (BGA): Empfehlungen zur Eignungsprüfung für Kunststoffmaterialien im Schwimm- und Badebeckenbereich (KSW-Empfehlungen)

[142] Bundesgesundheitsamt (BGA): Gesundheitliche Beurteilung von Kunststoffen und anderen nichtmetallischen Werkstoffen im Rahmen des LMBG für den Trinkwasserbereich, 2. Mitteilung (KTW-Empfehlungen)

[143] Bundesumweltamt (UBA): Hygieneanforderungen an Bäder und deren Überwachung, Empfehlung des Umweltbundesamtes (UBA) vom 04.12.2013 nach Anhörung der Schwimm- und Badebeckenwasserkommission des Bundesministeriums für Gesundheit (BMG) beim Umweltbundesamt. Bekanntmachungen – Amtliche Mitteilungen Bundesgesundheitsbl. 2014·57:258–279DOI10.1007/

s00103-013-1899-7, Springer-Verlag Berlin Heidelberg 2014

[144] Umweltbundesamt (UBA): Leitlinie zur hygienischen Beurteilung von organischen Materialien in Kontakt mit Trinkwasser (KTW-Leitlinie). Ausgabe 2016-03

[145] BImSchV 18 Verordnung: Achtzehnte Verordnung zur Durchführung des Bundes-Immissionsschutzgesetzes (Sportanlagenlärmschutzverordnung – 18. BImSchV) vom 18. Juli 1991 (BGBl. I S. 1588, 1790) zuletzt geändert durch Artikel 1 der Verordnung vom 1. Juni 2017 (BGBl. I S. 1468)

[146] Sechste Allgemeine Verwaltungsvorschrift zum Bundes-Immisionsschutzgesetz (Technische Anleitung zum Schutz gegen Lärm – TA Lärm) vom 26. August 1998 geändert durch Verwaltungsvorschrift vom 01.06.2017

[147] Verordnung über die Qualität von Wasser für den menschlichen Gebrauch (Trinkwasserverordnung – TrinkwV 2001) vom 21. Mai 2001 (BGBl. I (2001), S. 959), geändert durch Artikel 363 der Verordnung vom 31. Oktober 2006 (BGBl. I (2006), S. 2407) letzte Änderung 2012-12

Baurecht

[148] Bauministerkonferenz, Arbeitsgemeinschaft der für Städtebau, Bau- und Wohnungswesen zuständigen Minister und Senatoren der Länder -IS ARGEBAU- (Hrsg.): Musterbauordnung (MBO). November 2002, zuletzt geändert durch Beschluss der Bauministerkonferenz vom 13.05.2016

[149] Deutscher Vergabe- und Vertragsausschuss für Bauleistungen: Vergabe- und Vertragsordnung für Bauleistungen (VOB), Teil B: Allgemeine Vertragsbedingungen für die Ausführung von Bauleistungen. Fassung vom 18.04.2016

[150] Deutsches Institut für Bautechnik -DIBt- (Hrsg.): Bauregelliste A, Bauregelliste B und Liste C, Ausgabe 2015/2, DIBt-Mitteilungen, 06.10.2015 (zurückgezogen)

[151] Deutsches Institut für Bautechnik -DIBt- (Hrsg.): Muster-Verwaltungsvorschrift Technische Baubestimmungen (MVV TB), Ausgabe 2017/1 vom 31.08.2017 mit Druckfehlerkorrektur vom 11. Dezember 2017

[152] Deutsches Institut für Bautechnik -DIBt- (Hrsg.): Allgemeine bauaufsichtliche Zulassung Z-30.3-6, Erzeugnisse, Verbindungsmittel und Bauteile aus nichtrostenden Stählen vom 05.03.2018, Geltungsdauer bis 01.05.2022

[153] Deutsches Institut für Bautechnik -DIBt- (Hrsg.): Technische Regeln für die Verwendung von absturzsichernden Verglasungen (TRAV). Berlin: Januar 2003 (zurückgezogen)

[154] Deutsches Institut für Bautechnik -DIBt- (Hrsg.): Technische Regeln für die Verwendung von linienförmig gelagerten Verglasungen (TRLV). Berlin: August 2006 (zurückgezogen)

[155] EOTA Europäische Organisation für Technische Zulassungen (Hrsg.): Leitlinie für die europäisch technische Zulassung für Abdichtungen für Wände und Böden in Nassräumen (ETAG 022), Teil 1: – Flüssig aufzubringende Abdichtungen mit oder ohne Nutzschicht. Juli 2007

Merkblätter und Richtlinien

[156] Arbeitsgemeinschaft Holz e.V. und Holzabsatzfonds, Absatzförderungsfonds der deutschen Forst- und Holzwirtschaft (Hrsg.): Reihe 1: Entwurf und Konstruktion, Teil 2, Folge 2: Sport- und Freizeitbauten. Düsseldorf/Bonn: Dezember

2001 (Schriftenreihe Holzbau Handbuch der Arbeitsgemeinschaft Holz e.V. und der Entwicklungsgemeinschaft Holzbau (EGH) in der Deutschen Gesellschaft für Holzforschung e.V.)

[157] Studiengemeinschaft Holzleimbau e.V. (Hrsg.): INFORMATIONSDIENST HOLZ-Schrift Holzbau Handbuch Reihe 5, Teil 2, Folge 1: Holzschutz bei Ingenieurholzbauten, Wuppertal März 2015

[158] DGfH Innovations- und Service GmbH (Hrsg.): Reihe 1: Entwurf und Konstruktion, Teil 8: Industrie- und Gewerbebauten, Folge 2: Dauerhafte Holzbauten bei chemisch-aggressiver Beanspruchung. München: Dezember 2002 (Schriftenreihe Holzbau Handbuch des Holzabsatzfonds und der Entwicklungsgemeinschaft Holzbau (EGH) in der Deutschen Gesellschaft für Holzforschung e.V.)

[159] Deutsche Gesetzliche Unfallversicherung (DGUV): DGUV Regel 113-012 – Tätigkeiten mit Epoxidharzen (bisher: BGR/GUV-R 227), Stand September 2006

[160] Bundesanstalt für Arbeitsschutz und Arbeitsmedizin (BAuA; Hrsg.): Funktionelle, sichere und nutzerfreundliche Treppen, 3. überarbeitete und aktualisierte Auflage, Dortmund Dezember 2013

[161] Bundesinnungsverband des Glaserhandwerks (Hrsg.): Verglasen mit Isolierglas. Düsseldorf: Verlagsanstalt Handwerk GmbH, 8. Auflage 2016 (TR 17 Technische Richtlinien des Glaserhandwerks)

[162] Bundesinnungsverband des Glaserhandwerks; Institut des Glaserhandwerks (Hrsg.): Fenster und Fensterwände für Hallenbäder. Schorndorf: Verlag Karl Hofmann, 1987 (Technische Richtlinien des Glaserhandwerks; 16) (zurückgezogen)

[163] Bundesinnungsverband des Glaserhandwerks (Hrsg.): Verkehrssicherheit mit Glas. Düsseldorf: Verlagsanstalt Handwerk GmbH, 3. Auflage 2013 (TR 8 Technische Richtlinien des Glaserhandwerks)

[164] Deutsche Gesetzliche Unfallversicherung e.V. (DGUV, Hrsg.):DGUV-Vorschrift 1 – Grundsätze der Prävention, Berlin November 2013 in Verbindung mit der DGUV-Regel 100-001, Mai 2014

[165] Berufsgenossenschaftliche Unfallverhütungsvorschrift BGV D5 Chlorung von Wasser, Januar 1997

[166] Deutsche Gesetzliche Unfallversicherung e.V. (DGUV, Hrsg.): DGUV Regel 107-001 Betrieb von Bädern, Berlin August 2018

[167] Deutsche Gesetzliche Unfallversicherung (DGUV, Hrsg.): DGUV Regel 103-001 Richtlinien für die Verwendung von Ozon zur Wasseraufbereitung. Ausgabe Oktober 1986. Aktualisierte Fassung Oktober 2005

[168] Deutsche Gesetzliche Unfallversicherung e.V. (DGUV; Hrsg.): DGUV Information 207-006 – Bodenbeläge für nassbelastete Barfußbereiche. Berlin Juni 2015

[169] Bundesverband der Unfallkassen (Hrsg.): GUV-Information GUV-I 8504 Informationen für die Erste Hilfe bei Einwirken gefährlicher chemischer Stoffe. Ausgabe August 1999. Aktualisierte Fassung Juni 2007

[170] Deutsche Gesetzliche Unfallversicherung (Hrsg.): DGUV Information 207-023 Prüfliste für Chlorungseinrichtungen unter Verwendung von Chlorgas und deren Aufstellungsräume in Bädern. Berlin: September 2015

[171] Bundesverband der Deutschen Ziegelindustrie e.V., Arbeitsgemeinschaft Mauerziegel (Hrsg.); Forschungsvereinigung Kalk-Sand e.V. (Hrsg.); Bundesverband Porenbetonindustrie e.V. (Hrsg.); deutsche Bauchemie e.V. (Hrsg.); Deutscher Holz- und Bautenschutzverband e.V. (Hrsg.); Fachvereinigung Deutscher Betonfertigteilbau e.V. (Hrsg.); Zentralverband des Deutschen Baugewerbes e.V. (Hrsg.): Richtlinie für die Planung und Ausführung von Abdichtungen mit kunststoffmodifizierten Bitumendickbeschichtungen -KMB- erdberührte Bauteile. 2. Ausgabe

Stand November 2001. Frankfurt/Main: Selbstverlag, 2001

[172] Deutscher Ausschuss für Stahlbeton im DIN e.V. (Hrsg.): DafStb-Richtlinie – Schutz und Instandsetzung von Betonbauteilen (Instandsetzungs-Richtlinie). Berlin: Oktober 2001

[173] Deutscher Ausschuss für Stahlbeton im DIN e.V. (Hrsg.): Positionspapier zur DafStb-Richtlinie Wasserundurchlässige Bauwerke aus Beton – Feuchtetransport durch WU-Konstruktionen. Berlin: Juli 2006

[174] Deutscher Ausschuss für Stahlbeton im DIN e.V. (Hrsg.): DafStb-Richtlinie Wasserundurchlässige Bauwerke aus Beton (WU-Richtlinie). Berlin: Dezember 2017

[175] Deutscher Ausschuss für Stahlbeton im DIN e.V. (Hrsg.):
- Erläuterungen zu DIN 1045 Beton- und Stahlbeton. Ausgabe 07.1988 – Hinweise für die Verwendung von Zement zu Beton, Grundlagen für die Neuregelung zur Beschränkung der Rissbreite – Erläuterungen zur Richtlinie für Beton mit Fließmitteln für Fließbeton. Berlin: Beuth Verlag GmbH, 1994 (Deutscher Ausschuss für Stahlbeton; 400)
- Bemessung nach DIN EN 1992 in den Grenzzuständen der Tragfähigkeit und der Gebrauchstauglichkeit Berlin: Beuth Verlag GmbH, 2018 (Deutscher Ausschuss für Stahlbeton; 630)

[176] Deutscher Beton- und Bautechnik-Verein e.V. (Hrsg.): DBV-Merkblattsammlung
- Injektionsschlauchsysteme und quellfähige Einlagen für Arbeitsfugen. Fassung Januar 2010
- Betondeckung und Bewehrung. Sicherung der Betondeckung beim Entwerfen, Herstellen und Einbauen der Bewehrung sowie des Betons nach Eurocode 2 Fassung Dezember 2015
- Hochdruckwasserstrahltechnik im Betonbau. Fassung Juni 1999
- Begrenzung der Rissbildung im Stahlbeton- und Spannbetonbau. Fassung Mai 2016
- Betonierbarkeit von Bauteilen aus Beton und Stahlbeton. Planungs- und Ausführungsempfehlungen für den Betoneinbau. Fassung Januar 2014

[177] Deutsche Gesellschaft für das Badewesen e.V.; Bundesverband öffentliche Bäder e.V.; Technischer Ausschuss Arbeitsgruppe Bautechnik (Hrsg.): Abdichtungen in Nassräumen von Schwimmbädern. Essen: März 1988 (DGfdB-Merkblatt; 24.01; zurückgezogen)

[178] Deutsche Gesellschaft für das Badewesen e.V.; Technischer Ausschuss AK Bäderbau (Hrsg.): Stahlbetonbecken mit keramischen Auskleidungen – Verbundverhalten Planungs- und ausführungstechnische Hinweise. Essen: Oktober 2013 (DGfdB-Richtlinie; R 25.01)

[179] Deutsche Gesellschaft für das Badewesen e.V.; Technischer Ausschuss AK Bäderbau (Hrsg.): Schwimm- und Badebecken aus Stahlbeton. Essen: März 2017 (DGfdB-Richtlinie; R 25.04)

[180] Deutsche Gesellschaft für das Badewesen e.V.; Technischer Ausschuss AK Bäderbau (Hrsg.): Gefälleausbildung in Bodenbelägen von Schwimmbädern. Essen: August 2015 (DGfdB-Richtlinie; R 25.07)

[181] Deutsche Gesellschaft für das Badewesen e.V.; Technischer Ausschuss AK Bäderbau (Hrsg.): Einsatz von Edelstahl für Beckenkonstruktionen in Schwimmbädern. Essen: August 2015 (DGfdB-Richtlinie; R 25.08)

[182] Deutsche Gesellschaft für das Badewesen e.V., Technischer Ausschuss AK Bäderbau (Hrsg.): Einsatz von Bauteilen aus Edelstahl oberhalb der Wasseroberfläche in Schwimmbädern. Essen: August 2016 (DGfdB-Richtlinie; R 25.09)

[183] Deutsche Gesellschaft für das Badewesen e.V., Technischer Ausschuss AK Bäderbau (Hrsg.): Brandschutz im Bäderbau. Essen: Februar 2018 (DGfdB-Richtlinie; R 25.11)

[184] Deutsche Gesellschaft für das Badewesen e.V. (Hrsg.): Liste geprüfter Reinigungsmittel für keramische Beläge in Schwimmbädern (Liste RK). Essen: 2018 mit 41. Ergänzung (DGfdB-Arbeitsunterlage A41)

[185] Deutsche Gesellschaft für das Badewesen e.V. (Hrsg.): Liste geprüfter Reinigungsmittel für Beckenkörper und Bauteile aus Edelstahl in Schwimmbädern (Liste RE). Essen: 2018 mit 7. Ergänzung (DGfdB-Arbeitsunterlage A 42)

[186] Deutsche Gesellschaft für das Badewesen e.V., Technischer Ausschuss AK Heizungs-, Lüftungs-, Sanitär- und Energietechnik, AK Elektrotechnik (Hrsg.): Einsparung natürlicher Ressourcen in Bädern. Essen: Juni 2002 (DGfdB-Richtlinie 60.04)

[187] Deutsche Gesellschaft für das Badewesen e.V., Technischer Ausschuss AK Heizungs-, Lüftungs-, Sanitär- und Energietechnik, AK Elektrotechnik (Hrsg.): Instandhaltung baulicher und technischer Anlagen in Bädern. Essen: Juli 2018 (DGfdB-Arbeitsunterlage A60.07)

[188] Deutsche Gesellschaft für das Badewesen e.V., Technischer Ausschuss AK Wasseraufbereitung (Hrsg.): Desinfektion des Schwimm- und Badebeckenwassers. Essen, August 2015 (DGfdB-Richtlinie R65.03)

[189] Deutsche Gesellschaft für das Badewesen e.V., Technischer Ausschuss AK Wasseraufbereitung (Hrsg.): Wasserattraktionen in Schwimmbädern – Bau und Betrieb, Essen, Januar 2011 (DGfdB-Richtlinie R 65.07)

[190] Deutsche Gesellschaft für das Badewesen e.V., Technischer Ausschuss AK Elektrotechnik (Hrsg.): Beleuchtungsanlagen in Bädern. Essen, Februar 2018 (DGfdB Richtlinie R 66.01)

[191] Deutsche Gesellschaft für das Badewesen e.V., Technischer Ausschuss AK Bäderbau (Hrsg.): Überwintern von Becken und Wasseraufbereitungsanlagen in Freibädern. Essen: August 2016 (DGfdB-Arbeitsunterlage A 66)

[192] Deutsche Gesellschaft für das Badewesen e.V., Technischer Ausschuss AK Bäderbau (Hrsg.): Werkstoffe für Beckenauskleidungen im Bäderbau. Essen: Februar 2015 (DGfdB-Arbeitsunterlage A67)

[193] Deutsche Gesellschaft für das Badewesen e.V., Technischer Ausschuss AK Organisation (Hrsg.): Reinigung, Desinfektion und Hygiene von Bädern. Essen: Dezember 2013 (DGfdB-Richtlinie R 94.04)

[194] Deutsche Gesellschaft für das Badewesen e.V. (Hrsg.): Baurichtlinien für medizinische Bäder. Essen 2003 (DGfdB Fachbuch C 6)

[195] Deutscher Naturwerkstein Verband e.V. (Hrsg.): Bautechnische Informationen Naturwerkstein, Heft 1.3 bis 1.7, 2.1 bis 2.7, 3.1 und 3.2 sowie 4.1 in der jeweils aktuellen Fassung. Würzburg: 1993 bis 2002

[196] Deutscher Sauna-Bund e.V. (Hrsg.): Richtlinien für den Bau von Sauna-Anlagen. Bielefeld: Verlag Sauna-Matti Gesellschaft für Sauna-Werbe- und Betriebsmittel mbH, 2011

[197] Deutsche Vereinigung des Gas- und Wasserfaches e.V. (Hrsg.): DVGW-Arbeitsblatt W 270. Vermehrung von Mikroorganismen auf Werkstoffen für den Trinkwasserbereich – Prüfung und Bewertung. Bonn: November 2007

[198] Deutsche Vereinigung des Gas- und Wasserfaches e.V. (Hrsg.): DVGW-Arbeitsblatt W 347. Hygienische Anforderungen an zementgebundene Werkstoffe im Trinkwasserbereich – Prüfung und Bewertung. Bonn: Mai 2006

[199] Deutsche Gesetzliche Unfallversicherung (DGUV, Hrsg.): DGUV Regel 108-003 – Fußböden in Arbeitsräumen und Arbeitsbereichen mit Rutschgefahr. Berlin April 1994 – aktualisierte Fassung Oktober 2003

[200] Fachverband Deutsches Fliesengewerbe im Zentralverband des Deutschen Baugewerbes e.V. (Hrsg.): ZDB-Merkblatt Außenbeläge – Belagskonstruktionen mit Fliesen und Platten außerhalb von Gebäuden. Köln: Verlagsgesellschaft Rudolf Müller GmbH & Co. KG, Juli 2008 (mit Ergänzung Abschnitt 4, August 2012)

[201] Fachverband Deutsches Fliesengewerbe im Zentralverband des Deutschen Baugewerbes e.V. (Hrsg.): ZDB-Merkblatt Bewegungsfugen in Bekleidungen und Belägen aus Fliesen und Platten. Köln: Verlagsgesellschaft Rudolf Müller GmbH & Co. KG, September 1995

[202] Fachverband Fliesen und Naturstein im Zentralverband des Deutschen Baugewerbes e.V. und Industrieverband Keramische Fliesen + Platten e.V. (Hrsg.): ZDB-Merkblatt Schwimmbadbau, Hinweise für Planung und Ausführung keramischer Beläge im Schwimmbadbau. Köln: Verlagsgesellschaft Rudolf Müller GmbH & Co. KG, August 2012

[203] Fachverband Deutsches Fliesengewerbe im Zentralverband des Deutschen Baugewerbes e.V. (Hrsg.): ZDB-Merkblatt Hinweise für die Ausführung von Verbundabdichtungen mit Bekleidungen und Belägen aus Fliesen und Platten für den Innen- und Außenbereich. Köln: Verlagsgesellschaft Rudolf Müller GmbH & Co. KG, August 2012

[204] Zentralverband des Deutschen Baugewerbes (Hrsg.): Merkblatt Hinweise für die Ausführung von Abdichtungen im Verbund mit Bekleidungen und Belägen aus Fliesen und Platten für Innenbereiche. Köln: Verlagsgesellschaft Rudolf Müller GmbH & Co. KG, Februar 1988

[205] Fédération Internationale de Natation, Lausanne (Hrsg.): Sport- und sicherheitstechnische Anforderungen an Wettkampfanlagen (FINA-Regeln). Ausgabe 2017

[206] Industrieverband Dichtstoffe e.V. (Hrsg.): Dichtstoffe und Schimmelpilzbefall, Ursachen – Vorbeugung – Sanierung. Düsseldorf: Dezember 2014 (IVD-Merkbl.; 14)

[207] Informationsstelle Edelstahl Rostfrei (Hrsg.): Edelstahl Rostfrei – Eigenschaften. Düsseldorf: 5. Auflage 2014 (ISER-Merkblatt; 821)

[208] Informationsstelle Edelstahl Rostfrei (Hrsg.): Die Verarbeitung von Edelstahl Rostfrei. Düsseldorf: 4. überarbeitete Auflage 2012 (ISER-Merkblatt; 822)

[209] Informationsstelle Edelstahl Rostfrei (Hrsg.): Schweißen von Edelstahl Rostfrei. Düsseldorf: 5. überarbeitete Auflage 2018 (ISER-Merkblatt; 823)

[210] Informationsstelle Edelstahl Rostfrei (Hrsg.): Die Reinigung von Edelstahl Rostfrei. Düsseldorf: 1995 (ISER-Merkblatt; 824)

[211] Informationsstelle Edelstahl Rostfrei (Hrsg.): Edelstahl Rostfrei in chloridhaltigen Wässern. Düsseldorf: 3. überarbeitete Auflage 2012 (ISER-Merkblatt; 830)

[212] Informationsstelle Edelstahl Rostfrei (Hrsg.): Edelstahl Rostfrei in Schwimmbädern. Düsseldorf: 3. überarbeitete Auflage 2016 (ISER-Merkblatt; 831)

[213] Koordinierungskreis Bäder der Verbände: Deutsche Gesellschaft für das Badewesen e.V.; Deutscher Schwimm-Verband e.V.; Deutscher Olympischer Sportbund e.V. (Hrsg.): KOK-Richtlinien für den Bäderbau. Essen, Kassel, Frankfurt/M.: Selbstverlag, 2013

[214] Deutsches Institut für Bautechnik (DIBt): Prüfgrundsätze zur Erteilung von allgemeinen bauaufsichtlichen Prüfzeugnissen für Abdichtungen im Verbund mit Fliesen- und Plattenbelägen
- Teil 1: Flüssig zu verarbeitende Abdichtungen (PG AIV-F), Ausgabe 2014-05
- Teil 2: Bahnenförmige Abdichtungen (PG AIV-B), Ausgabe 2014-05
- Teil 3: Plattenförmige Abdichtungen (PG AIV-P), Ausgabe 2102-08

[215] VDI 2089 Technische Gebäudeausrüstung von Schwimmbädern

– Blatt 1: Hallenbäder (Ausgabe: 2010-01)
– Blatt 2: Energie- und Wassereffizienz in Schwimmbädern (Ausgabe: 2009-08)
– Blatt 3: Freibäder (Ausgabe: 2011-09)

[216] VDI 2078:2015-06 Berechnung der thermischen Lasten und Raumtemperaturen (Auslegung Kühllast und Jahressimulation)

[217] VDI 6008 Barrierefreie Lebensräume
– Blatt 1: Allgemeine Anforderungen und Planungsgrundlagen, Ausgabe 2012-12
– Blatt 1.2: Schulungen Ausgabe, 2014-12
– Blatt 2: Möglichkeiten der Sanitärtechnik Ausgabe, 2012-12
– Blatt 3: (VDE) Möglichkeiten der Elektrotechnik und Gebäudeautomation, Ausgabe 2014-01
– Blatt 4: Möglichkeiten der Aufzugs- und Hebetechnik, Ausgabe 2017-11
– Blatt 6: Bildzeichen und bildhaft verwendete Schriftzeichen, Ausgabe 2018-10

[218] InformationsZentrum Beton GmbH (Hrsg.): Zemente und ihre Herstellung. Erkrath: Selbstverlag, September 2017 (Zement-Merkblatt Betontechnik; B 1)

Literatur

[219] Arndt, N.: Abdichungen im Verbund in Behältern; Kapitel 7 in: Platts, P.: Abdichtungen im Verbund – Planen und ausführen. Köln: Rudolf Müller Verlag GmbH, 2019

[220] Berger, F. von: Schwimmteiche. Inspiration, Gestaltungsideen, Technik, Pflege. München: Callwey, 2012

[221] Berndorf AG, Bäderbau: Träume aus Edelstahl. Betrieb und Pflege von Schwimmbecken aus Edelstahl Rostfrei. A-2560 Berndorf

[222] Bonk, M.: Bauphysikalische Aspekte bei der Gebäudesanierung – Beispiel Fenstererneuerung. Artikel D7. In: Cziesielski, E. (Hrsg.): Bauphysik Kalender 2002. Berlin: Ernst und Sohn, 2002

[223] Bonk, M.; Anders, F.: Schäden durch mangelhaften Wärmeschutz. Stuttgart: Fraunhofer IRB Verlag, 2004 (Schadenfreies Bauen; 32 / hrsg. v. G. Zimmermann, R. Ruhnau)

[224] Buss, E.: Glasierte Steingut-Bodenfliesen im WC. Verätzung der Glasur durch Reinigungsmittel. In: Zimmermann, G. (Hrsg.): Bauschäden-Sammlung, Bd. 6. Stuttgart: Forum-Verlag 1986
sowie
In: Günter Zimmermann (Hrsg.). Bauschäden-Sammlung, Bd. 6. 4., unveränd. Aufl. Stuttgart: Fraunhofer IRB Verlag, 1999, S. 116–117

[225] Cziesielski, E.: Abdichtung im Erdreich. Schwarz und weiß abgedichtet – und dennoch undicht. In: Ruhnau, R.; Schumacher, R. (Hrsg.): Bauschadensfälle Bd. 6. Der besondere Schadensfall. Stuttgart: Fraunhofer IRB Verlag, 2004, S. 128–142

[226] Cziesielski, E., Bonk, M. (Hrsg.): Lufsky Bauwerksabdichtung, Vieweg+Teubner Verlag, Wiesbaden 2010

[227] Cziesielski, E.; Bonk, M.: Abdichtung in hochbeanspruchten Naßräumen: Fehlende Wandabdichtung in Verbindung mit einem feuchteempfindlichen Untergrund. In: Zimmermann, G. (Hrsg.): Bauschäden-Sammlung, Bd. 10. Stuttgart: Fraunhofer IRB Verlag, 1995, S. 96–101

[228] Cziesielski, E.; Bonk, M.: Abdichtung in hoch beanspruchten Nassräumen, Unzureichende Hochführung der Abdichtung im Wandbereich. In: Zimmermann, G. (Hrsg.): Bauschäden-Sammlung, Bd. 14. Stuttgart: Fraunhofer IRB Verlag, 2003, S. 126–129

[229] Cziesielski, E.; Bonk, M.: Schäden an Abdichtungen in Innenräumen. 2., überarb. u. erw. Aufl. Stuttgart: Fraunhofer IRB Verlag, 2003 (Schadenfreies Bauen; 8 / hrsg. v. G. Zimmermann)

[230] Göbelsmann, M.: Schäden an Abdichtungen in Innenräumen. 3., vollst. neu bearb. Aufl. Stuttgart: Fraunhofer IRB Verlag, 2018 (Schadenfreies Bauen; 8 / hrsg. v. G. Zimmermann)

[231] Cziesielski, E.: Schwimmhalle mit Holzleimbindern. Gefährdung der Standsicherheit. In: Zimmermann, G. (Hrsg.): Bauschäden-Sammlung, Bd. 5. Stuttgart: Forum-Verlag, 1983
sowie
In: Günter Zimmermann (Hrsg.). Bauschäden-Sammlung, Bd. 5. 4., unveränd. Aufl. Stuttgart: Fraunhofer IRB Verlag, 2000, S. 58–61

[232] Cziesielski, E.: Verbundabdichtungen – Praktische Anwendungen. Artikel B1. In: Fouad, N. A. (Hrsg.): Bauphysik Kalender 2008. Berlin: Ernst und Sohn, 2008

[233] Deutsche Bauchemie e.V. (Hrsg.): Epoxidharze in der Bauwirtschaft und Umwelt – Sachstandsbericht, Frankfurt/Main: Selbstverlag, 2009

[234] Deutsche Bauchemie e.V. (Hrsg.) in Zusammenarbeit mit der Polyurea Development Association Europe (PDA Europe): Sachstandsbericht Polyurea in der Bauwirtschaft und Umwelt; Frankfurt/M., Juni 2009

[235] Deutsche Bauchemie e.V. (Hrsg.): Sachstandsbericht Modifizierte mineralische Mörtelsysteme und Umwelt, Frankfurt/M., Juni 2003

[236] Deutsche Steinzeug Keramik GmbH in der Deutsche Steinzeug Cremer & Breuer AG (Hrsg.): Broschüren zur AGROB BUCHTAL Architekturkeramik:
- Schwimmbad-Kompetenz, made in Germany
- Privat- und Hotelschwimmbecken
- Fitness & Wellness, Architekturkeramik für Schwimmbäder und Freizeitcenter
- Hydrotect: Die revolutionäre Oberflächenveredelung
- Krankenhaus & Pflege Architekturkeramik für medizinische Einrichtungen

Deutsche Steinzeug Keramik GmbH, 92519 Schwarzenfeld

[237] Deutsche Steinzeug Keramik GmbH in der Deutsche Steinzeug Cremer & Breuer AG (Hrsg.): Broschüren zur AGROB BUCHTAL Architekturkeramik: Reinigungsanleitung für keramische Fliesen. Deutsche Steinzeug Keramik GmbH, 92519 Schwarzenfeld

[238] Dröge, G.; Dröge, T.: Schäden an Holztragwerken. Stuttgart: Fraunhofer IRB Verlag, 2003 (Schadenfreies Bauen; 28 / hrsg. v. G. Zimmermann)

[239] Edelmann, A.: Fliesen auf Betonwänden. Ablösen infolge Schwinden des Betons. In: Zimmermann, G. (Hrsg.): Bauschäden-Sammlung, Bd. 7. Stuttgart: Forum-Verlag, 1988
sowie
In: Günter Zimmermann (Hrsg.): Bauschäden-Sammlung, Bd. 7. 3., unveränd. Aufl. Stuttgart: Fraunhofer IRB Verlag, 2000, S. 94–97

[240] Emmermann, K.-H.: Marmorbelag im Hallenbad. Ungenügende Rutschhemmung. In: Zimmermann, G. (Hrsg.): Bauschäden-Sammlung, Bd. 8. Stuttgart: Forum-Verlag, 1991
sowie
In: Günter Zimmermann (Hrsg.): Bauschäden-Sammlung, Bd. 8. 3., unveränd. Aufl. Stuttgart: Fraunhofer IRB Verlag, 2000, S. 132–133

[241] Engelfried, R.: Schäden an polymeren Beschichtungen. Stuttgart: Fraunhofer IRB Verlag, 2001 (Schadenfreies Bauen; 26 / hrsg. v. G. Zimmermann)

[242] Felixberger, J.: Kunst-/Natursteine sicher verlegt und verfugt. In: PCI Augsburg GmbH (Hrsg.): Schriftenreihe »Zur Sache – Markt & Technik für Fliesenleger-Fachbetriebe«. Augsburg: August 2006

[243] Felixberger, J.: Sichere Verlegung von Glasmosaik und Glasfliesen. In: PCI Augsburg GmbH (Hrsg.): Schriftenreihe »Zur Sache – Markt & Technik für Fliesenleger-Fachbetriebe«. Augsburg: Februar 2008

[244] Gänswürger, R.: Schäden vermeiden bei stark beanspruchten Keramikbelägen im Innen- und Außenbereich. In: PCI Augsburg GmbH (Hrsg.): Schriftenreihe »Zur Sache – Markt & Technik für Fliesenleger-Fachbetriebe«. Augsburg: Juli 2006

[245] Grollmisch, I.: Rechtsfragen für Fliesenleger bei der Bauausführung. In: PCI Augsburg GmbH (Hrsg.): Schriftenreihe »Zur Sache – Markt & Technik für Fliesenleger-Fachbetriebe«. Augsburg: Januar 2015

[246] Grollmisch, I.: Verlegen von Fliesen und Platten auf zementären Untergründen. Beton, Putz und Estrich. In: PCI Augsburg GmbH (Hrsg.): Schriftenreihe »Zur Sache – Markt & Technik für Fliesenleger-Fachbetriebe«. Augsburg: September 2006

[247] Halasz, R. von; Scheer, C. (Hrsg.): Holzbau-Taschenbuch. Bd. 1 – Grundlagen, Entwurf, Bemessung und Konstruktionen. 9. Aufl. Berlin: Ernst und Sohn, 1996

[248] Hann-Gehrer, H.: Das Winterverhalten von Edelstahl-Rostfrei Becken errichtet von Berndorf Bäderbau. Berndorf AG, A-2560 Berndorf

[249] Himburg, S.: Materialtechnische Grundlagen. Keramische Beläge und Bekleidungen. Artikel B1. In: Cziesielski, E. (Hrsg.): Bauphysik Kalender 2004. Berlin: Ernst und Sohn, 2004, S. 47–82

[250] Jenisch, R.; Stohrer, M.: Tauwasserschäden. 2., überarb. Aufl. Stuttgart: Fraunhofer IRB Verlag, 2001 (Schadenfreies Bauen; 16 / hrsg. v. G. Zimmermann)

[251] Kamphausen, P.-A.: »Stand der Technik« oder »anerkannte Regeln der Technik«? Beispielsfall Bauwerksabdichtungen nach der neuen DIN 18195. In: Zimmermann, G. (Hrsg.): Bauschäden-Sammlung, Bd. 13. Stuttgart: Forum-Verlag, 2001
sowie
In: Günter Zimmermann (Hrsg.): Bauschäden-Sammlung, Bd. 13. Stuttgart: Fraunhofer IRB Verlag, 2001, S. 8–13

[252] Kappler, H. P.: Beckenumgang in einem Hallenbad. Wasserschäden und erhöhte Betriebskosten. In: Zimmermann, G. (Hrsg.): Bauschäden-Sammlung, Bd. 3. Stuttgart: Forum-Verlag, 1978
sowie
In: Günter Zimmermann (Hrsg.): Bauschäden-Sammlung, Bd. 3. 3., unveränd. Aufl. Stuttgart: Fraunhofer IRB Verlag, 1999, 138–139

[253] Kappler, H. P.: Glasmosaik-Fußbodenbelag in einer Schwimmhalle. Silikatauswaschungen. In: Zimmermann, G. (Hrsg.): Bauschäden-Sammlung, Bd. 4. Stuttgart: Forum-Verlag, 1981
sowie
In: Zimmermann, G. (Hrsg.): Bauschäden-Sammlung, Bd. 4. 3., unveränd. Aufl. Stuttgart: Fraunhofer IRB Verlag, 1999, S. 116–117

[254] Kappler, H. P.: Lüftungsanlage in Schwimmhalle. Tauwasserbildung am Dachrand infolge Überdrucks. In: Zimmermann, G. (Hrsg.): Bauschäden-Sammlung, Bd. 2 Stuttgart: Forum-Verlag, 1976
sowie
In: Zimmermann, G. (Hrsg.): Bauschäden-Sammlung, Bd. 2. 4., unveränd. Aufl. Stuttgart: Fraunhofer IRB Verlag, 2000, S. 130–131

[255] Kappler, H. P.: Schwimmbäder. Artikel D3. In: Cziesielski, E. (Hrsg.): Bauphysik Kalender 2001. Berlin: Ernst und Sohn, 2001

[256] Kappler, H. P.: Wasserdampfkonvektion durch thermischen Auftrieb in einer Schwimmhalle. Kondensatbildung im Dachrand. In: Zimmermann, G. (Hrsg.): Bauschäden-Sammlung, Bd. 4 Stuttgart: Forum-Verlag, 1981
sowie
In: Zimmermann, G. (Hrsg.): Bauschäden-Sammlung, Bd. 4. 3., unveränd. Aufl. Stuttgart: Fraunhofer IRB Verlag, 1999, S. 28–29

[257] Klein, W.: Schäden an Fenstern. Stuttgart: Fraunhofer IRB Verlag, 1994 (Schadenfreies Bauen; 6 / hrsg. v. G. Zimmermann)

[258] Küffner, P.; Lummertzheim, O.: Schäden an Glasfassaden und -dächern. Stuttgart: Fraunhofer IRB Verlag, 2000 (Schadenfreies Bauen; 21/ hrsg. v. G. Zimmermann)

[259] Kupfer, H. (Hrsg.); Grübl, P.; Weigler, H.; Sieghart, K.: Beton. Arten, Herstellung und Eigenschaften. 2. Aufl. Berlin: Ernst und Sohn, 2001

[260] Lohmeyer, G. C.O.; Ebeling, K.: Schäden an wasserundurchlässigen Wannen und Flachdächern aus Beton. 4., vollst. überarb. Aufl. Stuttgart: Fraunhofer IRB Verlag, 2007 (Schadenfreies Bauen; 2 / hrsg. v. G. Zimmermann, R. Ruhnau)

[261] Lohmeyer, G. C. O.: Schwimmbecken aus WU-Beton. Undichtigkeiten durch eingebaute Rohrleitungen. In: Zimmermann, G. (Hrsg.): Bauschäden-Sammlung, Bd. 14. Stuttgart: Forum-Verlag, 2003
sowie
In: Zimmermann, G. (Hrsg.): Bauschäden-Sammlung, Bd. 14. Stuttgart: Fraunhofer IRB Verlag, 2003, 124–125

[262] Lohmeyer, G.; Ebeling, K.: Weiße Wannen – einfach und sicher. Konstruktion und Ausführung wasserundurchlässiger Bauwerke aus Beton. Düsseldorf: VBT Verlag Bau und Technik, 11. Auflage, 2018

[263] Luigi, A. de: Abgehängte Decke im Hallenbad Uster/CH. Deckeneinsturz infolge transkristalliner Spannungsrisskorrosion der Stahlbügel. In: Zimmermann, G. (Hrsg.): Bauschäden-Sammlung, Bd. 6. Stuttgart: Forum-Verlag, 1986
sowie
In: Zimmermann, G. (Hrsg.): Bauschäden-Sammlung, Bd. 6. 4., unveränd. Aufl. Stuttgart: Fraunhofer IRB Verlag, 1999, S. 110–113

[264] Lutz, P.; Zimmermann, G.: Akustikdecke in einer Schwimmhalle. Zu große Nachhallzeit. In: Zimmermann, G. (Hrsg.): Bauschäden-Sammlung, Bd. 4. Stuttgart: Forum-Verlag, 1981
sowie
In: Zimmermann, G. (Hrsg.): Bauschäden-Sammlung, Bd. 4. 3., unveränd. Aufl. Stuttgart: Fraunhofer IRB Verlag, 1999, S. 28–29

[265] Klopfer, H.: Unterwasseranstrich in einem Schwimmbecken. Blasenbildung im Anstrich infolge ungenügender chemischer Aushärtung des Anstrichbindemittels. In: Zimmermann, G. (Hrsg.): Bauschäden-Sammlung, Bd. 1. Stuttgart: Forum-Verlag, 1974
sowie
In: Zimmermann, G. (Hrsg.): Bauschäden-Sammlung, Bd. 1. 4., unveränd. Aufl. Stuttgart: Fraunhofer IRB Verlag, 2000, S. 149–152

[266] Niemer, E. U.; Klingelhöfer, G.; Schütz, J.: Praxis-Handbuch Fliesen. Material, Planung, Konstruktion, Verarbeitung. 3., aktual. Aufl. Köln: Verlagsgesellschaft Rudolf Müller GmbH & Co. KG, 2003

[267] Nürnberger, U.: Korrosion und Korrosionsschutz im Bauwesen, Bd. 1 – Grundlagen, Betonbau. Wiesbaden/Berlin: Bauverlag, 1995
Nürnberger, U.: Korrosion und Korrosionsschutz im Bauwesen, Bd. 2 – Metallbau, Korrosionsprüfung. Wiesbaden/Berlin: Bauverlag GmbH, 1995

[268] Oswald, R.; Rojahn, H.: Schäden an genutzten Flachdächern. Stuttgart: Fraunhofer IRB Verlag, 2005 (Schadenfreies Bauen; 35 / hrsg. v. G. Zimmermann, R. Ruhnau)

[269] PCI Augsburg GmbH (Hrsg.): Verlegen von keramischen Belägen im Schwimmbadbau. 86159 Augsburg

[270] Reul, H.: Die Sanierung der Sanierung. Grundlagen und Fallbeispiele. Boden, Mauerwerk und Fassade. Stuttgart: Fraunhofer IRB Verlag, 2005

[271] Rogier, D.: Luftdurchlässige Außenwände einer Schwimmhalle. Tauwasserausfall infolge Luftströmung. In: Zimmermann, G. (Hrsg.): Bauschäden-Sammlung, Bd. 5. Stuttgart: Forum-Verlag, 1983
sowie
In: Zimmermann, G. (Hrsg.): Bauschäden-Sammlung, Bd. 5. 4., unveränd. Aufl.

Stuttgart: Fraunhofer IRB Verlag, 2000, S. 86–89

[272] Ruhnau, R.; Platts, P.; Wetzel, H.-H.: Schäden an Abdichtungen erdberührter Bauteile. Stuttgart: Fraunhofer IRB Verlag, 2005 (Schadenfreies Bauen; 36 / hrsg. v. G. Zimmermann, R. Ruhnau)

[273] Platts, P.: Abdichtungen im Verbund. Köln: Rudolf Müller Verlag GmbH, 2019

[274] Saunus, C.: Planung von Schwimmbädern. Bau und Betrieb von privaten und öffentlichen Hallen- sowie Freibädern einschließlich Whirlpools und medizinische Bäder. Düsseldorf: Krammer, 2005

[275] SCHOMBURG GmbH: Technische Zusatzinformation Nr. 26 (4316) – Ausbau beschädigter Fliesen mit nachfolgender Erneuerung, Detmold

[276] SCHOMBURG GmbH (Hrsg.): Broschüre Die zerstörungsfrei prüfbare Verbundabdichtung DENSARE®-2002. 32760 Detmold

[277] Bundesamt für Bauwesen und Raumordnung (Hrsg.); Schrepfer, T.; Fouad, N. A.; Röder, J.: Abschlussbericht zum Bauwerkssicherheitsbericht des Bundesministeriums für Verkehr, Bau und Stadtentwicklung und des Bundesamtes für Bauwesen und Raumordnung. Projekt Z 6 – 10.08.17.7-06.4. Berlin: Selbstverlag, 2007

[278] Schrepfer, T.; Gscheidle, H.: Schäden beim Bauen im Bestand. Stuttgart: Fraunhofer IRB Verlag, 2007 (Schadenfreies Bauen; 41/ hrsg. v. G. Zimmermann, R. Ruhnau)

[279] Seifert, E.: Fensterwand einer Schwimmhalle. Schäden wegen zu schwacher Rahmenprofile. In: Zimmermann, G. (Hrsg.): Bauschäden-Sammlung, Bd. 2. Stuttgart: Forum-Verlag, 1976
sowie
In: Zimmermann, G. (Hrsg.): Bauschäden-Sammlung, Bd. 2. 4., unveränd. Aufl. Stuttgart: Fraunhofer IRB Verlag, 2000, S. 86–87

[280] Sopro Bauchemie GmbH (Hrsg.): Planer 9.0. Fliesen- und Natursteinverlegung, Estrichtechnik, Abdichtungssysteme, Betonsanierung, GaLa- und Straßenbau, Fliesen und Platten im Metall- und Schiffsbau. 65203 Wiesbaden

[281] STEULER-KCH GmbH (Hrsg.): Broschüre Steuler-Q7-System. 56427 Siershahn

[282] Wagner, H.: Akustikdecke unter nicht-belüftetem Flachdach in Schwimmhalle. Durchfeuchtung der Akustikdecke. In: Zimmermann, G. (Hrsg.): Bauschäden-Sammlung, Bd. 1. Stuttgart: Forum-Verlag, 1974
sowie
In: Zimmermann, G. (Hrsg.): Bauschäden-Sammlung, Bd. 1. 4., unveränd. Aufl. Stuttgart: Fraunhofer IRB Verlag, 2000, S. 27–28

[283] Wagner, H.: Belüftetes Flachdach über Schwimmbad. Durchfeuchtung der Dachkonstruktion infolge Tauwasserbildung. In: Zimmermann, G. (Hrsg.): Bauschäden-Sammlung, Bd. 1. Stuttgart: Forum-Verlag, 1974
sowie
In: Zimmermann, G. (Hrsg.): Bauschäden-Sammlung, Bd. 1. 4., unveränd. Aufl. Stuttgart: Fraunhofer IRB Verlag, 2000, S. 29–30

[284] Wirth, S.: Schäden an Installationsanlagen. Stuttgart: Fraunhofer IRB Verlag, 2. Auflage 2014 (Schadenfreies Bauen; 24 / hrsg. v. G. Zimmermann)

[285] Zimmermann, G.: Außenwände eines Hallenbades. Eiszapfenbildung infolge Wasserdampf-Konvektion. In: Zimmermann, G. (Hrsg.): Bauschäden-Sammlung, Bd. 5. Stuttgart: Forum-Verlag, 1983
sowie
In: Zimmermann, G. (Hrsg.): Bauschäden-Sammlung, Bd. 5. 4., unveränd. Aufl. Stuttgart: Fraunhofer IRB Verlag, 2000, S. 90–91

[286] Zimmermann, G.: Beheizte Fußbodenkonstruktion in einer Schwimmhalle. Korrosion von Warmwasser-Heizrohrleitungen, Beschädigungen des keramischen Belages. In: Zimmermann, G. (Hrsg.): Bauschäden-Sammlung, Bd. 1. Sachverhalt – Ursa-

chen – Sanierung. Stuttgart: Forum-Verlag, 1974
sowie
In: Zimmermann, G. (Hrsg.): Bauschäden-Sammlung, Bd. 1. 4., unveränd. Aufl. Stuttgart: Fraunhofer IRB Verlag, 2000, S. 93–96

[287] Zimmermann, G.: Innenwände mit keramischen Wandfliesenbelägen für Duschräume. Rissebildung in Wänden, Abplatzungen der Fliesenbeläge, Bruch von Wasserleitungen. In: Zimmermann, G. (Hrsg.): Bauschäden-Sammlung, Bd. 3. Stuttgart: Forum-Verlag, 1978
sowie
In: Zimmermann, G. (Hrsg.): Bauschäden-Sammlung, Bd. 3. 3., unveränd. Aufl. Stuttgart: Fraunhofer IRB Verlag, 1999, S. 98–99

[288] Jäger, R.; Zimmermann, G.: Keramischer Belag auf schwimmendem Heizestrich. Dickenverlust der Polystyrol-Trittschalldämmplatten durch teermodifizierte Epoxidharzbeschichtung. In: Zimmermann, G. (Hrsg.): Bauschäden-Sammlung, Bd. 7. Stuttgart: Forum-Verlag, 1988
sowie
In: Zimmermann, G. (Hrsg.): Bauschäden-Sammlung, Bd. 7. 3., unveränd. Aufl. Stuttgart: Fraunhofer IRB Verlag, 2000, S. 112–115

[289] Zittlau, H. (Schomburg GmbH): Ausbau beschädigter Fliesen mit nachfolgender Erneuerung, Detmold 2009

Zeitschriften- bzw. Presseartikel

[290] Arndt, N.: Die Baubegleitende Qualitätsüberwachung – weniger Kontrollinstrument, vielmehr Hilfestellung für alle Baubeteiligten; Baukammer Berlin, Nachrichten für die im Bauwesen tätigen Ingenieure, 2016 Nr. 2, S. 37–43

[291] Baumann, J.: Schwimmbadsanierung. Fliesen und Platten 35 (1985), Nr. 4, S. 34–35

[292] Beratungsstelle für Gussasphaltanwendung e.V.: Stadtbad Dornbirn, fugenloser Gussasphaltterrazzo schafft fließende Übergänge zwischen Alt und Neu, guss asphalt Magazin, 2009 Nr. 1, S. 24–31

[293] Beratungsstelle für Gussasphaltanwendung e.V.: Aquatic Center Aquasud in Luxemburg, geschliffener Gussasphalt im Sport- und Freizeitbad im Parc des Sports, guss asphalt Magazin, 2015 Nr. 7, S. 12–15

[294] Beckenumgang – Auf alt mach neu. Fliesen und Platten 57 (2007), Nr. 2, S. 36–37

[295] Brasholz, A.: Beschichtungen in Schwimmbecken. Die Mappe 113 (1993), Nr. 5, S. 37, 40 und 42

[296] Deutsche Steinzeug Cremer & Breuer AG, AGROB BUCHTAL GmbH,:92519 Schwarzenfeld: Pressemitteilung vom 28.10.2010 – Fachmesse INTERBAD (13.–16. Oktober 2010 in Stuttgart), Energiesparendes Beckenrandsytem »Bamberger Rinne«

[297] Dietrich, M.: Schutz von Stahlbeton. Betonzersetzung durch Schwefelbäder. Baublatt 23 (2002), S. 12–13

[298] Dittrich, W.: Holzbautechnik. Abriss nach acht Jahren? Kurfürstenbad in Amberg: Das Dach muss abgerissen werden, es lag nicht am Holz. Bauen mit Holz 100 (1998), Nr. 7, S. 34–36

[299] Dworski, K.: Schadensmöglichkeiten an Schwimmbädern. Sanitär und Heiztechnik 44 (1979), Nr. 8, S. 690–691

[300] Engelmann, H.: Wartungsfuge. Genormter Begriff für Dichtstoffe. Sonderdruck aus Fliesen und Platten 44 (1994), Nr. 10, S. 30–34

[301] Gaede, W.: Reinigung und Pflege. Epoxidharzfugen. Fliesen und Platten 48 (1998), Nr. 9, S. 46–51

[302] Grunau, E. B.: Abplatzende Beschichtung eines Schwimmbadbodens. Tiefbau, Inge-

nieurbau, Straßenbau 28 (1986), Nr. 12, S. 668–669

[303] Grunau, E. B.: Fehlkonstruktion. Durchfeuchteter Verlegemörtel am Beckenrand eines Schwimmbeckens. Schadensfall. Fliesen und Platten 38 (1988), Nr. 2, S. 46–47

[304] Grunau, E. B.: Krümelspachtel. Wasserempfindlicher Ausgleichsspachtel zerstörte Anstrich. Baugewerbe 66 (1986), Nr. 4, S. 35–36

[305] Grunau, E. B.: Silikatische Ausblutungen in einem Schwimmbad. Fliesen und Platten 33 (1983), Nr. 8, S. 60–61

[306] Hansen, H.: Absturz einer abgehängten Aluminium-Paneeldecke einem Hallenschwimmbad. Archiv des Badewesens 41 (1988), Nr. 2, S. 57–58

[307] Hauser, G.; Otto, F.: Holzbautechnik. Feuchteschäden durch Tauwasserbildung an der Dachkonstruktion des Kurfüstenbades Amberg. Bauen mit Holz 100 (1998), Nr. 7, S. 37–38

[308] Heddenahausen, D.; Mauer, W.: Mehr Freude im Spaßbad. Keramikbelag statt Epoxidharzbeschichtung. Stein Keramik Sanitär (1997), Nr. 3, S. 24–28

[309] Hirmer, A.: 3 Beckensysteme und ihre Möglichkeiten. Hotelbad-Sanierung. Schwimmbad & Sauna (1996), Nr. 5/6, S. 123–126

[310] Jagenburg, W.; Pohl, R.: DIN 18195 und anerkannte Regeln der Technik am Beispiel der Bauwerksabdichtung mit Bitumendickbeschichtungen. Sonderdruck aus Baurecht (1998), Nr. 10, S. 1075–1081

[311] Jacob-Freitag, S.: Lippe Bad, Ein Hallenbad schlägt hohe Wellen, Deutsches Ingenieurblatt 12-2016, S. 28–31

[312] Jagenburg, W.: Entscheidungen Ziviles Baurecht, »Bitumendickbeschichtung und anerkannte Regeln der Technik«. Baurecht (2000), Nr. 7, S. 1060–1062

[313] Jauschowetz, P., Technischer Leiter der Berndorf Metall- und Bäderbau GmbH: Sicherheit in Bädern, EN 13451 – Haarfangprüfung – Prüfzertifikat – Sofortmaßnahmen. Auszug aus der Fachschrift Bäder- und Kommunaltechnik (2005), Nr. 5, S. 30–32

[314] Käbe, M.: Prima Klima – Klimaanlage für Schwimmhallen – Hinweise für Planung und Auslegung. IKZ-Haustechnik 60 (2005), Nr. 15, S. 56–58

[315] Kappler, H. P.: Schwimmbad-Schadensfälle – Die Schwimmhallenwand Tl. 2. sb Sportstätten und Bäderanlagen 9 (1975), Nr. 5, S. 474, 476, 478

[316] Kimmich, B.: Die gesamtschuldnerische Haftung zwischen Architekt (Sonderfachmann) und Werkunternehmer. In: Baukammer Berlin, Mitteilungsblatt für die im Bauwesen tätigen Ingenieure. Berlin: CB-Verlag, 2003

[317] Klopfer, H.: Abdichtungen im Hochbau mit Polymerbeschichtungen. Bauphysik. ARCONIS 3 (1998), Nr. 1, S. 20–23

[318] Knischourek, O.; Knischourek, M.: Technik Korrosionsprobleme. Warum die Edelstahlleiter rostet. Schwimmbad & Sauna 34 (2002), Nr. 11/12, S. 32

[319] Knischourek, O.: Technische Grundlagen für die Badewasseraufbereitung mit Ozon. IKZ-Haustechnik 52 (1997), Nr. 6, 212–218

[320] Mattke, U.: Gleitsicherheit ein Schwerpunkt der Unfallfolgen. Tagungsband vom 06.09.2002, Ehrenkolloquium zum 60. Geburtstag Univ.-Prof. Dr.-Ing. habil. Lehder, Bergische Universität Wuppertal

[321] Mauer, W.: Schadensträchtiges Netzwerk? Mosaikverlegung. Fliesen und Platten 54 (2004), Nr. 12, S. 26–31

[322] Mewes, D.; Wilm, N.; Götte, T.: Prüfung und Beurteilung der Rutschhemmung von Fußböden. Technische Überwachung Bd. 48 (2007), Nr. 5, S. 47–52

[323] Oswald, R.: Flüssig gegen Nass. Flüssigabdichtungen in Nassräumen. Schwachstellen. Deutsche Bauzeitung 141 (2007), Nr. 11, S. 98–103

[324] Pontos GmbH: Nachhaltiges Bau- und Betriebskonzept. Grauwasserrecyclinganlage im Schwimmbad der Stadt Yerres bei Paris. Facility Management (2008), Nr. 1

[325] Pröpster, H.: Verletzung durch alkalische Silikate in einem Schwimmbad. Fliesen und Platten 32 (1982), Nr. 10, S. 120–121

[326] Pröpster, H.: Vermeiden von Bauschäden. Kritische Stellen bei Hallenschwimmbädern. Fliesen und Platten 25 (1975), Nr. 22, S. 6–12

[327] Reichelt, R.: Verbundabdichtung: Dicht bis ins Detail. Fliesen und Platten 55 (2006), Nr. 10, S. 22–28

[328] Rupp, C. H.: Mit Druck ins Schadenszentrum. Schwimmbad-Sanierung. Schwimmbad & Sauna 19 (1987), Nr. 10/11, S. 52, 54–56, 58–59

[329] Ruppert, R.: Dünnabdichtung. Abdichtung gegen Feuchtigkeit im Nassbereich. Bausubstanz 10 (1994), Nr. 11/12, S. 62–63

[330] Saunus, C.: Klippen im Schwimmbadbau. Baugewerbe (1991), Nr. 22, S. 38–41

[331] Saunus, C.: Die hohe Kunst der elastischen Fuge. Schwimmbad & Sauna 32 (2000), Nr. 5/6, S. 114–122

[332] Saunus, C.: Die Rohre nicht in der Erde vergraben. Meer- und Mineralwasser-Becken. Tl. 2. Schwimmbad & Sauna 18 (1986), Nr. 2/3, S. 46, 48, 50–52

[333] Saunus, C.: Gravierende Verfliesungsmängel. Schwimmbadbau. Tl. 3. Fliesen und Platten 49 (1999), Nr. 2, S. 28–33

[334] Saunus, C.: Baufehler und Bauschäden bei Stahlbeton-Schwimmbecken, Sanitär- und Heizungstechnik 53 (1988), Nr. 10, S. 656–659

[335] Saunus, C.: Hygiene muss sein. Schwimmbadbau. Tl. 3. Fliesen und Platten 48 (1998), Nr. 12, S. 36–42

[336] Saunus, C.: Mikrobeninvasion in Schwimmbädern. Sport Bäder Freizeit Bauten 39 (1999), Nr. 5, S. 25–28

[337] Saunus, C.: Mit Sicherheit baden gehen! Die neue Schwimmbad-Norm im Fadenkreuz der Praxis. Tl. 2. IKZ-Haustechnik 53 (1998), Nr. 6, S. 35–47

[338] Saunus, C.: Neue Rohrdurchführungen für ein altes Schwimmbecken. Sport Bäder Freizeit Bauten 43 (2003), S. 30–34

[339] Saunus, C.: Probleme und Erfahrungen mit Kunststoff-Transportsystemen für aggressive Heil- und Mineralwässer. Sanitär & Heiztechnik 54 (1989), Nr. 3, S. 216–222

[340] Saunus, C.: Probleme und Erfahrungen mit Kunststoff-Transportsystemen für aggressive Heil- und Mineralwässer. Tl. 2. Sanitär & Heiztechnik 54 (1989), Nr. 4, S. 300–302

[341] Saunus, C.: Die Zweite Haut. Schwimmbad-Abdichtungen. Tl. 2. Fliesen und Platten 50 (2000), Nr. 4, S. 24–31

[342] Saunus, C.: Was Mikroorganismen mögen. Fliesen und Platten 54 (2004), Nr. 6, S. 20–25

[343] Saunus, C.: Durchgängige Sorgfalt erforderlich. Hygienische Mikrobenprobleme bei Schwimmbadverfliesungen. Sanitär & Heizungstechnik 70 (2005), Nr. 7, S. 34–38

[344] Saunus, C.: Schwimmbadtechnik in Beweisnot. Tl. 2. Schwimmbad & Sauna (1998), Nr. 7/8, S. 84–101

[345] Saunus, C.: Wasser – der Zahn der Zeit. Schwimmbadbau. Tl. 2. Fliesen und Platten 49 (1999), Nr. 1, S. 62–71

[346] Scheidegger, F.: Schwimmbad-Sanierung mit Kunststoff-Dichtungsbahnen. Bedeutende Verlängerung der Lebensdauer möglich. Baublatt 91 (1980), Nr. 45, S. 35–38

[347] Scherer, A.; Müller, R. O.: Titannetze als Korrosionsschutz. Sanierung von Thermalschwimmbecken. Baublatt 114 (2003), Nr. 11, S. 16–18

[348] Vreden, U.: Wie misst man Glätte? Fliesen und Platten (2007), Nr. 2, S. 22–24

Fachvorträge

[349] Braungart, M.: Cradle to Cradle – Jenseits von Nachhaltigkeit und Kreislaufwirtschaft; Tagungsband 29. Hanseatische Sanierungstage, Baustoffe im Fokus – Bambus bis Beton, S. 43 – 49, Heringsdorf 2018

[350] Brümmendorf, B.: Skript zur Vorlesung »Privates und Öffentliches Baurecht«. 04107. Leipzig, 2006

[351] Dahmen, G.: Leichte Dach- und Wandkonstruktionen bei Schwimmbädern – Schadenserfahrungen und Konstruktionshinweise, Fachvortrag anlässlich der 19. Aachener Bausachverständigentage des Aachener Instituts für Bauschadensforschung und angewandte Bauphysik GmbH. Aachen, 1993

[352] Felixberger, J. K. (PCI Augsburg GmbH): Schäden im Schwimmbadbau und deren Vermeidung. In: PCI Baukongress: Aus Schaden wird man klug. Schäden bewerten, beheben, vermeiden. Dortmund, 2005

[353] Höltkemeyer, F.: Was müssen Abdichtungen für Nassräume und Schwimmbäder leisten? Vortrag anlässlich des Leipziger Abdichtungsseminars 2007 der MFPA für das Bauwesen Leipzig GmbH, des DIBt und des DIN e. V.: Abdichtungen regelkonform – aus europäischer und nationaler Sicht – »Abdichtungen im Bauwesen – Normung, Zulassung, Forschung und Anwendung«, 2007

[354] Köhring, A. (StoneConcept GmbH): Gesteine die der Nässe trotzen. In: PCI Baukongress: Schwimmbad, Wellness, Sauna – höchste Belastung für Fliesen und Naturstein. Berlin, 2008

[355] Kramer, A. (Deutsche Steinzeug Keramik GmbH, AGROB BUCHTAL Architekturkeramik): Fliesen im Schwimmbecken – Beckenkopfsysteme, Farb- und Formatsysteme für attraktive Gestaltung. In: PCI Baukongress: Schwimmbad, Wellness, Sauna – höchste Belastung für Fliesen und Naturstein. Berlin, 2008

[356] Ruhnau, R.: Grundlagen und Praxiserfahrungen mit baubegleitender Qualitätssicherung. Vortrag anlässlich der Veranstaltung »Der Architekt als Sachverständiger für Schäden an Gebäuden«. Nürnberg: Akademie für Fort- und Weiterbildung der Bayerischen Architektenkammer, 2002

[357] Ruhnau, R.: Praxiserfahrungen mit baubegleitender Qualitätskontrolle bei größeren Bauvorhaben. Sonderlehrgang Baubegleitende Qualitätskontrolle mit Bausachverständigen (BQÜ) bei der Sachverständigentagung der ARGE Dr.-Ing. Aurnhammer zur Aus- und Weiterbildung von Bausachverständigen. Hamburg, 2002

[358] Schippel, O.: Badelandschaften nun normkonform und deshalb dauerhaft dicht? Fachvortrag anlässlich des 11. Leipziger Abdichtungsseminars – Themenschwerpunkt Innen- und Nassraumabdichtungen, Gesellschaft für Materialforschung und Prüfungsanstalt für das Bauwesen Leipzig mbH (MFPA), Deutsches Institut für Bautechnik (DIBt) und Deutsches Institut für Normung e. V. (DIN), 26. Januar 2016

[359] Schöppel, K.: Empfehlungen zur Detailplanung bei Neubauten und Instandsetzungen von Parkhäusern. Fachvortrag anlässlich des 3. Kolloquiums der Technischen Akademie Esslingen (TAE): Verkehrsbauten – Schwerpunkt Parkhäuser/Brücken. Ostfildern, 2008

[360] Schubert, U. (Baustoffberatungszentrum Rheinland (BZR)): Fachkunde im Umgang mit Epoxidharzen. Vortrag anlässlich des Fachkundelehrgangs für den Umgang mit Epoxidharzen »Anwendungen im Baubereich«. Praxisleitfaden der Arbeitsgruppe »Schulung« des Arbeitskreises »Technische Regel für Gefahrstoffe Epoxidharze – TRGS Epoxidharz«. Bonn, 2004

[361] Sommer, H.-P.: Aktueller Stand der DIN 18195 – Bauwerksabdichtungen. Vortrag anlässlich des Leipziger Abdichtungsseminars 2007 der MFPA für das

Bauwesen Leipzig GmbH, des DIBt und des DIN e.V.: Abdichtungen regelkonform – aus europäischer und nationaler Sicht – »Abdichtungen im Bauwesen – Normung, Zulassung, Forschung und Anwendung«, 2007

[362] Wolff, L.; Raupach, M.: Beschichtungsschäden – Schadensmechanismen und Lösungsansätze. Fachvortrag anlässlich des 3. Kolloquiums der Technischen Akademie Esslingen (TAE): Verkehrsbauten – Schwerpunkt Parkhäuser/Brücken. Ostfildern, 2008

[363] Kurzmann, H.: Seminar 1835 der Deutschen Gesellschaft für das Badewesen (DGfdB) – Aufbereitung von Schwimm- und Badebeckenwasser u. a. zu Wasserchemie, Korrosion und Korrosionsschutz. Willingen/Hochsauerland, 06.–09.03.2018

Software

[364] Felixberger, J. (Leiter Anwendungstechnik PCI Augsburg GmbH, Professor der staatlichen Universität St. Petersburg ITMO): Diagnoseverfahren zur Beurteilung der Kalkaggressivität von Wasser mit dem Kalkindex nach Felixberger (KIF) für die Auswahl eines Abdichtungs-, Verlege- und Verfugungsverfahrens zur Schwimmbeckenauskleidung. 86159 Augsburg

[365] Kern Ingenieurkonzepte, 74909 Meckesheim: Bauphysik-Software DÄMMWERK, Version 2008

[366] Fraunhofer-Institut für Bauphysik IBP: Software zur instationären Berechnung des Wärme- und Feuchtehaushalts WUFI® (Wärme und Feuchte instationär), Sofwarekomponenten WUFI® Pro, WUFI® 2D. Stuttgart/Valley: IBP

Abkürzungsverzeichnis

1. Baustoffe

CM cement mortar – zementgebundener Mörtel

DM dispersion mortar – Dispersionsmörtel

ECB Ethylencopolymerisatbitumen

ECC Epoxy-modified Cement Concrete

EP Epoxidharz

EPDM Ethylen-Propylen-Dien-Kautschuk

EVA Etylen-Vinylacetat

FPO flexibles Polyolefin

GFK Glasfaserverstärkter Kunststoff

KMB/PMBC kunststoffmodifizierte Bitumendickbeschichtungen/Polymermodified Bitumen Coating

MDS mineralische Dichtungsschlämme

PCC Polymer-Cement-Concrete

PE Polyethylen

PIB Polyisobuthylen

PMMA Polymethylmethacrylat

PP Polypropylen

PUA Polyurea

PU/PUR Polyurethan

PVC Polyvinylchlorid

PYE Polymerbitumen

RM reaction resin mortar – reaktionsharzgebundener Mörtel

2. Bauarten

AIV-B Abdichtung im Verbund mit Fliesen- und Plattenbelägen (Bahnen oder bahnenförmige Verbundabdichtung)

AIV-F Abdichtung im Verbund mit Fliesen- und Plattenbelägen (flüssiger Abdichtungsstoff oder flüssig zu verarbeitende Verbundabdichtung)

AIV-P Abdichtung im Verbund (Platten oder plattenförmige Verbundabdichtung)

3. Institutionen

BAuA Bundesanstalt für Arbeitsschutz und Arbeitsmedizin

DIBt Deutsches Institut für Bautechnik

DIN Deutsches Institut für Normung e.V.

EOTA Europäische Organisation für Technische Zulassungen

4. Verwendbarkeitsdokumente

abP allgemeines bauaufsichtliches Prüfungszeugnis

abZ allgemeine bauaufsichtliche Zulassung

EAD Europäisches Anwendungsdokument / European Assessment Document

ETZ/ETA Europäische Technische Zulassung / European Technical Approval

ZiE Zustimmung im Einzelfall

5. Interessenverbände

DafStb Deutscher Ausschuss für Stahlbeton e.V.

DGfdB Deutsche Gesellschaft für das Badewesen e.V.

DGfH Deutsche Gesellschaft für Holzforschung e.V.

DVGW Deutsche Vereinigung des Gas- und Wasserfaches e.V.

DGUV Deutsche Gesetzliche Unfallversicherung e.V.

ISER Informationsstelle Edelstahl Rostfrei

IVD Industrieverband Dichtstoffe e.V.

VDI Verein Deutscher Ingenieure e.V.

ZDB Zentralverband des Deutschen Baugewerbes e.V.

C

D

E

F

G

H

I

K

L

M

N

T

U

V

W

Z

24 Schäden an Installationsanlagen
23 Schäden an Türen und Toren
22 Schäden an elastischen und textilen Bodenbelägen
21 Schäden an Glasfassaden und -dächern
20 Schäden an Wärmedämm-Verbundsystemen
19 Schäden an Außenwänden aus Mehrschicht-Betonplatten
18 Schäden an Deckenbekleidungen und abgehängten Decken
17 Schäden an Dränanlagen
16 Tauwasserschäden
15 Schäden an Estrichen
14 Schäden an Tragwerken aus Stahlbeton
13 Schäden an Außenwänden aus Ziegel- und Kalksandstein-Verblendmauerwerk
12 Schäden an Fassaden und Dachdeckungen aus Aluminium und Stahl
11 Schäden an Außenmauerwerk aus Naturstein
10 Schäden an Außenwänden mit Asbestzement-, Faserzement- und Schieferplatten
9 Schäden an Fassadenputzen
8 Schäden an Abdichtungen in Innenräumen
7 Rissschäden an Mauerwerkskonstruktionen
6 Schäden an Fenstern und Fensterwänden
5 Feuchtebedingte Schäden an Wänden, Decken und Dächern in Holzbauart
4 Schäden an Industrieböden
3 Mängel und Schäden an Sichtbetonbauten
2 Schäden an Flachdächern und Wannen aus wasserundurchlässigem Beton
1 Schäden an Außenwandfugen im Beton- und Mauerwerksbau